Stephan Gebhardt-Seele

Immer gute Auftragslage!

Stephan Gebhardt-Seele

Immer gute Auftragslage!

Neue Kunden durch Personen-Marketing

3., ergänzte Auflage

GABLER

Bibliografische Information der Deutschen Nationalbibliothek
Die Deutsche Nationalbibliothek verzeichnet diese Publikation in der Deutschen Nationalbibliografie; detaillierte bibliografische Daten sind im Internet über <http://dnb.d-nb.de> abrufbar.

1. Auflage 2002
2., ergänzte Auflage 2005
3., ergänzte Auflage 2010

Lektorat: Margit Schlomski / Barbara Möller

Gabler ist Teil der Fachverlagsgruppe Springer Science+Business Media.
www.gabler.de

Umschlaggestaltung: KünkelLopka Medienentwicklung, Heidelberg
Satz: Fotosatz-Service Köhler GmbH, Würzburg
Druck und buchbinderische Verarbeitung: Krips b.v., Meppel
Gedruckt auf säurefreiem und chlorfrei gebleichtem Papier
Printed in the Netherlands

ISBN 978-3-8349-1728-7

Inhalt

Vorwort der ersten Auflage

Als ich den Begriff „Personen-Marketing“ 1995 zum ersten Mal in einem Seminar vorstellte, war die damit verbundende Methode zur Neukundengewinnung in erster Linie als eine Hilfestellung für Leute gedacht, die – ebenso wie ich – den typischen „Akquisitionsfrust“ hatten und alles, was mit Verkaufen, Kaltkontaktieren, Klinkenputzen und letztlich „Anbiedern“ zu tun hatte, als eine lästige, selbstquälerische Tortur betrachteten. Mir selbst war dieses Spießrutenlaufen schließlich so sehr gegen den Strich gegangen, dass ich mich daran gemacht hatte, eine systematische Methode zu entwickeln, die mir das leidige Gebiet der Kaltakquise für alle Zeiten vom Leib halten sollte.

In der Zwischenzeit haben Leute aus vielen verschiedenen Branchen mein Seminar besucht oder auf andere Weise von meinen Empfehlungen gehört. Außerdem habe ich durch die individuelle Beratung von Unternehmen aus ganz unterschiedlichen Branchen feststellen können, dass auch professionelle Vertriebsleute sich beim Kontaktieren von neuen Interessenten über Erleichterungen freuen, weil gerade dieser Bereich des Vertriebs in Zeiten der hoffnungslosen Kommunikationsüberflutung immer schwieriger geworden ist.

Obwohl sich an der Einfachheit der von mir empfohlenen Verfahren vom Prinzip her nichts geändert hat und es ursprünglich vor allem für Selbständige und Freiberufler entwickelt wurde, fließen in dieses Buch auch eine ganze Menge zusätzlicher Erfahrungswerte mit ein, um auch der professionellen Vertriebsperson als

Leser die gebührende Aufmerksamkeit zu widmen. Für Leute, die als Profis im Vertrieb arbeiten, ist schließlich die Auftragsbeschaffung das Hauptthema, und somit haben sie gegen die normalen Bestandteile professioneller Akquisition, wie etwa Mailings, systematische Telefonarbeit etc. in der Regel nichts einzuwenden.

Bei der Arbeit mit professionellen Vertriebsleuten konnte ich feststellen, dass die in ihren Produkten sowie in Techniken des direkten Verkaufs ausgezeichnet geschulten Fachleute sich häufig über einen bestimmten Teilaspekt ihrer Arbeit ärgerten: Sie waren nur zu einem kleinen Bruchteil ihrer Zeit tatsächlich mit einem echten Interessenten für ihr Produkt in einem qualifizierten Verkaufsgespräch. Ein großer Anteil ihrer Zeit mussten sie dafür aufwenden, überhaupt mit einem Interessenten in Kontakt zu kommen oder für die Vorbereitungen, um schließlich mit ihm an einem Tisch oder in einer Präsentation zu sitzen. Auch hier waren viele Profi-Vertriebler der Meinung, es wäre doch schön, wenn die *Beschaffung von neuen Interessenten* (im Vertriebsjargon „Leads“, „Prospects“ oder „Hot Prospects“ genannt) leichter wäre und nicht einen so großen Anteil der Zeit in Anspruch nehmen würde.

Mit meinen Empfehlungen als Berater im Bereich Akquisition habe ich in der Zwischenzeit vielen Firmen und Vertriebspersonen helfen können. Daher glaube ich, dass ich mit diesem Buch sowohl dem einzelnen Selbständigen, der das „Klinkenputzen“ hasst, wie auch professionellen Vertriebspersonen eine Arbeitserleichterung bieten und somit einen wertvollen Dienst erweisen kann.

München, im April 2002

Stephan Gebhardt-Seele

Vorwort zur dritten Auflage

Die vorliegende dritte Auflage von „Immer gute Auftragslage!“ kommt zu einer Zeit, die im Themenumfeld Werbung und Akquisition gegenüber dem Erscheinungsdatum der Erstausgabe eine sehr interessante Veränderung mit sich bringt. Die ebenso plötzlichen wie tief greifenden Ereignisse in der Weltwirtschaft mit ihren tektonischen Verschiebungen von Chancen und Risiken sowie ganzen Branchen mit Umsatzeinbrüchen im zum Teil hohen zweistelligen Bereich haben eine sehr interessante Auswirkung auf die *Ansichten über Werbung.*

Werbung war einmal im letzten Jahrtausend, um genau zu sein bis in die Neunzehnhundertsechziger Jahre, eine Art Handwerk. Es gab bekannte, funktionierende Methoden und – wohl das Wichtigste – einen eindeutigen Zweck. Der ursprüngliche Zweck der Werbung war: Beschaffung von Kauf-Interessenten. Das Wort „Werbung“ kommt nämlich von „Anwerbung“. Und „angeworben“ werden: Personen.

Doch dann geschah etwas sehr Seltsames. Etwa ab 1970 betraten die sogenannten „Kreativen“ den Planeten. Und ab da war nichts mehr wie vorher. Werbung hatte plötzlich „kreativ“ zu sein. Designer und Fotografen flippten planmäßig aus, Agenturen (die in grauer Vorzeit einmal „Anzeigen-Expeditionen“ gewesen waren) wurden auf einmal von „Kreativ-Direktoren“ geleitet, während die Texter, der ursprüngliche Nukleus der Branche, von Kommunikations-Strategen zu brainstormenden Sprücheklopfern degenerierten. Die Werbewirtschaft erfand zahllose Wettbewerbe und Preise, um ihre eigene „Kreativität“ fortwährend zu beweihräuchern.

Das alles hätte man ja noch als liebenswerte Schrulle exaltierter Berufszweige belächeln können, wäre da nicht noch etwas anderes, etwas ganz Schlimmes passiert: Der eigentliche Zweck der Werbung – Beschaffung von Interessenten – geriet fast vollständig in Vergessenheit. Vor lauter „Kreativität" hatte die Werbebranche – und mit ihr auch die Auftrag gebenden Unternehmen aus fast allen Branchen – den eigentlichen Zweck der Werbung aus den Augen verloren. „Werbung" wurde unter der Vorherrschaft der „Kreativität" zur Spielwiese sinnfreier Beliebigkeit, um nicht zu sagen: zur Kunst.

Aber jetzt, seit kurzem, angesichts der Veränderung der Wirtschaft in Ausmaßen, wie es sie seit dem Zweiten Weltkrieg nicht mehr gegeben hat, erobert sich der gesunde Menschenverstand ein Terrain nach dem anderen wieder zurück. Werbung? Das war doch etwas, das man unternahm, um *Kauf-Interessenten zu beschaffen*!

Und so ist dieses Buch nach wie vor ganz der Aufgabe gewidmet, Ihnen, dem geschätzten Leser, bei der Beschaffung von Kauf-Interessenten behilflich zu sein.

München, im August 2009

Stephan Gebhardt-Seele

Wie ich dazu kam, dieses Buch zu schreiben

Gleich zu Beginn meiner Selbständigkeit – das war in den achtziger Jahren – stieß ich auf ein Problem, auf das ich in der Schule höchst ungenügend vorbereitet worden war: Wie gewinnt man Kunden? In meinem Fall natürlich Neukunden, denn alte hatte ich ja noch keine. Ich musste eingestehen, dass ich keine Idee hatte, wie ich das anstellen sollte. Also tat ich, was ich für das nächstliegendste hielt: Ich griff zum Telefon und fing an, potenzielle Auftraggeber zum Zweck der Terminvereinbarung anzurufen. Noch ehe die erste Telefonrechnung kam, stand für mich zweifelsfrei fest, dass die telefonische Kaltakquise zu meinen bestgehasstesten Tätigkeiten zählte.

Diese Abneigung schienen übrigens auch die potenziellen Kunden zu teilen – meine Telefon-Performance, eine Mischung aus unsicherem Stottern und amateurhafter Imitation offiziöser Manieriertheit muss wohl zum Steinerweichen gewesen sein. Mit derlei Dilletantismus konfrontiert, ließen mich die Damen und Herren Angerufenen Desinteresse, Verärgerung oder auch Belustigung über meine verzweifelten Versuche deutlich spüren. Das war unerfreulich. Ebenso wie die unvermeidlich folgende Dürreperiode: Zu wenig Aufträge. Kundenakquisition stand auf dem Programm. Diese Erfahrung führte mir deutlich vor Augen, dass man mir in der Schule zwar beigebracht hatte, wie man bestimmte Arbeiten ausführt, aber nicht, wie man sich vorher ein ausreichendes Honorar dafür sichert – sich also genügend gut bezahlte Aufträge beschafft!

An meinen Einstieg in die Werbewelt in den frühen achtziger Jahren kann ich mich noch genau erinnern: Über einen persönlichen

Bekannten hatte ich einen Termin mit dem Kreativdirektor einer größeren Werbeagentur angebahnt, um mich als Komponist für Werbemusiken vorzustellen. Noch nie war ich vorher im „Allerheiligsten" eines solchen Unternehmens gewesen. Für meine Vorführung hatte ich mir einen batteriebetriebenen, tragbaren Plattenspieler ausgeliehen, mitsamt zwei kleinen Aktivlautsprechern – ein für damalige Verhältnisse höchst exotisches Setup, welches ich dem verblüfften Kreativen auf seinen Schreibtisch stellte. Die Vinylscheibe mit meiner Musik, die ich vorführte, war eine Picture-Disk mit einem aufgedruckten Telefonwählrad. Sie drehte sich in aufrechter Position vor seinen Augen, während der Sound aus den winzigen Lautsprechern drang.

Aufmerksam, doch mit weichen Knien beobachtete ich mein Gegenüber. Er wollte mir Mut machen, hörte sich geduldig den ganzen Titel an, lobte danach meine Arbeit und auch die originelle Präsentation. Freundlich ward ich entlassen, doch wurde mir bewusst, dass das Ergebnis dieses „Verkaufstermins" bestenfalls als unverbindlich bezeichnet werden konnte. Tatsächlich rief er mich aber wenige Wochen später wieder an und erteilte mir einen ordentlich dotierten Auftrag. Das gab mir Mut, und ich beschloss, solche Aktionen jetzt öfter zu wiederholen. Doch da entdeckte ich ein paar Hürden, mit denen ich nicht gerechnet hatte. Vergebliche Bemühungen, einen Auftrag oder auch nur einen Termin zu bekommen, trieben mich beinahe zur Verzweiflung.

Ich probierte alles aus. Potenzielle Kunden anrufen, Briefe verschicken, Anzeigen schalten, persönliche Besuche. Ich konnte mir einfach nicht vorstellen, dass mein Schicksal darin bestehen sollte, zu *warten*, bis jemand mich anruft oder ich „entdeckt" werde. Die Ergebnisse meiner Akquise waren zum Teil passabel, doch nie so überwältigend, dass ich irgendeine der dazu erforderlichen Aktionen regelmäßig hätte machen wollen. Einige Tätigkeiten glichen fatal dem verhassten „Klinkenputzen". Obwohl meine eigentliche Arbeit als Komponist ordentliche Anerkennung erntete, ärgerte ich mich doch sehr darüber, dass ich diese gerade eben noch hoch gelobte Ware beim nächsten Kunden erneut wie Sauerbier anbieten musste. Ich verstand das überhaupt nicht. Nachdem ich inzwischen oft für Werbeagenturen gearbeitet hatte, wusste ich zwar einiges darüber, wie professionelle Werbung gemacht wird. Doch was nützte mir das – als Einzelkämpfer? Die Gelder, die ich für eine eigene „Werbekampagne" gebraucht hätte, überstiegen definitiv meine Mittel.

Weil derlei frustrierende Abenteuer nicht abreißen wollten, entschloss ich mich schließlich, direkt an das Thema Werbung, Kundenakquisition und Auftragsbeschaffung heranzugehen, und zwar systematisch, methodisch und präzise. Nach dem „Jetzt-erst-recht"-Prinzip des maximalen Eigensinns unternahm ich umfangreiche Selbststudien, besuchte Trainings und erwarb Praxiserfahrung im direkten Verkauf. Als eine Art Härtetest haute ich als Verkäufer für Versicherungen und Kapitalanlagen in einem Strukturvertrieb auf die Glocke und landete tatsächlich ein Jahr lang unter den sieben Besten von rund siebzig Mitarbeitern. Ein weiteres Jahr betrieb ich eine eigene Telefonmarketing-Agentur, deren Mitarbeiter ich selbst geschult hatte und mit der ich verschiedene Umfragen durchführen ließ. Ich entwarf Marketingkonzepte, Mailings und Verkaufshilfen. Damit wollte ich – neben dem notwendigen Gelderwerb – vor allem Folgendes herausfinden:

1. *Gibt es eine leicht durchführbare Auftragsbeschaffungsmethode für Selbständige, die wenig kostet und viel bringt?*
2. *Gibt es eine überzeugende Lösung für die Schwachstellen des Telefonmarketing?*
3. *Gibt es eine Möglichkeit, den Akquisitionserfolg von Zufällen, Beziehungen, aber auch Sommerlöchern, Konjunkturschwächen und anderen Flauten unabhängig – und somit vorhersagbar – zu machen?*

Und siehe da, ich wurde schließlich fündig.

Als nächstes fuhr ich einen Test. Ich wandte die gefundenen Gesetzmäßigkeiten auf mich selbst an (was wohl das Naheliegendste war). Der Test lief gut, ich bekam bereits mit der allerersten

Aktion, die ich durchführte, Aufträge im vierfachen Wert der eingesetzten Vorkosten. Ermutigt und nun mit aktuellen Referenzen ausgestattet, wiederholte ich die Maßnahmen. Schon bald erhielt ich regelmäßig Aufträge. Die Weihnachtszeit verbrachte ich hauptsächlich arbeitend in meinem Büro, um die Aufträge zu bewältigen. Ich war mehr als ausgelastet. Meine Neukundenwerbung war plötzlich recht einfach geworden, verbrauchte wenig Zeit und brachte nun regelmäßig ein Vielfaches von dem herein, was ich dafür investiert hatte. Innerhalb von kurzer Zeit war ich von Null (null Aufträge) auf „mehr-als-ausgelastet" gekommen (eine zusätzliche Kraft musste engagiert werden). Doch das Beste war: Ich hatte keinen einzigen Kaltakquise-Anruf machen müssen! Neue Kunden riefen mich an – von sich aus – jawoll! Genau so sollte das sein. Bald wurde ich sogar von mehreren Werbeagenturen aufgefordert, für deren Neugeschäft beratend tätig zu sein ...

Als ich immer wieder von Branchenkollegen gefragt wurde, wo ich die vielen Aufträge her hatte, ging ich dazu über, sie in ein Seminar einzuladen, anstatt den Versuch zu unternehmen, es ihnen einzeln beim Italiener zwischen Pasta und Cappuccino auseinander zu setzen.

Ich definierte, was die Grundlagen meiner erfolgreichen Aktionen gewesen waren und nannte das Ganze **Personen-Marketing**. Warum? Weil es mit der Person zu tun hat, die hinter dem Produkt oder dessen Lieferung steht. Dazu später mehr. Um Teilnehmer für das Seminar zu gewinnen, wandte ich meine Methode natürlich wieder an. Tatsächlich war das Seminar mit dem Titel „Immer gute Auftragslage!" selbst ein Beweis für die Wirksamkeit seines Inhalts – es war praktisch immer ausgebucht.

Die Grundlagen, die strategischen Eckpfeiler und die Praxis-Anwendung von Personen-Marketing sind in diesem Buch vollständig erklärt. Außerdem habe ich im Anschluss eine kleine Dokumentation von Beispielen praktischer Anwendung zusammengestellt und kommentiert. Diese Anwendungen sind nicht erfunden, sondern tatsächlich so durchgeführt worden, mit den ebenso beschriebenen Ergebnissen.

Anmerkungen für den „Berufsskeptiker"

Diejenigen unter den Seminarteilnehmern, die meine Empfehlungen konsequent umgesetzt hatten, konnten schon bald ordentliche Erfolge vorweisen: Ein EDV-Berater berichtete mir, er habe schon bei der ersten Anwendung von Personen-Marketing einen Auftrag im zehnfachen Wert der eingesetzten Vorkosten hereingeholt und sei ausgebucht, seit er mit diesem Verfahren arbeite. Der Inhaber eines Büros für Grafik und Dokumentation musste seine Anlagen vergrößern und zusätzlich Personal einsetzen, um die Aufträge zu bewältigen. Eine Werbeagentur gewann schon mit dem ersten Einsatz neue Kunden. Ein Produzent erhielt den größten Auftrag des ganzen Geschäftsjahres. Ein Vertriebsmann hatte bereits in der ersten Woche mehrere Anfragen von Leuten, die kaufen wollten. Bei einem Schallplattenvertrieb gingen unmittelbar nach der ersten Anwendung mengenweise Bestellungen ein, und die Vorräte waren schon drei Wochen vor Weihnachten ausverkauft. Ein Geschäftsführer einer Werbeagentur gewann zwei neue Kunden ohne jede Präsentation, was die ganze Akquise-Aktion auf Anhieb mehr als rentabel machte – dies, obwohl ihm Freunde von der Aktion abgeraten hatten.

Eine erste Reaktion auf solche Meldungen ist jedoch häufig: „*Das hört sich ja an, als hätte jemand das universale Wundermittel gefunden – da bin ich doch schon aus Erfahrung skeptisch...*". Nun, auf diesen Punkt möchte ich genauer eingehen. Personen-Marketing, wie ich es in dem vorliegenden Buch beschreibe, ist in Wirklichkeit keine sensationelle Neuentdeckung, vergleichbar mit dem ersten Schritt auf dem Mond von Neill Armstrong, der Atombombe oder der Teflonschicht in unseren Bratpfannen (ein Nebenprodukt der NASA-Entwicklungen, Geschenk der amerikanischen Steuerzahler an die Menschheit und damit ein wichtiger Nutzen von staatlichen Raumfahrtprogrammen). Es ist vielmehr ein Akt der Rehabilitation (Wiederherstellung) für die älteste Form des Marketing überhaupt. Sie stammt aus der guten alten Zeit, in der die Leute mit Nachnamen „Müller“ hießen, weil sie tatsächlich eine Mühle betrieben. Keine Angst, niemand muss seinen Namen ändern oder sich deswegen Sorgen machen.

Es gibt so viele Bücher über Marketing, über Werbung, über Verkauf, dass die vielen Informationen, die zur Verfügung stehen, einen schier erschlagen können. Außerdem könnten die vielen – sich teilweise widersprechenden Lehrmeinungen zu diesem Thema den Geschäftsmann leicht an den Rand des Ruins bringen, wenn er gezwungen wäre, sie alle auszuprobieren, um festzustellen, welche wirklich funktioniert. Wenn Sie sich in der Situation befinden, dass Sie in erster Linie damit befasst sind, ein Produkt oder eine Dienstleistung in der erforderlichen Qualität tatsächlich zu liefern, dann können Sie sich gar nicht mit ihrer gesamten Zeit oder Manpower nur dem Marketing widmen, richtig? Sie müssen Verfahren einsetzen, die mehr oder minder „nebenher“ laufen, während die Produktion und Lieferung Ihrer Ware weiterhin den Hauptteil Ihrer Aktivitäten ausmachen. Aber auch, wenn Sie als professionelle Vertriebsperson arbeiten, möchten Sie Ihre Ressourcen bestimmt so effizient wie möglich einsetzen. In jedem Fall können Sie somit kein beliebig aufwendiges Verfahren für Ihr Marketing akzeptieren, gar nicht zu reden vom Budget, welches nur in der Phantasie von manchen Werbe-Kreativen unbegrenzt sein sollte.

Um es völlig klarzustellen: Ich selbst bin weder ein neuer „Trendguru“ der Werbewelt, noch ein Marketingprofessor. Dieses Buch ist keine Lehrmeinung und schon gar nicht eine neue „Werbephilosophie“, denn es wurde ausschließlich für den praktischen Einsatz geschrieben.

Weil ich das Personen-Marketing ursprünglich nur für meine eigene Anwendung ausgearbeitet hatte, gedachte ich zunächst, das ganze Thema so einfach und unaufwendig wie möglich zu behandeln. Schließlich wollte ich kein neues Hobby (Auftragsbeschaffung) sondern Aufträge! Wenn ich hier nun einige wirklich simple – und damit auch sehr preisgünstige – Einfachheiten vermittle, die tatsächlich eine gute Wirkung zeitigen, dann riskiere ich natürlich, dass ich von den Honoratioren der etablierten Werbewelt geschmäht oder gar auf den Scheiterhaufen geworfen werde. Nun, das macht nichts. Ich kann mir ja dann unter Verwendung meiner eigenen Methode wieder einen neuen Job suchen. Und schließlich: „Was nicht umstritten ist, das ist auch nicht sonderlich interessant" – hat schon der alte Goethe gesagt.

„Aber irgendeinen Haken muss die Sache doch haben…" (Zwischenruf des Berufsskeptikers). Ja, natürlich gibt es auch einen Haken. Personen-Marketing ist keine Wundermedizin und kein Allheilmittel. Für den Erfolg eines Unternehmens sind mehr Faktoren verantwortlich als nur die Werbung. Und das von mir beschriebene Personen-Marketing wirkt nur im Zusammenhang mit einer Person, die tatsächlich vorhanden ist.

Man sollte glauben, es sei selbstverständlich, dass jemand vorhanden ist. Doch viele Erlebnisse in der „Servicewüste" Deutschlands belehren uns eines Besseren. Als Musikliebhaber mit zu wenig Zeit habe ich in letzter Zeit dreimal versucht, einen Verkäufer zu finden, der mich zum Kauf einer schönen neuen Stereoanlage überredet. Tja, Fehlanzeige. Die Hampelmänner in den Geschäften hatten zwar Visitenkarten, die sie als „Verkaufsberater" oder gar als „Sales Representative" einer großartigen Firma ausweisen, aber nach eingehender Beobachtung waren sie allenfalls eine Art Museumswärter für ihre Exponate.

Die Sache funktioniert nur dann, wenn jemand sein Produkt oder seine Dienstleistung auch wirklich und ehrlich vertreten kann, dahintersteht und will, dass der potenzielle Kunde sie geliefert bekommt. Wenn das nicht gegeben ist, dann hilft auch kein

Personen-Marketing. Doch jeder Selbständige, jeder Unternehmer, jeder Künstler, Vertriebs- oder Marketingverantwortliche, dem der Beruf soviel Spaß macht, dass er ihn auch ernst nimmt, könnte mit Personen-Marketing so viel Neugeschäft und so viele Aufträge bekommen, wie er gerne haben will.

In diesem Sinne: Lesen Sie, was ich Ihnen mitzuteilen habe, und urteilen Sie dann selbst!

Bevor es losgeht: Die salvatorischen Klauseln

Salvatorische Klauseln, sind, wie Sie sicher wissen, Teil eines Vertrags. So haben Sie, der Leser, mit mir, dem Autor, auch eine Art Vertrag geschlossen, wenn auch „über drei Ecken", nämlich den Buchhändler und den Verleger. Wenn Sie das Buch nicht nur kaufen, sondern sogar auch lesen, nun, dann kann es möglicherweise zu einer Verstimmung kommen. Denn ich bin mir des ketzerischen Potenzials meiner Äußerungen durchaus bewusst und könnte mit meinen Kosten mindernden Gedanken für so manchen Lobbyisten als Zielscheibe dienen.

Meine salvatorischen Klauseln lauten daher:

1. *Nichts von dem, was ich hier erzähle, muss als Dogma oder hundertprozentige Wahrheit hingenommen werden. Es sind meine eigenen Wahrheiten, die ich studiert, ermittelt, erprobt und erfahren habe und die ich hier weitergebe, weil sie vor meinen Augen funktioniert haben. Ich tue das, um zu helfen, erhebe aber keinen Anspruch auf Autorität, Absolutheit oder Vollständigkeit. Ausnahmen, Abweichungen oder bestimmte Fälle, in denen ich ganz einfach Unrecht habe, sind immer möglich.*

Ich muss nicht Recht haben. Erfolg reicht mir schon. Denn ich vermittle nicht etwa die hohen Weihen des Marketing, sondern lediglich meine Beobachtungen und meine Schlussfolgerungen daraus. Wenn ich also auf gute Erfolge bei der praktischen Anwendung zurückblicken kann, so räume ich dennoch ein, dass der Eine oder Andere Erfahrungen gemacht hat, die von dem hier Beschriebenen abweichen.

2. *Mit nichts von dem, was ich zu sagen habe, möchte ich über irgendjemanden als Künstler, Dienstleister, Hersteller eines Produkts oder Vertriebsperson eine Wertung abgeben. Es steht mir nicht zu, über jemandes Produkt, dessen Qualität oder den Wert seiner Arbeit zu urteilen. Wenn ich einmal etwas Abwertendes über ein Produkt sage, so ist dies immer aus dem ganz spezifischen Gesichtspunkt des Marketing zu sehen. Es bezieht sich niemals auf das Produkt oder die Leistung an sich oder gar auf die Person.*

Viele Leute glauben, Marketing sei eine Art Wettkampf der Produkte. In diesem Buch beschreibe ich, warum man ohne diesen Wettkampf besser fährt (falls jemand dennoch anderer Meinung sein sollte – siehe salvatorische Klausel Nr. 1). Wie schnell ist man bereit, am Produkt zu zweifeln, wenn der Verkauf nicht läuft. Dieses Buch ist *nicht* dazu da, Ihnen als Experte in Ihrem Gebiet am Zeug zu flicken. Ich werde Ihnen nicht sagen, wie Sie Ihr Produkt machen sollen, denn das wissen Sie selbst am besten. Marketing bewegt sich viel mehr im Kopf des potenziellen Kunden, als in Ihrem eigenen.

3. *Die Grundlage für meine Erkenntnisse sind nachvollziehbare Beobachtungen und etwas, das meine Oma den „gesunden Menschenverstand“ genannt hat. Der Gebrauch dieses Hausmittels gilt jedoch in fortschrittlichen Kreisen als veraltet. Zum Ausgleich dafür gibt es immer neue Möglichkeiten, Dinge kompliziert zu machen. Der Erfolg meiner Methode besteht nicht darin, mit vielen Komplexitäten und Eventualitäten herumzuspielen. Ich strebe nach praktischem Nutzen, indem ich überflüssigen Gedankenballast abwerfe, um zu den Grundlagen vorzudringen. Und Grundlagen sind immer einfach – sagt jedenfalls meine Oma.*

Personen-Marketing ist dazu da, Marketing einfach zu halten. Das kann ein Problem sein, denn die Leute lieben Komplexitäten. Natürlich kann ich niemanden daran hindern, meiner Beschreibung des Personen-Marketing so viele weitere Gedankenschnörkel hinzuzufügen, bis es vollkommen unmöglich erscheint, diese Methode wirklich anzuwenden. Dann wandert das Buch ins Regal zu Ihren Softwarehandbüchern oder in die Universitätsbibliothek, Abteilung Marketing. Ich kann Ihnen nur empfehlen, das Personen-Marketing so einfach zu lassen, wie es ist. Wenn Sie es einfach lassen, wird es gut für Sie funktionieren. Je komplizierter Sie es machen, desto schwieriger wird es für Sie. Sie können es gerne kompliziert machen. Aber sagen Sie dann nicht, ich hätte Sie nicht gewarnt.

Teil 1

Denkblockaden im Marketing – und wie Sie sie aufbrechen

1. Kapitel
Gehirn-Viren und K.o.-Marketing

„Wir wissen, dass wir bei der Werbung die Hälfte des Budgets zum Fenster hinauswerfen – wir wissen nur nicht, welche Hälfte."

David Ogilvy, Gründer der weltweit operierenden Werbeagentur Ogilvy und Mather, „Grandseigneur" der traditionellen Werbewelt, in seinem Buch „Geständnisse eines Werbemannes" die Industriellen Lord Leverhulme und John Wanamaker zitierend – der Ausspruch wird aber auch Henry Ford zugeschrieben.

Ist Werbung eine unsichere Spekulation?

Es ist interessant, mit welcher Leichtigkeit selbst berühmten Werbeleuten und großen Wirtschaftsbossen ein Satz wie der oben zitierte über die Lippen kommt. Man erzählt sich das schmunzelnd – und inzwischen kann man den Prozentsatz der zum Fenster hinausgeworfenen Gelder gefahrlos nach oben korrigieren. Viele Leute sind der Überzeugung, dass Werbung etwas Spekulatives an sich hat, etwas, das man niemals vollständig einschätzen kann. Es gibt auch Dutzende von Beispielen, in denen Werbekampagnen wirkungslos verpufften, obwohl Marktforschung und groß angelegte Tests den Erfolg prognostiziert hatten. Es gibt ebenso viele Kampagnen, die in Vortests jämmerlich durchgefallen, aber von engagierten Kämpfern dennoch durchgeboxt worden waren – und großartige Resonanz und Umsatzsteigerungen erzielten.

Nun sind viele kleine und mittlere Unternehmen schon vom Budget her nicht besonders experimentierfreudig eingestellt, und solche trifft es umso härter, wenn eine Werbemaßnahme nicht das hereinbringt, was man von ihr erwartet hatte, oder gar gründlich floppt. Wenn so etwas passiert, dann bleiben beim Gedanken an das Thema Werbung oft nur die – wie ich sie nenne – *geistigen Beruhigungspillen*. Es sind die Gedanken, die wir uns selbst oder gegenseitig verabreichen, um uns zu bestätigen, dass wir uns eigentlich gar nicht mit dem Thema Marketing befassen sollten.

- **„Es ist schwer, sich selbst zu verkaufen“** genießt zum Beispiel breite Übereinstimmung. Da kann ich noch nicht einmal widersprechen. Ich finde das auch.
- **„Klinkenputzen liegt mir nicht.“** Auch hier kann ich nur heftig nickend zustimmen. Wem liegt das schon?
- **„Die Qualität des Produkts wird für sich selbst sprechen.“** Natürlich. Deshalb **„machen Werbung für sich selbst doch nur die, die es nötig haben“**, also diejenigen, deren Produktqualität nicht für sich selbst spricht – ist doch klar, oder?
- **„Aktive Akquisition hat etwas Anbiederndes.“** Besonders die Künstlerfraktion wird dieses Statement sehr begrüßen. Für Vertreter der Heilberufe und Architekten gehört es seit Jahrhunderten zur Standesehre, von derartig niederen Trieben Abstand zu nehmen.
- **„Werbung kostet viel Geld.“** Das ist richtig. Und weil wir das nicht haben, brauchen wir auch keine Werbung zu machen.
- **„Mein Produkt ist zu erklärungsbedürftig.“** Hier ist das Marketing-Betthupferl für EDV-Leute, Finanzdienstleister, Unternehmensberater.
- **„Es läuft doch alles über Beziehungen.“** Die ultimative Ausrede. Ja klar! Warum sollten wir uns über Marketing Gedanken machen? Es läuft doch sowieso alles nur über Beziehungen!

Nun, es ist Ihnen sicher aufgegangen, dass Argumente dieser Art zwar beruhigende Wirkung haben können, dennoch nicht mehr als eine sehr oberflächliche Symptombehandlung darstellen. Denn derselbe Henry Ford, der zugab, dass seine Werbung zur Hälfte verschwendet ist, sagte auch diesen bemerkenswerten Satz:

„Jemand, der seine Werbekosten reduziert, um Geld zu sparen, könnte ebenso gut versuchen, seine Uhr anzuhalten, um Zeit zu gewinnen."

Und weil auch viele Unternehmer die Wahrheit darin schon erkannt haben, nimmt man eben den hohen Aufwand, den die Werbung mit sich bringt, trotz der eigentlich unbefriedigenden Ergebnisse in Kauf. Denn, so heißt es ebenfalls in aller Kürze, in der die Würze liegen kann: *„Wer nicht wirbt, der stirbt."*

Viren im Gehirn

Warum begnügen sich trotzdem so viele Leute mit den obigen „Beruhigungspillen"? Die Antwort finden wir bei den so genannten Gehirnviren. Gehirnviren sind eine den Computerviren ähnliche Erscheinung im menschlichen Gehirn. Es gibt viele Gemeinsamkeiten: Man kann sie nur schwer finden. Sie richten dort, wo sie sich festgesetzt haben, Schaden an, indem sie bewirken, dass trotz richtiger Eingaben falsche Berechnungen durchgeführt und somit falsche Ergebnisse ausgegeben werden. Gehirnviren – das Wort steht nicht im Duden, ich habe es erfunden. Hier ist meine Definition:

Gehirnviren sind

a) Falsches, das wir für richtig halten,

b) Unwichtiges, das wir für wichtig halten,

c) subjektive Meinungen, nach denen wir denken und handeln, als hätten sie die allgemeine Gültigkeit von Naturgesetzen.

Unser ganzes Leben lang sind wir dabei, Informationen aufzunehmen. Die wenigsten davon erhalten wir aus erster Hand, also so, dass wir sie mit eigenen Augen beobachten können. In beinahe jedem Fachgebiet werden wir mit Meinungen gefüttert, die uns verkauft werden, als wären es Naturgesetze.

Zur Verdeutlichung habe ich hier einige Quellen aufgelistet, über die solche Gehirnviren in unsere innere Welt gelangen.

Einige Quellen für Inhalte, die falsch, unwichtig oder eigentlich Meinungen sind

Eltern
(meinen es nur gut.)

„Mach was ‚Sicheres'; besorg' dir eine feste Anstellung; schau, dass du wo unterkommst; kümmere dich um deine Rente" usw.

Hier gibt es nicht viel zu sagen. Jeder hat Eltern, die in der Regel genug Zeit gehabt haben, ihre Kinder mit allen möglichen Varianten und Zusätzen zum Obigen zu befüllen.

Lehrer, Professoren
(ihnen liegt in erster Linie an technischen/künstlerischen Qualitäten ihrer Schüler und nicht an deren wirtschaftlichem Erfolg.)

Typisches Argument: „Man muss in einem Gebiet die entsprechenden Abschlüsse und Bescheinigungen haben, bevor man ins Geschäft einsteigen kann."

Denken Sie an den Zielkonflikt der unterrichtenden Zunft: Ein Lehrer ist darauf angewiesen, dass er die Schüler möglichst lange unterrichtet. Möglicherweise fürchtet er zusätzliche Konkurrenz durch seine Nachwuchskräfte. Nehmen wir an, Sie möchten gerne Schauspieler werden und gehen zu einem Schauspiellehrer. Sie lernen alles von ihm und machen alles, was er sagt. Nun, Sie haben gute Chancen, dass Sie selbst später einmal Schauspiellehrer werden. Es stellt sich nämlich die Frage, ob ein Lehrer überhaupt unterrichten würde, wenn er genügend Bühnenengagements hätte.

Theoretiker, tatsächliche oder selbst ernannte Autoritäten
(sind hauptsächlich damit beschäftigt, im Recht zu sein.)

Zum Beispiel: Der Papst. Beispiel aus der Werbebranche: Gerd Gerken füllte Bücher und Seminare zum Thema „Die fraktale Marke“. Das ist eine Marketingstrategie nach der Chaos-Theorie (ein Spezialbereich der Mathematik). Zunächst wusste keiner, worum es ging. Mathematiker der Chaostheorie behaupteten, Gerken wüsste es selber nicht. Was diese Marketingstrategie tatsächlich geleistet hat, ist bis heute nicht vollständig klar geworden. Möglicherweise kommt es auch darauf gar nicht an.

Natürlich ist der Papst nicht schuld an diesem Zustand. Es ist nun mal sein Beruf, im Recht zu sein, das steht, um genau zu sein, sogar in seiner Stellenbeschreibung. Und selbst ernannte „Päpste“ gibt es in fast allen Gebieten.

Die Medien
(haben zuviel damit zu tun, bezahlte Anzeigenseiten zu kriegen und reißerische Sensationsmeldungen zu veröffentlichen. Außerdem bekommen sie ihre Informationen von bezahlten, im Auftrag ihrer Geldgeber arbeitenden PR-Agenturen und sind darüber hinaus oft im Sinne ihrer Kapitalgeber interessengeleitet.)

„Sieger reißen Witze, Verlierer halten Pressekonferenzen ab“, sagt man. Und das stimmt. Medien fallen immer wieder auf das PR-Geschwätz derjenigen herein, die es für nötig halten, sich wortreich in der Öffentlichkeit zu produzieren, während die wirklich Erfolgreichen den Mund halten und still reich werden.

Medien sind Unternehmen wie andere auch. Sie müssen Gewinn erwirtschaften. Dazu müssen sie die Leser und Zuschauer nicht informieren, sondern vor allem an sich binden. Quote geht vor Qualität und auch vor Objektivität, wie sich leicht nachprüfen lässt.

Keine dieser Aussagen ist absolut zu sehen. Es bedeutet auch nicht, dass alles, was aus den genannten Quellen stammt, immer falsch oder grundsätzlich unwichtig ist. Der Punkt ist nur: auch wenn ein Teil richtig ist, dann wissen wir immer noch nicht, welcher Teil. Und so gelangt Richtiges und Wichtiges, vermischt mit Falschem und Unwichtigem, in Umlauf.

Gehirnviren produzieren Verallgemeinerungen

Und damit kommen wir zu einer anderen Gemeinsamkeit zwischen Gehirnviren und Computerviren: Sie vervielfältigen sich ziemlich schnell. Irgendwann glaubt jeder dran, und niemand würde mehr einen Sinn darin sehen, diese Übereinstimmungen noch einmal in Frage zu stellen oder gar zu überprüfen. Wir erhalten die in jedem Gebiet bekannten Dogmen und Verallgemeinerungen:

„Man soll das so machen." „Man darf es nicht so machen." „Es geht gar nicht anders." „Die Firma ... macht das auch so." „Jeder weiß, dass ..." „In der Zeitung wird berichtet, ..." „Nach Freud (oder irgendeine andere Autorität) gilt: ..." „Das haben wir schon immer so gemacht."

Solche Verallgemeinerungen filtern unser Denken und verstellen uns den Blick für die einfache Beobachtung von Dingen, die unter Umständen direkt vor uns liegen.

Was die Gehirnviren im Gehirn anrichten

Die folgende kleine Demonstration soll Ihnen zeigen, wie diese Gehirnviren in unserem Denkapparat arbeiten, auf welche Weise sie uns daran hindern, die einfache Lösung zu finden. In einem

Rätselbuch sind Sie vielleicht schon auf Denksportaufgaben dieser Art gestoßen:

Nicht mogeln!

Ihre Aufgabe: Verbinden Sie alle 9 Punkte mit vier geraden Linien, ohne abzusetzen!

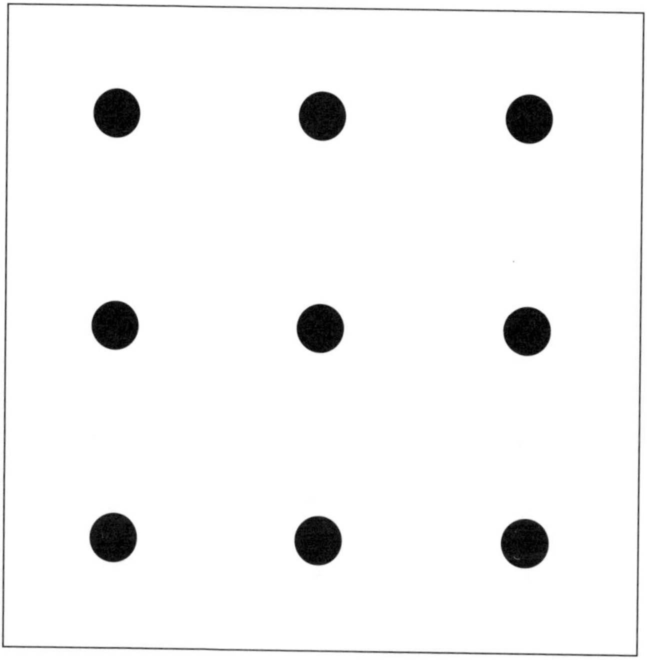

Nicht mogeln, habe ich gesagt! Nicht einfach die Lösung nachschauen. Bleiben Sie auf dieser Seite und versuchen Sie es noch mal.

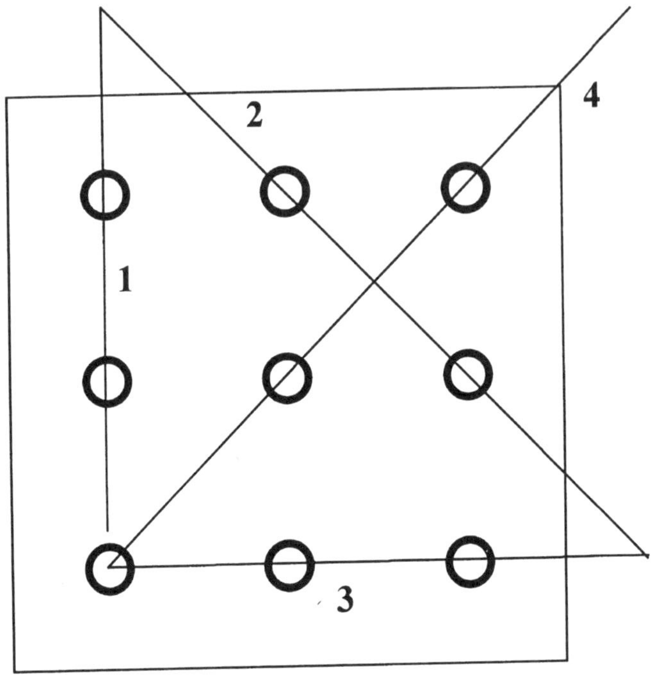

Wenn Sie diese kleine Denksportaufgabe schon gekannt haben, dann können Sie sich bestimmt daran erinnern, als Sie zum ersten Mal versucht haben, die Lösung zu finden. Eine ganze Weile haben Sie wahrscheinlich damit verbracht, eine Möglichkeit zu suchen, bei der sich alle Linien vollständig *innerhalb* des Quadrats befinden. Und das geht nicht. Man könnte sagen: Solange Sie im Rahmen bleiben, ist die Aufgabe nicht lösbar. Diese Demonstration soll Ihnen zeigen, was Gehirnviren mit uns machen. Sie sind schon vorher drin, noch bevor uns eine entsprechende Aufgabe gestellt wird, und sie geben uns die merkwürdigsten Vorgaben und Befehle, die eigentlich gar nicht Bestandteil der gegenwärtigen Aufgabe sind.

Zum Beispiel so: Linie 1: Man malt nicht über solche „Begrenzungskästchen" hinaus, nicht wahr? Linie 2: Nur zwei Punkte?

Das widerspricht irgendwie dem deutschen Effizienzdenken – man könnte doch auch drei Punkte mitnehmen. Linie 3: Zurück zum Ausgangspunkt, noch bevor man fertig ist? Nein, das kann eigentlich nicht sein. Wir haben schon immer gelernt, dass es den Nachtisch erst gibt, wenn das Hauptgericht aufgegessen ist ...

Vor einiger Zeit habe ich über eine interessante praktische Anwendung für derlei Spielereien gelesen: In Asien soll es einen See geben, der sich in der Nähe des Äquators befindet. Wegen seiner geographischen Lage scheint die Sonne fast gerade auf das Wasser und bis auf den Grund. In dem See gibt es Fische, und die Fischer haben eine sehr interessante Methode, diese Fische zu fangen. Sie binden Holzbalken zu einer Kette aneinander und lassen sie auf dem Wasser schwimmen. Die Sonne scheint darauf und die Holzbalken werfen einen Schatten-Käfig bis auf den Grund. Die Fische glauben nicht, dass sie durch diesen Schatten hindurchschwimmen können und bleiben immer auf einer Seite. Wenn die Fischer ihre Holzkonstruktion nun an Land ziehen, dann wird das Wasser immer seichter und die Fische müssen sich in immer weniger Wasser drängeln, denn sie trauen sich nicht, durch den Schatten zu schwimmen. Schließlich können die Fischer die Fische leicht mit der Hand herausholen oder mit einem Pfeil aufspießen. Die Fische sterben lieber, als dass sie durch den Schatten schwimmen würden.

Unsere Denkblockaden im Marketing

Im Marketing liegen die Dinge nicht viel anders: Die Leute nehmen Misserfolge und Kosten ohne Nutzen in Kauf, weil sie lieb gewonnene Gewohnheiten nicht ändern wollen oder gar nicht glauben, dass das überhaupt möglich ist. Wir werden gleich Beispiele dafür besprechen. Was sind aber nun genau unsere „Kästchen", die Denkblockaden, im Marketing?

Hier sind drei besonders fatale. Ich habe sie „Die drei Marketing-K.o.-Formeln" genannt, weil die meisten Leute glauben, es sind

Formeln, die man *befolgen muss*. Bei der Anwendung im Marketing geht man dann K.o. Und das betrifft nicht etwa nur Einzelkämpfer oder kleine Unternehmen. Oh nein, auch in Großkonzernen ist man von der Gültigkeit dieser Formeln sehr überzeugt. Man wendet sie konsequent an und wundert sich, warum bestimmte Dinge so viel Geld kosten oder so uneffizient laufen.

Die drei Marketing-K.o.-Formeln

1. **„Das Weiterkommen im Beruf, der Erfolg von Unternehmen und die Durchsetzung von Produkten am Markt ist ein Wettbewerb."**
2. **„Um sich gegen eine übermächtige Konkurrenz zu behaupten, muss man mutig, intelligent und einfallsreich genug vorgehen."**
3. **„Ein gutes Produkt sollte für sich selbst sprechen, und die bessere Qualität wird sich durchsetzen."**

Warum sind das K.o.-Formeln? Das klingt doch ganz vernünftig. Die erste könnte durchaus aus einem Lehrbuch über Betriebswirtschaft stammen. Formel 2 und 3 können Sie in vielen Firmenprofilen (Imagebroschüren) nachlesen. Werbeleute, die in meinem Seminar waren und aufgrund ihres Berufs schon viele solche Broschüren erstellt haben, konnten das bestätigen.

Gewissensfragen an die eigene Marketing-Abteilung

Überprüfen Sie doch zunächst einmal an sich selbst, inwieweit Sie sich an diese K.o.-Formeln gehalten haben. Beginnen wir mit der **Marketing-K.o.-Formel Nr. 3**:

„Ein gutes Produkt sollte für sich selbst sprechen, und die bessere Qualität wird sich durchsetzen."

Stellen Sie sich hierzu die folgenden Gewissensfragen:

- **Haben wir nicht alle in unserer Werbung und Akquisition unser Produkt in den Vordergrund gestellt?**
- **Arbeiten wir nicht alle an einer hohen Qualität und haben wir nicht alle das Gefühl im Bauch, dass uns das allein schon ins Recht setzt?**
- **Bauen wir nicht alle insgeheim darauf, dass sich Qualität am Ende immer durchsetzen wird?**

In dem Maße, wie Sie diese Gewissensfragen mit Ja beantworten konnten, haben Sie sich auch an die Marketing-K.o.-Formel Nr. 1 gehalten. Das ist nicht so schlimm. Sie befinden sich in bester Gesellschaft. Die Firma Coca-Cola zum Beispiel hat das auch getan.

Sehen wir uns als nächstes die **Marketing-K.o.-Formel Nr. 2** an:

„Um sich gegen eine übermächtige Konkurrenz zu behaupten, muss man mutig, intelligent und einfallsreich genug vorgehen.“

Und hier wieder die dazugehörigen Gewissensfragen:

- **Haben wir nicht alle schon einmal eine mutige Aktion unternommen, die uns Geld gekostet, aber nicht das hereingebracht hat, was wir erwartet hatten?**
- **Haben wir nicht schon alle über eine intelligente Strategie für unsere Kundenakquisition nachgedacht, die uns einen Vorsprung verschaffen sollte?**
- **Haben wir nicht alle schon originelle Ideen entwickelt, um unsere Produkte und unsere Werbung zu verbessern?**

Es ist ziemlich normal, das Obige zu tun. Es kann noch nicht einmal behauptet werden, dass es vollkommen verkehrt wäre. Doch eine Marketingstrategie, die auf dieser Formel aufgebaut ist, wird unweigerlich fehlschlagen. Wir werden gleich sehen, warum. Doch zuvor werfen wir noch einen Blick auf den wirklichen Budget-Killer, die **Marketing-K.o.-Formel Nr. 1**:

„Das Weiterkommen im Beruf, der Erfolg von Unternehmen und die Durchsetzung von Produkten am Markt ist ein Wettbewerb."

Und hier sind wieder die Gewissensfragen:

- **Haben wir uns nicht alle von Kindesbeinen an für wichtige Karrierestationen unseres Lebens in die Situation eines Wettbewerbs begeben müssen?**
- **Haben wir uns nicht immer in einem Wettbewerb gegen die Konkurrenten durchzusetzen, um eine begehrte Stelle, einen Studienplatz, einen Geldpreis, einen attraktiven Vertrag, einen guten Job zu erhalten?**
- **Haben wir nicht unser ganzes Leben lang von den Medien den „Erfolg" in Form von Wettbewerbs-Siegern vorgeführt bekommen?**

An der letzten Frage können Sie erkennen: Es ist praktisch Allgemeingut. Totale Übereinstimmung. Ich werde zu diesem Punkt oft gefragt, ob es denn überhaupt eine Alternative gibt.

Lassen Sie mich hierzu eine Sache klären: Ich meine nicht „den Wettbewerb" d. h., die freie Marktwirtschaft an sich (das ist eine andere Definition von Wettbewerb). Denken Sie einfach an eine Präsentation, an ein Angebot, das Sie abgeben, um einen Auftrag zu erhalten, während Ihre Mitbewerber ebenfalls präsentieren. Das ist eine Wettbewerbssituation. Oder ein richtiger Wettbewerb, mit einem ersten, zweiten und dritten Sieger.

Also noch mal die Frage: Warum sind das K.o.-Formeln? Was ist daran so schlimm und so gefährlich?

Ein lehrreiches Eigentor

Hier ist noch einmal die Marketing-K.o.-Formel Nr. 3 ...

„Ein gutes Produkt sollte für sich selbst sprechen, und die bessere Qualität wird sich durchsetzen."

... an die sogar die allmächtige Firma Coca-Cola glaubte. Coca-Cola ist immerhin Marktführer im Bereich Limonadegetränke mit Coffeingeschmack und gehört zu den weltweit bekanntesten Unternehmen. Pepsi Cola ist der Herausforderer, also eine Art BMW unter den Limonadegetränken mit Coffeingeschmack. Jahrzehntelang hatten sich Coca-Cola und Pepsi bereits wüste Gefechte geliefert, um ihre Marktanteile zu vergrößern, bzw. dem anderen welche abzujagen. Und dann kam Pepsi Cola mit dem „Pepsi-Test" heraus. Dieser verdeckte Geschmackstest, der in der Öffentlichkeit und im Fernsehen mit großem Wirbel vorgeführt wurde, bestand darin, dass die Testpersonen drei verschiedene Getränke probierten, um dann zu entscheiden, welches am besten schmeckt. Erst dann wurde offenbart, welche Marke sich hinter der Wahl verbarg. Und siehe da: Zwei Drittel der Tester entschieden sich bei diesem „objektiven" Blindtest für Pepsi. Wie konnte so etwas passieren? Coca-Cola war doch Marktführer!

Nun, mit der Substanz, die ein Colagetränk zur „Cola" macht, hat es Folgendes auf sich: Es handelt sich um einen Bitterstoff, eine Medizin, die ursprünglich von dem Apotheker und Mitbegründer des Unternehmens John Pembleton entwickelt worden war. Damit sie sich leichter einnehmen ließ, hatte er sie mit Brause vermischt. Sie können sich aus eigener Erfahrung vorstellen, dass, wenn Sie schon gezwungen sind, einen Bitterstoff einzunehmen, dies umso angenehmer ist, je mehr Zucker Sie dazugeben. Und schon haben wir des Rätsels Lösung: Pepsi Cola ist etwas süßer als Coca-Cola. Deshalb war es klar, dass beim verdeckten Geschmackstest zwei Drittel der Tester – und mit ihnen alle Fernsehzuschauer – die Erkenntnis der großen Wahrheit erlangten, nämlich dass Pepsi Cola besser schmeckt als Coca-Cola. Beim Marktführer Coca-Cola war man selbstredend empört. Also so was, das gibt's doch wohl nicht! Wir, der Marktführer, Coca-Cola, haben also *nicht das beste Produkt???* Da musste etwas unternommen werden. Und es wurde.

Sie haben sicher geahnt, was – es scheint nur zu logisch: Mehr Zucker! Und mit „verbesserter Geschmacksformel" (und dem üblichen Tamtam der Werbewelt) kam auf den Markt: *New Coke*. New Coke? Kennen Sie New Coke? Nein? Kein Wunder. New Coke war nämlich ein echter Flop. Die Marktanteile von Pepsi schossen in die Höhe, die Coca-Cola-Zentrale in Atlanta meldete Land unter. Was war geschehen? Die Coca-Cola-Geschmacksformel, der heilige Gral, Garant des „Echten und Wahren", des verherrlichten American-Way-of-Life, sicher verwahrt in einem dicken Safe in Atlanta – die wertvollste Rezeptur des gesamten bekannten Universums, die nur sieben lebende Personen je zu Gesicht bekommen haben sollen – diese Formel war verändert worden! Das „Echte und Wahre" war plötzlich verschwunden, ersetzt durch irgendwas Modernes, das niemand wollte, der sich für einen echten Amerikaner hielt.

Mit einem verdeckten Geschmackstest konnte natürlich jederzeit bewiesen werden, dass New Coke am besten, Pepsi am zweitbesten und Coca-Cola am schlechtesten schmeckte. Doch wen interessierte das? Ein solcher Beweis des besseren Produkts hätte nach Adam Riese voll durchschlagen müssen. Tat er aber nicht. Den Leuten war das „Echte und Wahre" eben lieber als ein Beweis des besseren Geschmacks. Ohne Geschmackstest schätzten die meisten Konsumenten nach wie vor Coca-Cola als das Beste ein. Man bedenke außerdem, dass New Coke nicht etwa das Newcomer-Produkt einer Garagenfirma war, sondern von einer der mächtigsten Firmen der Welt beworben wurde. Vergeblich.

Und was passierte dann? Wenige Monate, dafür viele Werbemillionen später kam ein arg angeschlagenes Marketingteam aus Atlanta gekrochen und meldete kleinlaut die Rückkehr der Originalformel in Form von *Classic Coke*. Mit der ursprünglichen

Formel von Coca-Cola. Man versuchte zu retten, was zu retten war, aber dieses Eigentor hätte Coca-Cola um ein Haar die Marktführerschaft gekostet. Die K.o.-Formel Nr. 3! Am Beispiel des „Pepsi-Test“ und der panischen Reaktion von Coca-Cola lassen sich die beiden folgenden Beobachtungen machen:

1. Ein schlüssiger Beweis, dass ein bestimmtes Produkt besser ist, führt nicht automatisch dazu, dass die Konsumenten glauben, das Produkt sei wirklich besser.

Hätte sonst nicht New Coke – als das bessere Produkt und mit „verbesserter Geschmacksformel“ – einfach wieder das Rennen gemacht? Nicht der Pepsi-Test, sondern die Tatsache, dass Coca-Cola das „Echte und Wahre“ vom Markt verschwinden ließ, verursachte die Einbrüche bei den Verkaufszahlen.

2. Nicht das bessere Produkt setzt sich durch, sondern dasjenige, von dem die Konsumenten glauben, es sei besser. Und vor allem: sie glauben nicht, was sie schmecken, sondern sie schmecken das, was sie glauben.

Es gibt weitere Beispiele von Produkte-Wettrennen, die nicht vom „Besten“ gewonnen wurden. Ein sehr bekanntes ist die VHS-Cassette. VHS war das schlechteste der drei Systeme, die angetreten waren (die beiden anderen waren Betamax und Video 2000). Betamax – das eindeutig bessere Produkt – war auch nicht die Entwicklung eines kleinen Hinterhoftüftlers, sondern das Erzeugnis der allgewaltigen Sony Corporation. Doch das bessere Produkt ist eben nicht der Garant für einen Marketingerfolg.

Sie können das übrigens jederzeit selbst testen: Kaufen Sie einen preisgünstigen Rotwein, füllen Sie ihn in eine leere Flasche mit sehr edlem Etikett, schenken Sie den Wein vor den Augen ihrer Freunde vorsichtig in wertvolle Gläser und fragen Sie nach ihrem Urteil. Profi-Weinkenner sind natürlich ausgenommen – doch Sie werden feststellen, die überwiegende Zahl der Testpersonen wird ein Urteil abgeben, das dem Etikett und Ihrer „Performance“ Rechnung trägt – vorausgesetzt, Sie können Ihr Pokerface während der ganzen Vorführung aufbehalten.

An dieser Stelle möchte ich jedoch dringend an die salvatorische Klausel Nr. 2 erinnern: Marketing ist zwar kein Wettbewerb der Produkte. Mit der K.o.-Formel Nr. 3 will ich Ihnen aber nicht etwa sagen, es sei unwichtig oder gar egal, ob ein gutes Produkt geliefert wird. Nein! Im Bereich Ihres Produkts ist der Hersteller schließlich der Experte, und jeder Vertriebler muss schließlich hinter dem stehen, was er anbietet. Bitte liefern Sie also ein so gutes Produkt wie möglich. Aber: machen Sie das nicht zu Ihrer Marketingstrategie. Gehen Sie nicht mit der „besseren Mausefalle“ hausieren. Es ist ein mühsamer Kreuzzug, bei dem Sie alle außer Ihren Stammkunden ständig für Ihren eigenen Qualitätsanspruch „missionieren“ müssen.

Ein Marketing-Lehrgang aus Hollywood

Nun gibt es mengenweise Beispiele für Werbekampagnen, bei denen der Versuch unternommen wird, mit einer „guten Idee“ einen mutigen Einsatz zu fahren, um so – praktisch per Überrumpelungstaktik – einen Fuß in die Tür zu bekommen. Hier finden wir die Anwender der Marketing-K.o.-Formel Nr. 2:

„Um sich gegen eine übermächtige Konkurrenz zu behaupten, muss man mutig, intelligent und einfallsreich genug vorgehen.“

Diese „Helden-Methode“ wird uns seit Anbeginn der Zeiten (antike Mythologie, Gebrüder Grimm) bis heute (Arnold Schwarzenegger, James Bond) immer wieder nach demselben Strickmuster verkauft:

1. Der Held hat eine ungewöhnliche oder gar utopische Idee. Er vertritt die gute Seite und die bessere Lösung, hat das bessere Produkt und glaubt, zusammen mit dem Publikum, natürlich an die K.o.-Formel Nr. 3.
2. Die Schwierigkeiten scheinen unüberwindlich.

3. Ganz allein setzt er sich schließlich gegen eine viel stärkere Übermacht von Bösewichten und Gegnern aus den eigenen Reihen durch. Seinen Sieg erringt er durch besondern Mut, besondere Intelligenz oder gar einen riskanten Einsatz.
4. Alles wird gut, der Held erhält seine verdiente Anerkennung und die Frau seiner Träume, alle Gegner sind bekehrt, tot, wehrlos oder leisten zerknirscht Abbitte.

Es ist sehr interessant zu sehen, wie Hollywood, Marktführer in der Unterhaltungsindustrie, es geschafft hat, den Europäern sogar im Filmbusiness selbst den Inhalt der Filme als eine Art Gebrauchsanleitung für deren Herstellung zu verkaufen: Deutsche Filmproduktionen sind nicht selten Alleingänge von einzelnen oder wenigen Mutigen.

Die Wahrheit könnte man schon im Abspann eines solchen Hollywoodfilms nachlesen, eine nicht enden wollende Liste von vielen Mitwirkenden – das sollte uns einen Hinweis geben, dass die hier vorgespielte Lösung in der Praxis so nicht realisierbar ist. Leute wie die „Stuntmen Coordinators" und „Special Effects Supervisors" tragen ihren Teil dazu bei, und man braucht kein Filmproduzent zu sein, um zu wissen, wie oft die Szenen gedreht werden und welcher Aufwand in der Nachbearbeitung (neudeutsch „Postproduction") betrieben wird, damit es dann so aussieht, als wäre jeder Schuss unseres Helden ein Treffer, während die anderen immer nur Querschläger produzieren.

Es gibt noch einen anderen Hinweis, der ganz klar zeigt, wie wenig realistisch solche Helden-Methoden sind: Stellen Sie sich einfach vor, sie könnten den Erfolg des einzelnen mutigen Helden gegen einen übermächtigen Gegner an jeder Straßenecke beobachten. Bei Ihnen selbst, bei Ihren Eltern, Verwandten, Freunden – es wäre eine ganz normale Sache. Wer würde dann Filme darüber drehen? Und wer würde diese Filme gegen Eintrittsgeld anschauen wollen, wenn das alltägliche Vorkommnisse wären? Geschichten wie die von David und Goliath werden hauptsächlich deshalb immer noch erzählt und als spannend angesehen, weil sie sich seit Jahrtausenden fast nie wiederholt haben.

Im Marketing treffen wir auf solche Heldentaten in Form von teuren Hochglanzbroschüren, doppelseitigen Anzeigenkampagnen (die man viel leichter überblättern kann als einseitige), Werbespots, die in dreißig Sekunden vorbei sind und soviel kosten wie in ein ganzer Spielfilm (die Zuschauer verwenden genau diese dreißig Sekunden als Pinkelpause), und vor allem wird viel Wirbel um die Kreativität dieser Auftritte gemacht. Erlauchte Gremien und weise Jurys halten die entsprechenden Orden zur Verleihung bereit. Die gemeinsame Eigenschaft solcher Höchstleistungen ist, dass sie teuer erkauft wurden. Und das gilt letztlich für jede Höchstleistung, im Sport, in der Wissenschaft und eben auch in der Werbung. Wäre es einfach, wäre ja der Witz weg.

Aber dann gibt es natürlich auch das „Grabmal des unbekannten Soldaten“ im Marketing. Hier ruhen die Gelder der vielen kleinen und mittleren Unternehmen und Freiberufler, die für irgendwelche Werbeaktionen ausgegeben worden sind und die niemand so recht bemerkt hat. Sie haben wenig oder nichts gebracht, außer den Druckern Arbeit.

Obwohl uns das tägliche Leben so oft das Gegenteil beweist, so halten wir doch sehr gerne an der Gültigkeit der beiden K.o.-Formeln 2 und 3 fest. Sie rechtfertigen nämlich hervorragend unsere eigenen Mühen um Wahrheit und Qualität. Es ist ganz gewiss nichts verkehrt damit, dass sich jemand um Wahrheit und Qualität bemüht. Sofern es die Herstellung und Lieferung Ihres Produkts betrifft, ist es sogar notwendig. Es wäre schön und vor allem nur gerecht, wenn die beiden Formeln auch im Marketing gelten würden. Aber im richtigen Leben funktioniert es eben meist anders als uns die schillernde Werbewelt oder die Drehbücher aus Hollywood gerne vorgaukeln. Die Verwendung der „Heldenmethode“ kann zwar für einiges Aufsehen sorgen, ist aber leider niemals eine auch nur annähernd ausreichende Garantie für den Erfolg.

Der Olympia-Marketing-Lehrgang

Wenden wir uns nun dem schlimmsten und kostenträchtigsten Gehirnvirus zu, der Marketing-K.o.-Formel Nr. 1:

„Das Weiterkommen im Beruf, der Erfolg von Unternehmen und die Durchsetzung von Produkten am Markt ist ein Wettbewerb."

Wir kennen diese Sicht – das Leben als Wettbewerb – aus allen unseren Lebensstationen: Schule (Noten), sportliche Wettkämpfe, Talent-Wettbewerbe, Hochschule (Numerus Clausus), Wettbewerbe in künstlerischen Disziplinen, Aufnahmeprüfungen, Abschlussprüfungen, Stellen-Bewerbungen, Auditions (Vorführung künstlerischer Fertigkeiten vor einem beurteilenden oder jobvergebenden Gremium), Angebote und Vertragsverhandlungen, Präsentationen, Beförderungen, Wahlen – alles Wettbewerbe! Wettbewerbssituationen, bei denen die logischen Grundregeln so lauten:

- Viele Kandidaten treten unter gleichen Bedingungen an.
- Die Bewertungskriterien sind vorher bekannt und übereingestimmt.
- Derjenige, der nach diesen Kriterien der Beste ist, gewinnt.

Es ist hier unwesentlich, ob die einzelnen Wettbewerbe fair oder unfair ausgetragen werden, ob Bewertungskriterien logisch sind oder unlogisch, ob die Jury kompetent ist oder ob man einen Wettbewerb für den jeweiligen Zweck überhaupt für sinnvoll oder für unsinnig hält. Ich lenke nur die Aufmerksamkeit auf die Tatsache, dass uns allen von Kindesbeinen an jegliche Möglichkeit des Weiterkommens im Leben so verkauft worden ist: Als ein Wettbewerb!

Denken Sie an die besonders geplagte Spezies, die so genannten „verkammerten" Freiberufler, zu denen in Deutschland die Architekten, Ärzte, Rechtsanwälte und Steuerberater gehören. Sie sind (zwangsweise) in ihrer Kammer organisiert, deren Vertreter sich wie Wächter des guten Geschmacks aufführen und ihren Schäflein eine Menge unnötiger Vorschriften machen. Unter anderem gibt es da die Auflage, dass ein Kammermitglied nicht werben darf. In ihrem Übereifer und einem falsch verstandenen „Standesbewusstsein“ treiben solche Regulierungswütige einen ganzen Berufsstand in eine Lage, in der beispielsweise der Architekt kaum andere Chancen hat, an Aufträge zu kommen, als an Wettbewerben teilzunehmen. Und weil – das ist ja das Typische an so einem Wettbewerb – viele Architekten sich um einen einzigen Auftrag bemühen, wird der einzelne Architekt nur einen Bruchteil dieser Wettbewerbe gewinnen und somit einen guten Teil seiner Zeit ohne Bezahlung arbeiten, in der Hoffnung, irgendwann einmal den ganz großen Fisch an Land zu ziehen.

Wenn ich nun behaupte, dass solche Wettbewerbssituationen für das Marketing nicht brauchbar sein sollen, dann drängt sich natürlich die Frage auf, warum die Leute sich dennoch so sehr dafür interessieren. Was ist es genau, das einen Wettbewerb interessant, attraktiv und spannend macht? Es sind diese drei Kriterien:

1. Viele sind angetreten, aber nur wenige oder nur einer wird gewinnen.
2. Beim Wettbewerb kommt es hauptsächlich auf Spitzenleistungen an.
3. Auch wenn der Preis für den Sieger attraktiv erscheint – der geforderte Gesamt-Einsatz ist immer viel höher, als der Preis wert ist.

Man könnte umgekehrt sagen, wenn eine dieser Kriterien fehlt, dann ist der Wettbewerb nicht spannend, sondern langweilig. Können Sie sich einen Wettbewerb vorstellen, bei dem jeder oder alle gewinnen? Was wäre daran interessant? Und: ein Wettbewerb mit normalen, durchschnittlichen Leistungen? Wer würde da hingehen? Dass der Gesamteinsatz höher angesetzt werden muss, als der Preis wert ist, ist nicht immer offensichtlich. Man ist geneigt, zu glauben, es gilt nicht für Tennis. Wenn ein Spitzenspieler für wenige Stunden sechsstellige Preisgelder entgegennimmt, ist das eine Ausnahme? Rechnen Sie es nach: Wenn Sie tatsächlich einen zweiten Boris Becker *herstellen* sollten, der vorhersagbar bei solchen Wettbewerben eine Chance hätte, dann haben Sie bis dahin mit Sicherheit mehr ausgegeben, als bei den ersten drei solchen Wettbewerben zu gewinnen ist. Und es bleibt immer noch das Risiko, dass es überhaupt etwas wird. Wenn das alles buchhalterisch vorherberechenbar wäre, dann könnten wir doch alle morgen anfangen, Tennis zu üben. Jeder, der rechnen kann, könnte mitmachen. Und infolgedessen würden dann einfach die Hürden wieder höher gesetzt. Denken Sie an Wettbewerbe für Künstler, Kreativ-Wettbewerbe für die Werbebranche und Ähnliches. Allein was die Teilnehmer für ihre Berufsausrüstung ausgegeben haben, ist oft ein vielfacher Betrag dessen, was großartig als erster Preis ausgelobt wurde.

Ich möchte hier nicht generell gegen Wettbewerbe zu Felde ziehen. Ich mache nur darauf aufmerksam, dass es nicht der Zweck von solchen Wettbewerben ist, den Lebensunterhalt der Kandidaten zu sichern, sondern eher den Lebensunterhalt des Wettbewerbs-Veranstalters.

Trotzdem ist die Formel *„Marketing als Wettbewerb"* eine Sache, die sich breitester Übereinstimmung erfreut. Überprüfen Sie das an sich selbst. Stellen Sie sich anhand der drei obigen Interessantheits-Kriterien die dazugehörigen Gewissensfragen:

1. Viele sind angetreten, aber wenige oder nur einer wird gewinnen.

? **Bewerben wir uns nicht hauptsächlich dort, wo sich viele andere bewerben? Zum Beispiel bei den Auftraggebern, die auf irgendeine Weise geäußert haben, dass sie einen Auftrag vergeben? Nehmen wir damit nicht auch immer in Kauf, dass auch zahlreiche Mitbewerber das wissen, sich ebenfalls bewerben, der Auftraggeber mehrere Konkurrenzangebote einholt oder gar ein großes Auswahlverfahren durchführt?**

2. Beim Wettbewerb kommt es auf Spitzenleistungen an.

? **Wenn wir einen potenziellen Kunden „an der Angel" haben, bieten wir dann nicht unser Äußerstes an Kalkulationsgeschick und unsere Bestleistung in der Präsentation, um den Auftrag auch wirklich zu erhalten?**

3. Auch wenn der Preis noch so attraktiv erscheint – der geforderte Gesamt-Einsatz ist immer viel höher, als der Preis wert ist.

Haben wir nicht schon alle darüber nachgedacht, dass unser Beruf eigentlich recht einträglich wäre, wenn die Kundenakquisition nicht so mühsam wäre und der „Leerlauf" zwischen den Aufträgen die erwirtschafteten Gewinne nicht immer wieder zunichte machte? Gibt es nicht immer wieder Präsentationen und Akquisitionsverhandlungen, deren Aufwand und zeitliche Länge den Gewinn des schließlich ergatterten Auftrags empfindlich schmälern?

Marketing kostet Geld – und soll welches bringen

Die Übereinstimmung darüber, dass Marketing eine Art Wettbewerbsveranstaltung ist, ist so groß, dass sich die meisten daran halten. Und zwar, obwohl dies rein statistisch nicht besonders erfolgreich ist. Was kann dagegen mit Sicherheit über erfolgreiches Marketing gesagt werden? Hier sind ein paar Beobachtungen, die Sie sicher auch schon gemacht haben:

- Marketing kostet Geld. Es kostet nicht etwa nichts und auch nicht einen vernachlässigbaren Betrag, den man „irgendwo" abzweigt oder nur dann aufbringt, wenn man „etwas übrig hat".
- Die Kosten für das Marketing kann der Unternehmer nur zum geringen Teil durch Eigenleistung mindern – Dinge wie Papier, Drucksachen, Porto und Telefon kosten einfach Geld.
- Die Marketing-Aktivitäten dürfen niemals soviel Zeit oder Manpower verbrauchen, dass das Produkt nicht mehr in ausreichender Qualität hergestellt und geliefert werden kann.

Ganz offensichtlich geht es hier – trotz häufig geäußerter anderslautender Meinungen – nicht um olympische Disziplinen wie Goodwill (Wohltätigkeitsvereine), Talent (Kulturförderungs-Stiftung), Ehre (Sportclub), Originalität oder Schlagfertigkeit (zahlt einem niemand), es geht nicht um Applaus (hält man nicht lange genug aus ohne Essen), nicht um Anerkennung oder Akzeptanz, es geht noch nicht einmal um die viel beschworene „Response" („Response" muss man bearbeiten, da hat man noch nichts verdient. Und von Antworten allein wird man auch nicht satt, es müssten Geldscheine dabei liegen). Es geht wahrscheinlich – so leid es mir tut – vorrangig um den langfristigen, wirtschaftlichen Gesamterfolg.

Ich lege keinen Wert darauf, den Kapitalisten zu spielen. Aber sehen Sie: wir reden vom Marketing, von Werbung und von Verkaufsförderung. Disziplinen, die Sie genauso gut auch weglassen können, wenn Sie lieber in der Sonne liegen wollen. Wir müssen das ja nicht machen. Aber wenn wir schon Zeit und Geld dafür investieren, dann möchten wir doch auch etwas zurückbekommen – vorzugsweise mehr, als wir eingesetzt haben. Daher sollten wir uns auf diese Messlatte einigen: *Gradmesser für das Funktionieren des Marketing ist der langfristige wirtschaftliche Gesamterfolg.*

Der GAU[1] des Marketingmannes

Und nun schauen wir uns die Wettbewerbssituationen, aus denen unser Leben angeblich ausschließlich besteht, noch einmal mit den Augen eines Marketingmenschen an:

Genau die Bedingungen, die einen Wettbewerb so interessant, attraktiv und spannend machen, ...

1. Viele sind angetreten, aber nur wenige oder nur einer wird gewinnen.
2. Beim Wettbewerb kommt es hauptsächlich auf Spitzenleistungen an.
3. Auch wenn der Preis für den Sieger attraktiv erscheint – der geforderte Gesamt-Einsatz ist immer viel höher, als der Preis wert ist.

---

[1] GAU: Abk. aus dem Kernkraft-Jargon: *G*rößter *a*nzunehmender *U*nfall.

… sind für erfolgreiches Marketing *immer* die *maximal ungünstigen* Konditionen.

Was die obigen drei Punkte betrifft, so ist für einen Marketingmann bei allen drei Punkten das genaue Gegenteil interessant, nämlich:

1. **Hohe Wahrscheinlichkeit und Vorhersagbarkeit des Erfolgs.** (Ist bei vielen Kandidaten, von denen nur wenige oder einer gewinnen kann, schwerlich gegeben.)
2. **Langfristiger, kontinuierlicher, wirtschaftlicher Erfolg.** (Keine langfristige Erfolgsstrategie lässt sich ausschließlich auf Spitzenleistungen aufbauen, die nur unter optimalen Bedingungen zu erzielen sind.)
3. **Höchstmöglicher Gewinn bei geringstmöglichem Einsatz und kalkulierbarem Risiko.** (Das ist das genaue Gegenteil vom obigen Punkt 3.)

Können Sie sich nun vorstellen, dass jede Wettbewerbssituation für den Marketingmann eigentlich eine Art GAU darstellt? Eine Katastrophe, das Letzte, in das er hineingeraten möchte? Und gleichzeitig genießt der Wettbewerb der Produkte als Marketinggrundlage doch so breite Übereinstimmung! Nun, es ist eben eine K.o.-Formel. Je mehr Sie sie anwenden, um Ihr Marketing in die Gänge zu bringen, desto leichter können Sie K.o. gehen.

Fazit

1. Die Beurteilung einer Wettbewerbssituation nach Marketinggesichtspunkten zeigt, dass wir bei jedem solchen Wettbewerb unter maximal ungünstigen Bedingungen operieren!
2. Ein Wettbewerb ist – statistisch gesehen, niemals ein Gewinnspiel, sondern immer ein Verlierspiel, welches grundsätzlich mehr Verlierer als Gewinner hervorbringt.
3. Damit wird eine typische Wettbewerbssituation für das Marketing aber völlig uninteressant, denn Marketing ist nur an vor-

hersagbarem wirtschaftlichem Erfolg interessiert. Und der Gewinn muss größer sein als der Einsatz.

Viele echte Wettbewerbe lenken die Aufmerksamkeit der Kandidaten mit Absicht auf Kriterien, die für den wirtschaftlichen Erfolg vollkommen unerheblich oder sogar schädlich sind. Ein klassischer Sänger hat mir berichtet, dass bei den Gesangswettbewerben, bei denen eine Jury die Preise vergibt, auch immer eine Publikumswertung und das Urteil eines Plattenproduzenten eingeholt wird. Es ist sehr lustig, die Gesichter der Jury zu beobachten, wenn mit schöner Regelmäßigkeit das Urteil der Juroren überhaupt nicht mit dem des Publikums oder des Produzenten übereinstimmt. Wen wundert das auch? Juroren sind zu neunzig Prozent Kritiker und Professoren, die ihre eigene künstlerische Karriere nicht weit genug gebracht haben. Warum sollten sie es anderen gönnen?

Sie können sich vorstellen, dass ich zu der Zeit, als ich zum ersten Mal auf diese Zusammenhänge stieß, ziemlich verstimmt war. Als Komponist, als Künstler, glaubt man an die Allmacht des Wettbewerbs. Die ganze Ausbildung ist darauf aufgebaut. Lange Jahre in der Schule sind wir daran gewöhnt worden, dass wir eine Leistung erbringen, deren Wert schließlich von irgendeiner Autoritätsperson *beurteilt* wird. Es ist unerheblich, ob jemand kauft oder brauchen kann, was wir gemacht haben, das Urteil einer Autorität muss gut sein. Der Lehrer klopft uns auf die Schulter, sagt wohlwollend „Gut gemacht", gibt uns eine Zwei-plus, und wir bekommen zu Hause ein neues Fahrrad. Viele Werbekampagnen, die für teures Geld von Werbeagenturen ausgearbeitet worden waren, brachten nichts weiter als Kreativpreise und/oder die Anerkennung des Auftraggebers.

Und dieses praktische System soll jetzt nicht mehr funktionieren? Ich verstehe Sie vollkommen, wenn Sie sich an dieser Stelle die Frage stellen: Wenn Marketing kein Wettbewerb ist, was ist es dann? Und genau diese Frage werde ich Ihnen im nächsten Kapitel beantworten.

2. Kapitel
Marketing, eine brauchbare Definition

„In der Wirtschaft zählen allein Goldmedaillen. Wer nur Silber oder Bronze holt, verliert den Auftrag."

Wolf Aengeneyndt, deutscher Fabrikant

Marketing ist keine olympische Disziplin. Das einleitende Zitat fasst es noch einmal zusammen. Sie können sich das eigentlich leicht vorstellen, denn Sie brauchen sich nur daran zu erinnern, dass Sie bestimmt wenig Freude empfunden haben über einen Auftrag, den Sie *beinahe* bekommen hätten. Eine Silbermedaille sozusagen, ein „Sieg nach Punkten". Und der amerikanische General Omar N. Bradley meldet, noch etwas kürzer angebunden: *„Im Krieg wird kein zweiter Preis vergeben."*

Was passiert, wenn der Werber verkauft und der Verkäufer wirbt

Wie können wir Marketing auf eine brauchbare Weise definieren? Lassen Sie mich mit einer Differenzierung der Begriffe „Werbung" und „Verkauf" beginnen. Beide sind wichtige Bestandteile einer Marketingstrategie:

- **Werbung befasst sich nicht mit den individuellen Belangen einer einzelnen Zielperson.** (Eine Zielperson ist eine Person, die ein potenzieller Kunde ist oder werden könnte.)

- **Die individuellen Belange einer einzelnen Zielperson sind Sache des Verkaufs.**
- **Werbung befasst sich mit einer Zielpersonensorte.** Und nur die Gemeinsamkeiten von Zielpersonen einer Sorte sind für die Werbung von Bedeutung.

Stellen Sie sich das bitte bildlich vor: Nehmen wir an, Sie haben ein Ladengeschäft. Der Verkäufer steht im Laden und verkauft. Er verkauft logischerweise nur an Einzelpersonen und sinnvollerweise nur an solche, die bereits im Laden stehen. Er verkauft weder an eine Personensorte (Zielgruppe) – das wäre schwer vorstellbar, noch an solche, die gar nicht im Laden stehen – das erscheint unrealistisch.

Die Werbung dagegen verkauft gar nicht, sondern treibt viele Leute in den Laden. Das ist etwas ganz anderes! Dabei befasst sich die Werbung (siehe oben) niemals mit den individuellen Belangen einer einzelnen Zielperson.

Obwohl wahrscheinlich die wenigsten Leute zugeben würden, dass sie Werbung und Verkauf nicht unterscheiden können, ist es doch leicht zu beobachten, wie diese beiden Bereiche in höchst verwirrender Weise durcheinander gebracht wurden. Die Folgen sind sehr kostenintensiv (in Deutschland heißen diese Kosten gar „Unkosten“, und das mit Recht).

Die größte Schwierigkeit der Konsumgüterwerbung

Im Bereich des Konsumgüterhandels können wir schon seit langem eine Tendenz zur Rationalisierung des Verkaufspersonals feststellen. Irgendeine von diesen führenden Unternehmensberatungen ist auf die Idee gekommen, dass diese Leute eigentlich überflüssig sind und alle anderen haben es nachgemacht. Die Wegrationalisierung der Verkäufer hat dazu geführt, dass nunmehr alle Probleme mit Werbung „gelöst“ werden. Wenn Sie schon einmal versucht haben, in einem Heimwerkermarkt oder einem dieser

SB-Discounter etwas „verkauft" zu bekommen – oder auch nur wissen möchten, ob dieser oder jener Artikel in einer bestimmten Ausführung noch vorrätig ist („kann ich das auch in Grün haben?"), dann werden Sie wissen, was ich meine. „Da kann ich Ihnen leider nicht weiterhelfen, versuchen Sie es doch mal am Informationsschalter dort drüben!" (zeigt in Richtung einer verwaisten Theke mit dem Schild „Beratung" darüber). Im Supermarkt wird nicht die geringste Verkaufsanstrengung unternommen, die über das robotische „Sonst-noch-etwas-bitte?" an der Wursttheke hinausgeht. Null Verkauf. Und die Werbung? Jeden Morgen trägt der Hausmeister den ganzen Stapel mit Großmarktprospekten, die von den fleißigen Verteilerfirmen im Hausflur deponiert wurden, ordnungsliebend und umweltbewusst zum Altpapiercontainer. „Schweinebauch-Anzeigen" sagen die Werbeleute etwas abfällig über diese wenig geliebten Aufträge im Handelsmarketing. Was ist hier los?

Nun, die Werbeleute wurden in zunehmendem Maße dazu vergattert, die Arbeit des nicht vorhandenen Verkaufs mit zu erledigen. Aber wie geht das? Während sie versuchen, die Zielpersonensorte (ohne auf eine einzelne Zielperson einzugehen) in den Laden zu treiben, sollen sie gleichzeitig jedem von diesen Leuten etwas verkaufen. Denn wenn der Konsument im Laden nicht alles freiwillig von sich aus macht, also die Ware sucht, findet, sie aus dem Regal oder vom Display nimmt und zur Kasse trägt, dann kommt kein Verkauf zustande. Die Instrumente der Werbung sind dafür aber nicht sehr geeignet. Man soll eine ganze Menge Leute in den Laden hineinschaufeln, aber gleichzeitig jeden Einzelnen genau anschauen, und ihm individuell etwas verkaufen. Die Anstrengungen der Supermärkte und Kaufhäuser sind vergleichbar mit dem Versuch, einen großen Schaufelbagger, den man einsetzt, um das Erdreich kubikmeterweise zu verfrachten, auch für das Aufheben der heruntergefallenen Kontaktlinse zu verwenden. Absolut unpraktikabel.

Warum Business-to-Business-Kommunikation mühsam ist

Die Untersuchung der Kundenakquisition von Unternehmen zu Unternehmen, der so genannten Business-to-Business-Werbung, ergibt ein ganz anderes Bild:

Aufgrund des wachsenden Misstrauens in die Erfolgsaussichten von Werbung geht man immer mehr dazu über, alle Probleme mit Verkauf „gelöst" zu bekommen. Es gibt Verkaufsförderung, Point-of-Sale-Maßnahmen, After-Sales-Marketing. Und natürlich die immer mehr ausufernden Verkaufstechniken und entsprechenden Schulungen. Verkauf! Unendlicher Verkauf, null Werbung. Wie sieht das aus? Oftmals gibt es keinen Laden, aber dennoch müssen die potenziellen Kunden „geistig" in den „Laden" gebracht werden, also einen Zustand, in dem ihr Interesse geweckt ist, eventuell etwas zu kaufen. Doch die Werbung selbst hat hier nicht mehr viel auszurichten, sie hat längst die Funktion eines reinen „Imageträgers" übernommen, der nicht selten nur für die Selbstbestätigung der Unternehmensleitung entwickelt wird.

Was passiert, in unserem Beispiel mit dem Ladengeschäft, wenn nur noch verkauft wird, aber niemand mehr Leute in den Laden treibt? Dann ist der Verkäufer wohl oder übel gezwungen, immer wieder aus seinem Laden herauszurennen, durch die ganze Stadt zu sausen, um irgendjemanden am Krawattl zu packen und in seinen Laden hinein zu ziehen, damit er ihm dann etwas verkaufen kann. Das ist, wie schon weiter oben angedeutet, natürlich nicht besonders effizient. Dennoch wird dieses Spiel von einigen Branchen systematisch gespielt. Jede einzelne Zielperson wird angerufen und daraufhin abgeklopft, ob man ihr vielleicht etwas verkaufen kann.

Und was steckt dahinter? Die Verkaufsleute müssen hier die ganze Arbeit der nicht vorhandenen oder nicht funktionierenden Werbung mit erledigen. Sie sollen eigentlich verkaufen, aber damit sie überhaupt jemanden im Laden haben, an den sie verkaufen können, müssen sie erstmal rauslaufen und irgendeinen, der wenigstens so aussieht, als könnte er vielleicht ein Kunde sein, in den Laden hineinzerren. Das ist sehr mühsam, und alle Verkäufer stimmen darin überein, dass nicht viele Leute sich so einfach in einen Laden hineinzerren lassen. Es ist somit auch noch frustrierend.

Viele Profi-Vertriebler, mit denen ich gesprochen habe, konnten bestätigen, dass sie einen guten Teil ihrer wertvollen Zeit damit verbringen, Zielpersonen zu ermitteln und so vorzubereiten, dass ein vernünftiges Verkaufsgespräch überhaupt erst möglich ist. So manche hoch bezahlten Vertriebler sind Fachleute, die jederzeit eine Top-Präsentation ihres superkomplexen Produkts durchführen könnten, doch müssen sie die meiste Zeit andere Dinge machen, damit sie mit ihrer Präsentation überhaupt zum Zuge kommen.

Können Sie sich vorstellen, dass die ganze Arbeit in beiden Bereichen (Werbung und Verkauf) eigentlich gar nicht so schwer wäre, wenn einfach jeder nur seinen Job machen würde? Der Verkauf steht im Laden und verkauft. Nur an Leute, die im Laden stehen, natürlich. Die Werbung treibt unablässig neue Leute in den Laden. Das erscheint primitiv, ist aber in der Praxis sehr wirksam.

Verkauf für „Nichtverkäufer"

Sie mögen anführen, dass Sie nicht zu den „Superverkäufern" gehören. Glauben Sie mir, auch ich bin nicht einer von den 0,03 Prozent begnadeten Verkaufskanonen, die einem in jedem Verkaufsmotivationsseminar als Beispiel hingehängt werden. Doch bin ich vollkommen überzeugt, dass mein und auch Ihr Verkaufstalent mehr als ausreichend wäre, wenn wir aufhören würden, ständig an Leute zu verkaufen, die gar nicht im Laden stehen. Verwenden Sie richtige Werbung, und bringen Sie mengenweise Leute in Ihren Laden. Um das zu erreichen, müssen Sie nichts verkaufen. Und diejenigen, die dann freiwillig drin bleiben (und ohnehin gar keinen richtigen Verkauf mehr gewöhnt sind), die sollten Sie bloß nicht zu sehr beim Kaufen behindern – sie kaufen fast von selbst! Doch davon mehr in einem späteren Kapitel.

Das Ganze gilt – wie bereits erwähnt – auch für jedes Unternehmen, bei dem es kein „Ladengeschäft“ im eigentlichen Sinne gibt.

Der Krieg im Kopf des potenziellen Kunden

Hier ist sie nun, eine brauchbare Definition von Marketing. Ich erinnere den Leser vorsorglich an die salvatorische Klausel Nr. 1 – es handelt sich nicht um einen dogmatische Lehrsatz oder gar eine „Philosophie“ sondern nur um eine Sichtweise, die sich, bezogen auf die erzielbaren Ergebnisse, als brauchbar erwiesen hat:

Marketing ist ein Krieg. Dieser findet in den Köpfen der Zielpersonen statt und wird mit geistigen Waffen bestritten. Gekämpft wird um die Aufmerksamkeitseinheiten in den Köpfen dieser Zielpersonen. Eine funktionierende Marketing-Strategie hat demnach ihre exakten Parallelen in den Gesetzen erfolgreicher Kriegführung.

Damit wir uns richtig verstehen – es ist kein herkömmlicher, blutiger Krieg gemeint. Der Krieg findet tatsächlich *im Kopf des Kunden* statt. Es ist eine geistige Auseinandersetzung. Mit geistigen Waffen. Aber von den Regeln der Kriegskunst können wir ein paar nützliche Dinge lernen. Beim Krieg gibt es nämlich kein „Dabeisein-ist-alles“, so wie beim Sport oder beim Wettbewerb. Beim Krieg gibt es nur Gewinnen. Und schließlich wollen wir ja gewinnen.

Ich bin auch nicht selbst auf diese Idee gekommen. Ich bin darauf durch die Bücher von zwei amerikanischen Marketingleuten, Al Ries und Jack Trout (im Anhang beschrieben) gestoßen. Die beiden sind der Meinung, dass der pensionierte General Carl von Clausewitz mit seinem Standardwerk „Vom Kriege“ auch ein hervorragendes Buch über Marketing geschrieben hat. Sie haben sich die Mühe gemacht, die klassischen Regeln der Kriegführung auf das Gebiet des Marketing anzuwenden. Denn da gibt es wirklich auffällige Parallelen: Es geht um den „Sieg“. Wir wollen die Aufmerksamkeit, das Interesse und den Wunsch des Kunden für uns gewinnen. Es gibt Munition, einen Einsatz, der Geld kostet, nämlich Werbung und Akquisition. Unser Budget verballern wir, um unsere Ideen in die Köpfe unserer Zielpersonen hineinzubringen und unseren Platz im Hirn des Kunden zu erobern und ihn dann zu verteidigen. Und es gibt im Kopf des potenziellen Kunden jede Menge andere Ideen, die mit unseren Ideen konkurrieren können.

Ein weiser Feldherr wird sich immer bemühen, das Leben seiner Soldaten nicht sinnlos zu verheizen. Ist es nicht dasselbe, was wir uns für unsere Werbegelder wünschen, dass wir sie nämlich nicht sinnlos verheizen? Warum sollen wir also nicht bei den Kriegsstrategen abschauen und die gewinnenden Strategien im Kopf unserer potenziellen Kunden anwenden?

Für alle, die vor lauter Friedensliebe nicht mehr richtig lesen können und alles, in dem das Wort „Krieg" nur vorkommt, am liebsten gleich verbrennen würden, sage ich es noch einmal ganz deutlich: Ich bin *kein* Befürworter des Krieges. Ich bin der Meinung, dass alle Möglichkeiten ausgeschöpft werden sollten, um Konflikte gewaltlos beizulegen. Marketing ist jedoch eine Disziplin, in der man sich durchsetzen muss, oder man wird bald nicht mehr auf dem Markt sein. Deshalb habe ich – mithilfe der beiden Marketingleute Al Ries und Jack Trout – nur ein paar Nachhilfestunden in strategischer Planung beim Onkel Clausewitz genommen.

Warum eine Schlacht verloren wird

Beginnen wir mit der bittersten Pille: Ein wichtiger, weil übergeordneter Aspekt in der Kriegführung ist *der Grundsatz der Stärke:*

Bei einem Zusammenstoß zwischen einem größeren und einem kleineren Körper (etwa einem 30-Tonnen-LKW und einem Kleinwagen) trägt der größere weniger Schaden davon als der kleinere. Das ist ein elementares Gesetz der Physik.

Die Geschichte lehrt uns diese schmerzliche und schwer verdauliche Lektion: Ganz im Gegensatz zu den Räuber-und-Gendarm-Spielen aus den Märchenwäldern von Hollywood wird nämlich ein echter militärischer Sieg fast immer durch die zahlenmäßig überlegene Armee errungen. Durch die *zahlenmäßig* überlegene Armee! Die Idee, dass man mit erhöhter Tapferkeit, risikoreichem Vorgehen oder der intelligenteren Strategie gegen eine zahlenmäßige Übermacht gewinnen kann, ist zwar ein wesentlicher Bestandteil von Hollywoodfilmen, hat sich aber bislang in der Geschichte nur so selten bewahrheitet, dass die Chance für den erfahrenen Strategen viel zu gering ist, als dass er sich darauf verlassen würde (von Clausewitz hatte sämtliche Schlachten der Geschichte untersucht und nur zwei gefunden, in denen eine Armee einen mehr als doppelt so starken Feind besiegte).

Der wichtige Punkt, der meistens übersehen wird, ist folgender: Es handelt sich um einen *übergeordneten* Aspekt. Wenn von der Wichtigkeit her übergeordnete Dinge außer Acht gelassen werden, nützt es Ihnen nichts, Teilbereiche untergeordneter Art perfekt auf der Reihe zu haben. Beim Grundsatz der Stärke dürfen Sie niemals dem Glauben verfallen, dass diese physikalischen Grundgesetze unter bestimmten Umständen nicht gelten oder außer Kraft gesetzt werden können. Das ist nicht der Fall!

Nehmen wir ein alltägliches Beispiel: Sie sind so ein Hollywood-Filmproduzent und möchten einen Sonnenaufgang filmen. Untergeordnet (wenn auch von vielen für sehr wichtig gehalten): dass Sie das neueste und beste technische Equipment zur Verfügung haben. Übergeordnet: Dass Sie rechtzeitig am Drehort erscheinen und *irgendein* Equipment fertig aufgebaut haben, *bevor* die Sonne damit anfängt, aufzugehen.

Wie wichtig ist die eigene Stärke?

Wie übergeordnet der Grundsatz der Stärke den Ausgang von Ihrem Marketingfeldzug bestimmen wird, zeigt Ihnen mit drastischer Deutlichkeit das nun folgende „Einmaleins des Feuergefechts“.

Nehmen wir an, zwei Armeen stehen gegenüber. Schwarz hat 9 Soldaten, Weiß hat 6. Schwarz ist im Verhältnis 3:2 überlegen.

Das funktioniert natürlich auf gleiche Weise bei 90.000 Soldaten gegenüber 60.000 usw. Es wäre unsinnig, anzunehmen, dass die eine Armee nur aus Scharfschützen besteht und die andere nur aus Angsthasen, die immer in die Luft schießen. Wir müssen von einer durchschnittlichen Trefferquote ausgehen, um eine realistische Berechnung anstellen zu können. Deshalb nehmen wir an: jeder dritte Schuss führt zu einem Verlust beim Gegner.

Man könnte meinen, dass die 6 Weißen, die doch viel motivierter aussehen, die 9 Schwarzen mit etwas mehr Tapferkeit durchaus in die Flucht schlagen könnten.

Doch schon nach der ersten Salve (jeder dritte Schuss trifft) ergibt sich das folgende Bild:

Die Motivation der Weißen hat sichtbar nachgelassen. Schwarz hat noch 7 Soldaten, Weiß nur noch 3. Jetzt beträgt die Überlegenheit von Schwarz schon über hundert Prozent. Hätte die Ausgangssituation so ausgesehen, wäre es sehr fraglich gewesen, ob der weiße Kommandeur sich überhaupt auf einen direkten Angriff eingelassen hätte.

Nun wird die nächste Salve abgefeuert. Jeder dritte Schuss ist wieder ein Treffer:

Jetzt hat Weiß nur noch einen einzigen Schützen, dessen Laune den Umständen entsprechend ziemlich am Boden ist, Schwarz hat noch sechs. Jeder dritte Schuss ein Treffer: Noch eine Salve, und Weiß ist ausgeschaltet.

Das ist bitter. Die zahlenmäßig überlegene schwarze Seite hat dabei nur halb so viele Soldaten verloren (nämlich 3), wie die zahlenmäßig unterlegene weiße! Schwarz hat noch zwei Drittel seiner Soldaten übrig, um jetzt im Land von Weiß einzumarschieren – Weiß hat keine Gegenwehr mehr.

Wenn Sie die Soldaten nun durch Werbeeuro ersetzen und dabei annehmen, dass Ihr Werbeeuro nicht wesentlich mehr pro Euro ausrichten werden als die Ihrer Mitbewerber, dann bedeutet dies: Sie haben Ihr gesamtes Budget verballert und keinen einzigen Kunden dazugewonnen, Ihr Konkurrent hat noch zwei Drittel seines Budgets übrig, um nun bei Ihren Stammkunden „wildern“ zu gehen. Es gilt, frei nach Napoleon Bonaparte: Gott ist auf der Seite des größeren Verkaufsaußendienstes.

Doch, ich habe etwas weiter oben von einem geistigen Krieg gesprochen, mit geistigen Waffen.

Marketing findet im Kopf des Kunden statt

Die Essenz zum Grundsatz der Stärke lässt sich auf das Marketing wie folgt anwenden: Jedesmal, wenn wir im Kopf einer Zielperson um ihre Aufmerksamkeitseinheiten kämpfen, treten wir an gegen alle anderen Ideen, die sich bereits im Kopf der Zielperson befinden. Außerdem stürmen zur Zeit unseres Angriffs noch weitere Konkurrenzideen in denselben Kopf.

Wenn Sie sich nun an die Logik einer Wettbewerbssituation erinnern (viele sind angetreten, aber nur einer kann gewinnen) dann können Sie sehen: Wir begeben uns mit der herkömmlichen Methode der Auftragsbeschaffung bevorzugt – wenn nicht sogar ausschließlich – in Situationen, in der die Konkurrenz zahlenmäßig weit überwiegt. Und damit sind – militärisch betrachtet – unsere Chancen auf einen Sieg nur sehr gering oder gar nicht vorhanden.

Woher haben wir diese selbstmörderische Strategie? Wir alle haben schon in der Schule gelernt, wie man sich für eine Stelle bewirbt. Unsere erste Lektion in Marketing. Man schaut in die Zeitung und bewirbt sich auf eine Anzeige. Da sich natürlich genau bei dem Unternehmen mit der Anzeige in genau der Woche nach dem Erscheinen der Anzeige alle anderen auch bewerben, die diese Stelle haben wollen, finden wir mit dieser Methode immer nur ein Maximum an Konkurrenz vor.

Trüffelschwein-Marketing

Künstler, Freiberufler, aber auch Unternehmen handeln treu nach dem alten Irrtum, wonach man sich dort bewirbt, wo es einen Hinweis gibt, dass da ein Auftrag zu erhalten ist. „Trüffelschwein-Marketing“ sollte man das eigentlich nennen.

Das Ergebnis ist immer dasselbe. Sänger, Tänzer und Schauspieler gehen zu Auditions (Vorführen seiner Kunstfertigkeit vor einem Gremium, das über die Vergabe von Rollen, Jobs, Preisen etc. entscheidet). Und was passiert da? Wer die Vorbereitungen zu der Retorten-Mädchen-Band „No Angels" gesehen hat, weiß es. Tausende von Bewerberinnen. Maximale Konkurrenz. Endlose Ausleseprozesse. Ganz wenige (oder nur eine einzige Person) können die Rolle und damit Arbeit bekommen. Alle anderen haben nicht nur keinen Job, sondern mal wieder umsonst präsentiert und möglicherweise sogar Geld für ihre Vorbereitungen in den Sand gesetzt.

Was ich vom Schlagerkomponisten Ralph Siegel gelernt habe

Ich möchte Ihnen an einem anschaulichen Beispiel aus meiner Berufspraxis als Komponist erklären, wie das Gesetz der Stärke auch bei einem echten Wettbewerb (mit Jury und Sieger) zum Tragen kommt:

Der *Grand Prix d'Eurovision* ist ein solcher Wettbewerb – im Musikbusiness. Bevor in einer großen, in ganz Europa live übertragenen TV-Galaveranstaltung die Siegerschnulze ermittelt wird, gibt es Ausscheidungen in den Ländern, welches Lied für das jeweilige Land ins Rennen geschickt werden soll. In den achtziger Jahren gab es eine Zeit, da hat bei der deutschen Vorausscheidung fast immer ein Lied des Schlagerkomponisten Ralph Siegel gewonnen.

Für viele Musiker und Komponisten (darunter auch für mich) gehörte es damals zum guten Ton, sich ordentlich über diese einseitige Entwicklung aufzuregen und sich zu fragen, wie es wohl kommt, dass Ralph Siegels Tralala-Nummern immer das Rennen machten – und das, obwohl Deutschlands Beitrag später bei der internationalen Ausscheidung bis auf eine einzige Ausnahme („Ein bisschen Frieden" mit Nicole – auch von Ralph Siegel) immer auf den hinteren Plätzen landete. Da hätte man sich bei der Vorentscheidung schon ein höheres Niveau vorgestellt. Aber bei der Häufigkeit, mit der ein Siegel-Titel bei der deutschen Vorausscheidung gewann – da musste man einfach an bestochene Jurys denken. Schließlich waren es jedes Jahr Hunderte von Komponisten, die ihre Lieder für diesen Wettbewerb einschickten.

Als ich einmal selbst die Gelegenheit erhielt, für den Musikbetrieb von Ralph Siegel zu arbeiten und dabei den Meister auch persönlich kennen lernte, erkannte ich, was der wahre Grund für die viel beneidete „Überrepräsentanz“ seiner Kompositionen war. Dieser Mann arbeitete tatsächlich fast ein Jahr im Voraus, um den Grand Prix zu gewinnen. Er komponierte und produzierte wie am Fließband. Und schickte nicht etwa sein bestes Lied zum Wettbewerb ein, auch nicht seine besten zehn, nein – jedes Jahr waren mehr als hundert der eingesandten Lieder von Ralph Siegel komponiert. Das war übrigens vollkommen legal – jeder Komponist durfte so viele Lieder einschicken, wie er wollte. Um seine Strategie jedoch vor der Jury zu verschleiern, hatte Ralph Siegel die meisten Kompositionen unter mehreren Pseudonymen angemeldet.

Was lernte ich daraus? Nicht der Komponist mit dem besten Lied gewinnt den Preis, sondern der, der die meisten Lieder einschickt.

Ralph Siegel hat den Grundsatz der Stärke gleich zweimal angewandt. Einmal beim einzelnen Wettbewerb, indem er wesentlich mehr Titel einschickte als jeder andere Bewerber. Zum Zweiten, indem er seine Taktik über wahrscheinlich zwanzig Jahre immer wieder durchzog. Und einmal hat er tatsächlich den großen Preis gewonnen.

Nach dem Grundsatz der Stärke sind somit die Chancen in einer Wettbewerbssituation, in der man selbst nur eine einzige Chance hat, minimal. Zu viele andere Ideen tummeln sich im Kopf des umworbenen Kunden, als dass die Wahrscheinlichkeit, sich durchzusetzen, wirklich attraktiv genannt werden könnte.

Für alle, die angesichts der zahlenmäßigen Übermacht der Konkurrenz insgesamt keine Vorhersage mehr auf einen Sieg machen können, stellt sich nun logischerweise die folgende Frage: Wie führe ich einen Krieg mit einer zahlenmäßig unterlegenen Armee?

Die Stärke des Schwächeren

Hier hilft uns der auch nicht gerade kriegsunerfahrene Feldherr Napoleon aus der Klemme, denn in seinen Aufzeichnungen heißt es:

„Die Kunst, einen Krieg mit einer zahlenmäßig schwächeren Armee zu führen, besteht darin, an dem Punkt, der angegriffen oder verteidigt werden soll, mehr Soldaten zur Verfügung zu haben als der Feind.“[1]

Womit wir dem Grundsatz der Stärke wieder genüge getan hätten. Die Gesetze der Physik können wir nicht einfach ändern. Eine zahlenmäßige Überlegenheit muss gegeben sein, wenn auch nicht immer absolut. Es genügt eine *relative* Überlegenheit, damit dem Grundsatz der Stärke Rechnung getragen wird. An dem Punkt, der angegriffen oder verteidigt werden soll, müssen wir zahlenmäßig überlegen sein.

Die nächste Frage lautet: In welchem Winkel der Gehirnwindungen des potenziellen Kunden können wir eine zahlenmäßige Überlegenheit herstellen? Die Welt ist so zugeschüttet mit Werbung, gegen die ein kleiner Unternehmer oder gar Einzelkämpfer mit seinem geringen Budget gar keine Chance hat. Das stimmt. Selbst große Firmen tun sich da schwer. Eine logische Annäherung ist die: Am sichersten wäre es, eine Stelle zu finden, wo sich gar niemand aufhält. Dann wäre man selbst als Einzelner zahlenmäßig überlegen. Das klingt genial, ist aber etwas spitzfindig. Wie sieht das in der Praxis aus?

---

[1] Tatsächlich war Napoleon in der Schlacht von Waterloo, die ihn als Top-Verlierer im Kriegsbusiness bekannt gemacht hat, in einer äußerst schwierigen Situation: Er war zwar mit französischen 74.000 Soldaten gegenüber 67.000 Briten geringfügig überlegen, ging jedoch in die Offensive, während Wellington es sich leisten konnte, in sicherer Stellung abzuwarten. Napoleon wusste, dass er angreifen musste, bevor die Preußen eintrafen, um die englische Armee zu verstärken. Eine gut errichtete Verteidigungsstellung ist laut Clausewitz äußerst stark und nur schwer zu durchbrechen. Für eine Offensive benötigt man somit eine sehr große zahlenmäßige Überlegenheit.

Warum Werbung nach Großvaters Art heute brauchbar ist

Um diese Frage zu beantworten, will ich Ihnen etwas über die Methode erzählen, die mit dem günstigsten Preis-Leistungs-Verhältnis Ihre Idee zielsicher in die Köpfe einer Zielpersonensorte bringen und dort eine zahlenmäßige Überlegenheit herstellen kann. Die Rede ist von einem langjährig übereingestimmten Instrument der geschäftlichen Kommunikation: *dem Brief*. Selbstverständlich riskiere ich an dieser Stelle schallendes Gelächter aus der Fraktion fortschrittlicher Vertreter der zeitgeistdurchdrungenen Werbebranche. „Junger Mann, lesen Sie denn gar keine Zeitung? In einer Zeit, in der man alles schon an der Tankstelle oder *Online* bekommen kann," wird man mir mitleidig lächelnd entgegenhalten „da wollen Sie uns empfehlen, so richtig Briefe zu schreiben? Das ist wirklich ein guter Witz ...". Nun, ich akzeptiere die Kritik und riskiere, als altmodisch abgestempelt zu werden. Doch ich sprach vom Preis-Leistungs-Verhältnis. Lassen Sie mich das etwas weiter ausführen.

Drei Kriterien wollen wir anlegen für ein Werbemedium, durch das unsere Botschaft zu unserer Zielperson gelangt: Produktionshürden, Datenendgerätelösung und Übertragungsqualität. Wie ist ein Brief hier zu bewerten? Die Produktionshürden sind sehr niedrig. Jeder, der lesen und schreiben kann, kann auch einen Brief schreiben. Papier ist nicht mehr so unerschwinglich wie zu Zeiten des Alten Testaments, als die Papyrusrollen noch zu Preisen gehandelt wurden, dass Moses allein beim Gedanken an die Kosten beschloss, die Dauer der Schöpfung auf sieben Tage und die Anzahl der Gebote auf zehn zusammenzustreichen. Über die Datenendgeräte, die beim potenziellen Kunden für den einwandfreien Empfang unserer Botschaft erforderlich sind, müssen wir uns überhaupt keine Gedanken machen – zum Brieflesen braucht man weder einen Pentium-Rechner mit DVD-Laufwerk und R2D2-Schnittstelle oder einen drahtlosen Internet-Anschluss an das zentrale Nervensystem. Eine Lesebrille haben alle, die eine brauchen, und die Augen selbst sind bei den allermeisten Menschen serienmäßig eingebaut.

Die Übertragungsqualität eines Briefes kann nur als hervorragend betrachtet werden. Bei aller Kritik an der von Internetbenutzern als „Snail-Mail“ verunglimpften Post hat diese zumindest ihre alte Gewohnheit beibehalten, diese Briefe ungeöffnet und vollkommen unzensiert, also so wie sie sind, an ihre Adressaten weiterzuleiten. Das entspricht einer Wiedergabetreue von 1 : 1! Und noch eine, vielleicht die wichtigste Kleinigkeit zum Thema Übertragungsqualität: Ein Brief hat traditionsgemäß eine solch breite Übereinstimmung in dieser Gesellschaft, dass es damit ohne weiteres gelingt, sowohl eingebildete als auch tatsächliche Standesschranken problemlos zu überwinden. Im Klartext: Sie können ebenso Ihrer Oma als auch dem Bundeskanzler einen Brief schreiben, oder dem Papst. Es ist nichts verkehrt damit, Sie haben nichts falsch gemacht, man kann Sie dafür nicht ins Unrecht setzen. Und der Brief wird – zu den gleichen Kosten wie jeder andere auch – selbstverständlich zugestellt.

Da liegt er nun, der Brief, auf dem Tisch der Zielperson. Oh ja, Sie denken an die Sekretärin, die manche Briefe vorher aussortiert – machen Sie sich keine Sorgen. Diese Generation von Sekretärinnen ist fast ausgestorben. Eine Sekretärin, die einen Brief in der Hand hält, hat zwei Möglichkeiten: sie kann ihn weitergeben, oder sie kann ihn wegwerfen. Für die Sekretärin ist das Ergebnis in jedem Fall dasselbe – sie ist ihn los. Beim Weitergeben hat sie allerdings auch die Verantwortung mit weitergegeben. Das ist viel sicherer, denn beim Wegwerfen hat sie die Verantwortung bei sich behalten. Einen Brief wegzuwerfen, für deren Verlust sie möglicherweise verantwortlich gemacht werden könnte, wird sie nicht mehr als einmal riskieren. Ich werde später noch ausführlicher auf diesen Punkt eingehen.

Sehen wir uns nun den Briefempfänger an, wenn er den Brief bekommt. Da haben Sie selbst eine Menge Erfahrung – Sie haben schon viele Briefe bekommen. Stellen Sie sich also vor, Sie erhalten einen solchen Brief: Ein neutraler Umschlag, der Ihre Adresse, einen Absender, den Sie nicht kennen, und den Freimachungsvermerk enthält. Kein Hinweis auf den Inhalt. Was würden Sie mit einem solchen Umschlag machen? Ich bin sicher, Sie würden ihn aufmachen. Natürlich würden Sie ihn aufmachen. Sie wollen nun sehen, was drinnen ist (es könnte ja auch ein Scheck drin sein).

In meinem Seminar gab es immer wieder Leute, die dennoch behaupteten, sie würden Briefe, die durch den Freistempel statt Briefmarke als „Massensendung“ erkennbar wären, gar nicht erst aufmachen. Meine Gegenfrage an diese Person war dann jedes Mal: „Warum sind Sie dann hier?“ Ich hatte meine Seminareinladungen nämlich auch als freigestempelte Massendrucksache versandt (im Deutsche-Post-Jargon: Infopost). Das löste das Problem 1:0 für mich und in der Teilnehmerrunde einige Heiterkeit aus.

Warum ein Brief nicht geöffnet wird

Doch bleiben wir beim Thema. Selbstverständlich gibt es auch Briefe, die Sie nicht aufmachen. Das sind die, bei denen Sie schon an den vielen aufgedruckten Geldscheinen von außen sehen können, dass es sich um eine Werbung der Klassenlotterie handelt. Es ist interessant, dass auch in Ratgebern für Businessmailings immer noch empfohlen wird, den Umschlag mit irgendwelchen „Interesse weckenden“ Bemerkungen zu bedrucken oder gar aufwendig zu gestalten. Es ist nur logisch, dass man den Grafikdesignern so etwas beibringt, denn die leben ja davon. Aber was soll das? Sie haben gerade selbst bei dem kleinen Gedankenexperiment festgestellt, dass ein neutraler Umschlag ohne jeden Hinweis auf den Inhalt die sicherste Garantie ist, dass der Umschlag geöffnet wird. Dabei geht es gar nicht um Neugier. Der Empfänger ist einfach gezwungen, den Umschlag zu öffnen, denn sonst kann er die Zusendung nicht beurteilen. Und Sie, der Absender, haben die Kosten für den Vierfarbdruck gespart.

Warum Ihr Brief gelesen wird

Und jetzt haben wir eine ganz andere Situation: Es ist nicht die Werbebotschaft, die jemandem zwangsweise übergestülpt wird, sondern der Empfänger selbst richtet jetzt freiwillig seine Aufmerksamkeit auf den Inhalt des Umschlags, um mehr darüber herauszufinden. Betrachtet man genau diesen Augenblick einmal unter militärischen Gesichtspunkten, so haben wir hier eine Situation, bei der die Sterne für den Absender äußerst günstig stehen.

Man kann sich das so vorstellen: Der Feind tritt aus der Deckung und präsentiert sich schutzlos dem Angreifer, dem er zuruft: „Hier bin ich – jetzt zeig' mal, ob deine Kugeln auch treffen!" Für diesen Augenblick, in dem der Empfänger wissen will, was in dem Brief steht, den er gerade vor sich hat, ist der Absender – da ohne Konkurrenz – ganz allein mit dem Empfänger und somit zahlenmäßig überlegen. Möglicherweise währt diese Überlegenheit nicht sehr viel länger. Es kommt jetzt tatsächlich darauf an, dass die Kugeln auch treffen.

Nun, ich muss auch jetzt noch damit rechnen, dass der zweifelnde Ausdruck nicht aus den Gesichtern der technisch hochgerüsteten Kommunikationsspezialisten gewichen ist. Wenn das so einfach wäre – dann würde das ja jeder machen usw. Ich gebe zu, dass die Empfehlung, Briefe zu schreiben, eine Menge Skepsis auslösen kann, denn es gibt einige gewichtige Argumente, die gegen das Briefe schreiben sprechen. Zwei davon möchte ich hier besprechen.

Telefonmarketing für alle, die kein Telefonmarketing mögen

Erstens: Das Telefon! „Das Telefon ist das wichtigste Kommunikationsinstrument unserer Zeit" heißt es im modernen Lehrgang über Telefonmarketing. „Am Telefon habe ich eine viel bessere Kontrolle über den Verlauf der Kommunikation, kann Einwände behandeln und gleich eine Vereinbarung treffen."

Sehen Sie, wie wichtig die Unterscheidung zwischen Werbung an eine Zielpersonensorte und Verkauf an individuelle Zielpersonen hier wird? Wenn Sie Werbung machen müssen per Telefon, wenden Sie sich an eine Zielpersonensorte, indem Sie jede einzelne Person separat kontaktieren müssen. Das ist ziemlich mühsam.

Doch ich war selbst auch nicht immer so schlau wie heute, ich hielt gar nichts vom Briefe schreiben und war der festen Überzeugung, dass das Telefon das wichtigste Kommunikationsinstrument unserer Zeit sei. Und ich gedachte, das besonders intelligent zu machen. Um mir ein „zeitgemäßes" Instrument für meine Eigenakquisition aufzubauen, machte ich mich daran, alles über Telefonmarketing herauszufinden. Schließlich eröffnete ich eine Telefonmarketing-Agentur. Ich führte Hunderte von Telefongesprächen, entwarf Kommunikationsstrategien und Gesprächsleitfäden, schulte Mitarbeiter. Ich ließ mehrere Umfragen zum Thema Auftragsbeschaffung durchführen und entwickelte eine Neukunden-Akquisitionsstrategie, die auf reiner Telefonarbeit aufbaute und die für mehrere Auftraggeber einigermaßen erfolgreich zum Einsatz gelangte.

Nach einem Jahr wusste ich genug. Die Zahlen kann jeder nachvollziehen, der selbst einmal Telefonmarketing ausprobiert hat. Hier sind meine Erfahrungswerte zum Thema Telefonmarketing:

Erfahrungswerte zum Thema Telefonmarketing

Selbst bei größtmöglicher Systematik und einem perfekt ausgearbeiteten, schriftlichen Gesprächsleitfaden benötigt ein erfahrener und ausgebildeter Telefonist im Durchschnitt 30 Minuten für ein qualifiziertes Telefongespräch mit einer Zielperson. Mit „qualifiziertes Telefongespräch" ist gemeint, dass ein ernst zu nehmendes Gespräch über das tatsächliche Thema oder Anliegen des Anrufers geführt wird und nicht eine Diskussion darüber, ob der Angerufene „Interesse hat", das Gespräch fortgesetzt oder überhaupt geführt wird. Mit „Zielperson" ist der für das Anliegen des

Anrufers kompetente Ansprechpartner gemeint, nicht ein Vertreter, Assistent oder eine Sekretärin, der oder die „es ausrichtet“ oder Ähnliches. Das Gespräch selbst dauert dabei durchschnittlich 10 Minuten, für das Anlegen eines brauchbaren Gesprächsprotokolls werden weitere 10 Minuten benötigt. Die restlichen 10 Minuten verbringt der Telefonist damit, eine Zielperson an die Strippe zu bekommen.

Um ein einziges qualifiziertes Telefonat zu führen, wurden (bei Ferngesprächen, inklusive aller Versuche) im Durchschnitt 8 Mark (umgerechnet circa vier Euro) Gebühren verbraucht (Telekom-Tarife 1994).

Eine Person, die nichts anderes tut als zu telefonieren, könnte somit theoretisch an einem Acht-Stunden-Tag etwa 16 qualifizierte Gespräche mit Zielpersonen führen. Das macht natürlich in der Praxis kaum jemand, weil einem nach vier Stunden das Ohr abfällt.

Ein Telefonist ohne spezielle Ausbildung oder ohne schriftlichen Leitfaden schafft nicht annähernd ein solches Pensum, ist wegen häufiger Pannen schon nach kurzer Zeit demotiviert, und die Gesprächsprotokolle zeigen, dass Gespräche, die von unausgebildeten Telefonisten oder auswendig – also ohne Leitfaden – geführt wurden, von den Ergebnissen her nur wenig brauchbar sind.

Aus diesen und den übrigen Zahlen und Erfahrungswerten ergeben sich folgende Schlussfolgerungen zum Thema Telefonmarketing:

Schlussfolgerungen zum Thema Telefonmarketing

Das Telefonieren ist ein äußerst sensibles, zeitintensives und außerordentlich kostspieliges Marketing-Instrument, das nur für ganz bestimmte Zwecke eingesetzt werden sollte und für alle anderen Zwecke vollkommen unbrauchbar ist. *Unbrauchbar*, speziell unbrauchbar im Bereich des Kaltkontakts *ist das Telefonieren für*:

1. **Vorstellungen oder Bewerbungen:** Es gibt keine Möglichkeit, sich als Unbekannter am Telefon einer unbekannten Person so gut vorzustellen, dass der andere einen Eindruck gewinnt, anhand dessen er eine vernünftige Entscheidung treffen kann.
2. **Abfragen, ob für „xyz" Bedarf besteht:** Ergibt keine verwertbaren Antworten. Die Angerufenen sagen „nein", nicht, weil sie das Angebot zurückweisen, sondern weil sie den Anruf als solchen zurückweisen, da ein Anruf sie fast immer in irgendeiner Arbeit unterbricht. Außerdem können sie „xyz" auf die Schnelle gar nicht beurteilen. Oder aber die Person am anderen Ende ist schlichtweg inkompetent und bläst sich bloß auf, indem sie herablassend meldet, dass für „xyz" *kein* Bedarf bestehe. Für den Fall, dass jemand sagt, dass Bedarf besteht, ist dies zwar nett gemeint, aber immer vollkommen unverbindlich, und die Chance ist groß, dass das gar nicht stimmt, was sich dann später herausstellt.
3. **Kaltakquise in Form von Terminvereinbarung:** Man bekommt mit reiner Kaltakquise ohne jede weitere Qualifikation des Gesprächspartners keine Termine mit qualifizierten Kaufinteressenten, sondern hauptsächlich Termine mit Leuten, die nur „aufgeschlossen" sind oder es ganz einfach nicht schaffen, einen Termin abzulehnen – und diese komischen Termine mit den häufig unqualifizierten Interessenten muss man dann auch noch abhalten.
4. **Direkter Verkauf:** Obwohl Telefonverkauf in bestimmten Fällen erfolgreich sein kann, sieht das in der Praxis häufig so aus, dass man dafür eine Unmenge von Anrufen und eine Heerschar von Telefonverkäufern braucht, die man in einem Schnellkurs mit Motivation vollpumpt und dann auf eine schlecht bezahlte Arbeit loslässt. Für einen Selbständigen, der eigentlich nur sein Produkt oder seine Dienstleistung an den Mann bringen will, ist das keine erfreuliche Aussicht.

Brauchbar – wenn auch immer noch zeitaufwendig und teuer – *ist das Telefon im Bereich des „Kaltkontakts" für* die folgenden Zwecke:

1. **Ermittlung** von Namen, Zuständigkeiten, Faxnummern oder anderen Daten, die nicht in irgendwelchen Verzeichnissen zu finden sind. Die meisten solcher Daten stehen in irgendwelchen Verzeichnissen. Überlegen Sie sich genau, ob es wirklich nötig ist, dass Sie telefonisch ermitteln. Es ist sehr, sehr aufwendig.

2. **Kurze Absprachen über eine bestimmte Vorgehensweise:** („Ich möchte Ihnen diese Unterlagen zusenden, darf ich die zu Ihren Händen schicken?") Absprachen beziehen sich immer auf ein „Wie", niemals auf ein „Ob". Sie bekommen keine verwertbaren Antworten auf „Ob"-Fragen (siehe oben).

3. **Kurze Befragungen und Interviews zum Zweck der Marktforschung:** Umfragen und Interviews sind ein sehr nützliches Instrument. Man findet Dinge heraus, bekommt einen Eindruck, wie eine bestimmte Zielgruppe die Dinge sieht. Arbeiten Sie hierzu Fragen aus, die der Befragte nicht mit Ja oder Nein beantworten kann. Er muss dann etwas „erzählen". Lassen Sie Ihn reden und hören Sie ihm zu. Dann erfahren Sie das meiste. Schreiben Sie genau auf, was die Person sagt, welche Emotion dabei mitschwingt und werten Sie das später aus.

Für einen professionell organisierten Vertrieb gehört das Telefon dennoch zum selbstverständlichen Instrumentarium, und deshalb werde ich später noch genauer auf die sinnvolle Anwendung von Personen-Marketing beim Telefonieren eingehen. Doch hier noch einige Anmerkungen zur historischen Entwicklung des Telefons:

Kleiner historischer Rückblick zum Telefon

Noch vor weniger als hundert Jahren beherrschte die Geschäftswelt ein ausgeklügeltes System schriftlicher Benachrichtigung. Dies war unverzichtbar, weil Telefongespräche, falls überhaupt möglich, eine technische, finanzielle wie zeitintensive Hürde darstellten. Heute können sich die meisten gar nicht mehr vorstellen, dass damals ein Ferngespräch frühzeitig angemeldet und dann handvermittelt werden musste. Falls der Empfänger überhaupt ein Telefon hatte.

Ein paar Jahrzehnte gingen ins Land, und dann gehörte das Telefon zur Standardausrüstung eines jeden Haushalts. Die Anzahl der geführten Telefonate erlebte einen unglaublichen Aufschwung. Da gab es Leute, die sich gleich mehrere Telefone auf den Tisch stellten, um dem Besucher zu demonstrieren, in welch wichtiger Position sie sich befanden.

In den achtziger Jahren entdeckte die Werbebranche das Telefon als Verkaufsinstrument. Ein wahrer Telefonmarketing-Boom brach aus. Die Telefonbesitzer machten das einige Zeit mit, kamen den Tricksern aus der Verkaufs-Überrumpelkammer aber schon bald auf die Schliche. Sie entwickelten Abwimmelungsmethoden und kauften sich automatische Anrufbeantworter. Heute haben selbst viele Durchwahltelefone an Schreibtischen separate Anrufbeantworter, und die Erreichbarkeit von Leuten liegt bei Kaltanrufsaktionen bei etwa 30:1, was bedeutet, dass man 30 Leute anrufen muss, um mit einer Person über das gewünschte Thema sprechen zu können. Von der reinen Effektivität her ist das gar nicht so weit entfernt von den handvermittelten Ferngesprächen aus grauer Vorzeit, die man anmelden und auf deren Zustandekommen man unter Umständen einige Stunden warten musste.

Der Mobilfunk-Boom der neunziger Jahre verlieh der weltweiten Telefonitis dennoch eine ganz neue Dimension. Jederzeit und überall für jeden erreichbar zu sein, früher ein andächtig bewundertes Statussymbol der Superreichen, wurde zur Insignie hochwichtiger Manager und schließlich innerhalb weniger Jahre zum Standard modernen Lifestyles – heute haben bereits 10-Jährige ihre eigene mobile Kommunikationszentrale. Warum tun Leute sich das an? Aus Angst, etwas zu verpassen. Das Mobiltelefon für jedermann ändert nichts an der Tatsache, dass der stolze Mobilfunkteilnehmer riskiert, sogar beim romantischen Candlelight Dinner mitten in seinem Heiratsantrag von einem „wichtigen" Telefonanruf unterbrochen zu werden. Gar nicht zu reden von der Pianissimostelle im Violinkonzert, bei der ein Anruf nicht nur den Empfänger, sondern auch das ganze übrige Publikum um teuer erkaufte Entspannung und erbaulichen Kunstgenuss bringt.

Spätestens dann ist, wie schon häufig in unserem irdischen Dasein, die Lösung von gestern das Problem von heute geworden. Es wird von immer mehr Leuten als Last empfunden, jederzeit bei jeder beliebigen Beschäftigung durch die immer kleiner werdenden Quälgeister unterbrochen zu werden.

Dabei ist bisher noch nichts über den Inhalt dieser Kommunikationen gesagt worden. Der hat sich nämlich ebenfalls in ein Krebsgeschwür verwandelt. Je leichter die Kommunikationshürde mechanisch zu überwinden war, umso belangloser wurde der Inhalt der Nachrichten. Jeder „Müll", so könnte man sagen, wird auf der Stelle kommuniziert. Zu Zeiten, als eine Kommunikation aufgrund mechanischer Hürden schwierig zu übermitteln war, hat sich der Absender genau überlegt, ob die Kommunikation wirklich wichtig war, und hat seine Worte wohl gewählt, um sie rüberzubringen. Die mechanische Erleichterung der Kommunikation hat Nachlässigkeit in dieses Gebiet eingeführt.

Was hat also die technische Erleichterung, dass man heute zu jeder Zeit an jedem Ort mit fast jedem sprechen kann, in Summe tatsächlich bewirkt? Der Abbau mechanischer Barrieren hat eine Flut von Kommunikationen ausgelöst, deren inhaltlichen Nutzen man ernsthaft anzweifeln muss. Aufgrund von Überflutung entstehen neue Probleme.

Telefonmarketing umgedreht

Trotz aller interessanten Erkenntnisse zum Thema Telefonmarketing stand mein Urteil fest: Telefonmarketing ist – speziell für die Zwecke der Neukundengewinnung – ineffizient, teuer, enorm zeitintensiv und sollte, wenn irgend möglich, durch eine bessere Methode ersetzt werden.

Doch da fiel mir ein: Die Übereinstimmung in der Gesellschaft, dass das Telefon die ultimative Verständigungsmaschinerie darstellt, ist so groß, dass ich das nicht einfach außer Acht lassen konnte. Und so sagte ich mir: Wenn alle anderen so gerne telefonieren wollen, ich aber nicht, nun, dann sollen eben in Zukunft meine Kunden das Telefonmarketing machen. *Die* sollen herausfinden, wann ich zu erreichen bin, *sie* sollen sich überlegen, was sie mir sagen, wenn sie mich an der Strippe haben, *sie* sollen sich den ganzen Stress machen und auch die Gebühren bezahlen. Kurz gesagt, ich stellte mir die Aufgabe, eine Möglichkeit zu finden, dass *Neukunden mich anrufen und sich für das interessieren, was ich anbiete*. Wäre das nicht ein geradezu idealer Zustand?

Doch wie ist das zu bewerkstelligen? Etwa durch Briefe schreiben? Noch bevor ich weiter überlegen konnte, fiel mir ein anderes wichtiges Argument gegen das Briefeschreiben ein:

Wer beantwortet denn heute noch einen Brief? Briefe, besonders Werbebriefe, werden doch meistens gar nicht beantwortet oder landen gleich ungelesen im Papierkorb. Das war allerdings ein schlagender Einwand. Ich bin sicher, Sie können das bestätigen. Wie viele Werbebriefe haben Sie selbst unbeantwortet gelassen oder erst gar nicht gelesen! Doch ich muss Ihnen sagen, es handelt sich um einen dieser Gehirnviren, die da in irgendeiner Ecke unseres tragbaren Biocomputers herumsitzen und heimlich unser Leben dirigieren. Es ist wohl korrekt beobachtet, dass viele Werbebriefe nicht beantwortet oder gar nicht gelesen werden, aber ist das wichtig?

Ist es nicht vollkommen egal, wie viele Briefe Ihr potenzieller Kunde wegwirft und nicht beachtet, wenn er *Ihren* liest und beantwortet?

3. Kapitel
Der Kunde, das unbekannte Wesen

„Ein Verliebter betrachtet eine Blume mit anderen Augen als ein Kamel.“

Aus Ägypten

Die Aufgabe lautet nun, dem potenziellen Kunden, der von seinem Glück noch gar nichts weiß, etwas zu schreiben, das er lesen und beantworten wird, indem er sich für mein Angebot interessiert. Das Problem, das sich jetzt unmittelbar auftut, ist dies: Woher soll ich wissen, was ich ihm schreiben soll? – Ich kenne ihn ja gar nicht! Im Augenblick ist er eigentlich noch gar kein einzelner Kunde, sondern eine Zielpersonensorte. Es ist die Menge der möglichen Neukunden, vergleichbar mit Leuten, die irgendwo durch die Stadt laufen. Woher soll ich wissen, was ich auf mein Ladenschild schreiben soll, damit diese Leute mengenweise freiwillig in meinen Laden hineinströmen?

Die verschanzte Festung im Kopf des potenziellen Kunden

Militärisch gesehen, lautet die Aufgabe so: Ich soll im Kopf von Neukunden Boden gewinnen. Ein Neukunde ist aber jemand, bei dem dieser Boden normalerweise schon von einen anderen „Hoflieferanten“ besetzt ist – für das, was ich anbiete. Im Kopf eines BMW-Fahrers ist der Bereich, in dem seine Autos stehen, eine gut verschanzte Festung mit dem Namen BMW, unter Umständen verbunden mit dem Namen des Händlers oder des Verkäufers, bei dem er bisher gekauft hat. Wenn er keinen Hoflieferanten hat, so hat er für den Zustand, dem ich mit meinem Produkt abhelfen will, wahrscheinlich eine andere Lösung. Diese andere Lösung muss nichts mit meinem Produkt zu tun haben. Jemand, der noch kein Auto hat, muss deshalb noch lange nicht eines kaufen, nur weil es ihm angeboten wird. Er sagt vielleicht: „Ich brauche kein Auto, denn ich arbeite zu Hause und fahre ansonsten mit dem Fahrrad. Das ist mein Beitrag für den Umweltschutz.“ Es ist auf alle Fälle *seine* Lösung für seinen Transportbedarf, seine gut verschanzte Festung.

Um diese Festung einzunehmen, bedarf es eines Angriffs, der sich aus zweierlei Gründen schwierig gestaltet: Erstens ist es viel aufwendiger, einen gut verschanzten Gegner anzugreifen, als wenn sich die beiden Parteien einfach auf offenem Feld gegenüberstehen. Der Verteidiger ist hochgradig im Vorteil. Auf Marketing-Deutsch: Wenn wir mit viel Mühe und Überredungskunst schließlich einen Termin mit einer Zielperson vereinbart haben, um unsere Produkte zu präsentieren, dann heißt das immer noch nicht, dass die Zielperson gerade auf unser Produkt angewiesen ist. Sie hat ihre Lösung, an der sie jederzeit leicht festhalten könnte. Wir präsentieren und werden unverbindlich entlassen. Peng, Ende. Der zweite Grund liegt darin, dass wir nicht die einzigen Angreifer auf diese Position im Kopf des Kunden sind. Während wir unsere Werbegeschosse abfeuern, zielen unsere Mitbewerber auf dieselbe Stelle. Möglicherweise versuchen sie sogar, nebenbei uns und die anderen unliebsamen Konkurrenten auszuschalten.

Das Einnehmen einer gut verschanzten Festung unter solch widrigen Umständen ist eine Operation, die durch sorgfältige Planung vorbereitet werden sollte. Dabei verwenden wir die militärstrategische Sichtweise, um – wie schon im vorigen Kapitel beschrieben – unsere kostbare Energie, nämlich unsere Werbegelder, nicht sinnlos zu verheizen.

Stellen Sie sich vor, Sie sind der Feldherr, der einen Ausfall in die Köpfe der Zielpersonen plant. Was müssen Sie tun, bevor Sie irgendetwas anders unternehmen?

Urknall-Marketing

Die allererste Aktion, die ein Feldherr vor der Planung seines Angriffs durchführt: Er zählt seine Soldaten. Seine Munition, seine Fresspakete. Wie groß ist die zahlenmäßige Stärke der Truppe? Wie lange halten wir hier durch? Es ist erstaunlich, aber nicht wenige Werbemaßnahmen werden geplant, als wären die Ressourcen des Nachschubs unendlich. Das werden Sie nicht glauben, schließlich ist überall von begrenzten Mitteln und ausgeschöpften Budgets die Rede. Oh ja, man redet sehr viel über diese Budgets. Aber dann füllt man schließlich das vorhandene Benzin in den Tank und fährt los, in der Hoffnung, dass es irgendwo zwischen der eigenen Garage und dem Punkt, an dem das Benzin alle ist, eine Tankstelle geben muss. „Wir ziehen das jetzt durch und werden sehen, wie weit wir damit kommen." Ich nenne das „Urknall-Marketing".

Wie Sie Ihre Zielperson definieren

Wenn wir die Tatsache betrachten, dass unsere Mittel nicht unbegrenzt, sondern begrenzt sind, dann gibt es nur eine einzige Möglichkeit, einen Sieg vorherzusagen: Wir werden wir das Areal des Kriegsschauplatzes zu begrenzen haben. Auf das Marketing übertragen, erhalten wir die Regel über die Zielpersonen:

Es muss eine Definition der Zielperson geben. Diese Definition muss so formuliert sein, dass man die Zielpersonen auf jeden Fall finden kann.

Diese Definition der Zielperson ist vor allem praktischer Natur. Ich muss anhand dieser Definition entscheiden können, ob es sich bei irgendeiner Person um eine Zielperson für mich handelt oder nicht. „Geschäftsführer von Firmen, die Innovationen gegenüber aufgeschlossen sind" ist zum Beispiel eine ungeeignete Definition. Wie soll man diese Zielperson(en) finden, ohne jeden Einzelnen ausführlich zu befragen? Leute, die mit Vornamen Fritz heißen, sind leichter zu finden (im Telefonbuch) als die so genannten „DINKS“ (Werbesprache für Doppelverdiener ohne Kinder – engl. Abk.: Double Income No Kids). Es geht also um Kriterien, mit deren Hilfe ich eine Menge dieser Personen ausfindig machen kann, ohne sie einzeln untersuchen zu müssen.

Wichtig ist auch die Menge der Zielpersonen, die durch die Definition eingeschlossen wird. Wenn die Menge zu groß ist, dann reicht die Durchschlagskraft nicht aus, ist sie zu klein, bleiben möglicherweise zu wenige Einzelpersonen freiwillig in unserem Laden.

Die Definition der Zielperson sollte weder zu speziell, noch zu generell sein. Es ist nicht sinnvoll, die Definition der Zielperson so kompliziert oder umfangreich zu machen, dass nur noch einige wenige Personen diese Kriterien erfüllen. Es gibt tatsächlich Produkte, die so exklusiv sind, dass die Anzahl der Zielpersonen unter Eins liegt. Ein Beispiel: „Leute, die 12-Ton-Musik verstehen“. 12-Ton-Musik (eine Art mathematische Denksportübung für Tonkünstler) versteht nur jemand, der Komposition studiert und sich ausgiebig mit dem Werk befasst hat, das ist in der Regel nur der Komponist des Werkes selbst. Viel zu speziell, um brauchbar zu sein, oder?

Genauso wenig sinnvoll ist es, die Definition so allgemein zu fassen, dass kaum gemeinsame Aussagen über die Zielpersonen gemacht werden können. Ein Heiratskandidat definiert seine Zielperson als „Erdenbürger des anderen Geschlechts ab 18 Jahre“. Zu allgemein, um brauchbar zu sein, oder?

Der Einwand des „Universaldiversifikators“

Doch spätestens an dieser Stelle begegnen wir ihm: dem *Universaldiversifikator*. Wieder so ein Wort von mir, das ich demnächst mit den andern zusammen in einem Nachschlagewerk mit dem Titel „Notwendige Ergänzungen zur deutschen Sprache“ herausbringen werde. Der Universaldiversifikator ist jemand, der auch Marketing studiert hat und nun aufbegehrt: „Aber sehen Sie, ich habe doch da ein breit gefächertes Angebotsspektrum – das Besondere an uns ist doch gerade unsere Vielseitigkeit. Und außerdem – je mehr wir anbieten, desto mehr potenzielle Kunden können wir doch damit ansprechen, oder? Bandbreite, Flexibilität, Kundenorientiertheit, Synergieeffekte! Das ist doch heute angesagt! Unser Angebot reicht schließlich von der Hundehütte bis zum Leuchtturm. Von der Briefmarke bis zum Kinofilm. Da ist doch für jeden was dabei! Gar nicht zu reden von unserem neuen Universalprodukt, ein Tennisschläger mit Schneeschaufeladapter und eingebautem Weckradio. Damit kann man fast alles machen! Nur konnte ich dafür keine Zielperson definieren."

Es tut mir sehr leid, aber so kann man noch kein vernünftiges Marketing machen! Die Strategie der Produkt-Erweiterung, auch Diversifikation genannt, wiederspricht einem elementaren Gesetz der erfolgreichen Kriegführung, formuliert durch Carl von Clausewitz:

„Seine Kräfte in einem überwältigenden Maße vereinigt halten. Das ist die Grundidee. Ihr ist vor allem und soweit wie möglich zu folgen." Und: *„Die größtmögliche Zahl von Soldaten sollte am entscheidenden Punkt eingesetzt werden."*

Betrachten wir unser Werbebudget als Vorrat an Soldaten und Munition. Ist es sinnvoll, an vielen Fronten gleichzeitig zu kämpfen? Sollte man sein Heer aufteilen, um zwei Schlachten gleichzeitig zu schlagen? Das scheint vollkommen unsinnig. Und doch ist es das, was auch große Firmen immer wieder tun. Warum? Reine Eitelkeit. Die Versuchung, den eigenen guten Namen auf noch 25 andere Produkte draufzukleben, ist beinahe unwiderstehlich. Doch im Marketing kann das ganz böse ins Auge gehen.

Ein Gully für Ihre Werbegelder: Fusionitis, Diversifikation und „Synergieeffekte"

Vor vielen Jahren, als die Automobilisten mal wieder die Sündenböcke der Nation waren, da hatte die Firma Volvo ein Problem. Volvo baut Pkws. Aber nicht irgendwelche. Wenn man den Namen Volvo hörte, dann dachte man an diese großen, kantigen, wohlgepanzerten Kombis – fahrende Wohnzimmer für Großfamilien. Und nun sollte der Trend zu wendigeren, kleineren und mittleren Autos gehen, das war wohl genau das Gegenteil dessen, was Volvo bis dahin zu bieten hatte. Irgendjemand bei Volvo muss ein solcher Universaldiversifikator gewesen sein, jedenfalls hieß es: Es gibt doch keinen Grund, warum der solide Name Volvo nicht auch für kleine und mittlere Autos gut sein soll. Gesagt, getan, da waren sie: Kleine, eckige Mittelklassefahrzeuge, die auf den ersten Blick überhaupt keinem bekannten Hersteller zuzuordnen waren. Groß war die Freude bei den Volvo-Händlern, hatten sie doch endlich etwas, das sie den Kundenfamilien als Zweitauto anbieten konnten. Doch immer länger wurden die Gesichter bei der Volvo-Firmenleitung. Die Absatzzahlen hatten nicht die Erwartungen erfüllt. Dabei hatte man sich solche Mühe gegeben und keine Kosten für die Entwicklung dieser Autos gescheut. Das war arg. Wie konnte das passieren?

Nachträglich erscheint uns das völlig klar: Wenn Sie sich vorstellen, ein kleines oder mittelgroßes Auto zu kaufen, dann würden Sie erst ganz zuletzt darauf kommen, dass das auch ein Volvo sein könnte, nicht wahr? Sie würden zuerst an andere Marken denken, es sei denn, Sie sind mit einem Volvo-Händler liiert. Würden Sie dagegen planen, einen Volvo zu erwerben, dann stellen Sie sich in der Regel ein großes Kombifahrzeug vor. Wo sind also die Zielpersonen für kleine und mittlere Volvos? Wer ein kleines oder mittleres Auto wollte, der wollte keinen Volvo, und wer einen Volvo wollte, der wollte kein kleines oder mittleres Auto. Wer blieb da noch übrig für die kleinen und mittleren Volvos? Erraten. Es war sicher nicht „niemand", aber viel zu wenige.

Dass da etwas klemmte, konnte man spätestens daran erkennen, dass man bei Volvo über eine Fusion mit Renault nachdachte. Renault? Wenn Volvo sich mit Renault zusammenschließt, wer garantiert dann uns Volvo-Fahrern, dass diese Autos nachher noch sicher sind? Oder möchten Sie vielleicht so einen *„Renolvo"* kaufen?

Gerade noch rechtzeitig wurden die Fusionspläne abgeblasen. Man hatte die Universaldiversifikatoren anscheinend hinausgeworfen und die Soldaten wieder am „entscheidenden Punkt" (siehe oben) von Volvo konzentriert, den großen Kombis. Die beiden Familienkutschen, die nun herauskamen, eigenwillig kantig – „volvomäßig" auch mit Hunde-Airbag, Bremsfallschirm und Schleudersitzen lieferbar, gingen weg „wie warme Semmeln". Volvo hatte aufgehört, unbedingt in dem Segment stark sein zu wollen, das „alle" oder „die Mehrzahl der Autofahrer" ansprach, sondern sich auf die Stelle im Kopf des Verbrauchers konzentriert, an der Volvo ohnehin der Platzhirsch war, nämlich als „schnellster Panzer der Welt", bei den großen Kombis. Volvo machte einen solchen Satz nach Vorne, dass der Übermut nicht ausbleiben konnte. Kurz vor der IAA 95 wurde angekündigt: Volvo baut jetzt einen Cabrio! Auch dieses Modell fristet bis heute ein Schattendasein im Besitz von wenigen Individualisten. Wenig später wurden weitere Mittelklassefahrzeuge angekündigt. Volvo bereitete sich auf eine gigantische Erweiterung seiner Produktpalette vor, brachte weitere Modelle auf den Markt, und wurde schließlich doch an Ford verkauft. Jetzt können sich die Ford-Manager mit diesem Edelbauchladen abplagen. Ich weiß natürlich nicht, ob diese systematische Produkterweiterung ein Trick war, um den Preis für den bereits geplanten Unternehmensverkauf hochzutreiben, oder ob man einfach wieder übermütig geworden war, und das Ganze rechtzeitig zur Schadensbegrenzung abgestoßen hatte. Jedenfalls gibt es ein schönes Gegenbeispiel: Bei Porsche hat man bislang jeder Versuchung widerstanden, die Produktpalette aufzublasen. Obwohl laut offizieller Lehrmeinung als Automobilhersteller zu klein, stand Porsche bis zu seinen „branchenfremden" Finanzjonglierereien 2009 gut und völlig unfusioniert da. Aber Porsche baut eben seit Menschengedenken feine und teure Sportwagen, und sonst gar nichts.

Also Vorsicht, Gehirn-Virus: Die Allrounder-Strategie des Universaldiversifikators, des omnipotenten Survival-Managers, der alles kann und sich auf keine Kategorie festlegen möchte, ist sicher toll und interessant, aber marketingtechnisch in der Regel unbrauchbar. Man kann nicht erfolgreich für eine Sache werben, die man nicht definieren kann. Werbung für „Alles" ist einfach zu teuer. Und – sie bringt nichts. Denn unter „Alles" oder unter „Vielfalt" kann sich niemand etwas vorstellen. Wie soll man also dafür werben?

Worte wie „Vielfalt", „Vielseitigkeit" oder „Bandbreite" sollten Sie in jedem Fall aus Ihrem Werbevokabular streichen. Es sind (wieder so ein Wort von mir) „Gedankenfransen", die den Empfänger einer Botschaft eher zerstreuen, statt dass sie seine Aufmerksamkeit auf Ihr Angebot fokussieren.

Es liegt mir übrigens fern, Ihnen zu sagen, dass Sie nicht in mehreren Disziplinen Experte sein oder in vielen Produktkategorien liefern sollten. Bitte seien Sie gut – in so vielen Sparten, wie Sie wollen oder können. Vielseitigkeit ist gut für Sie, es wird Ihnen helfen, wenn Sie sich nicht verzetteln. Und vor allem, wenn Sie nichts darüber sagen! Verwenden Sie es auf keinen Fall in Ihrem Marketing. Der Ruf eines Universalgenies und der eines Universaldilettanten liegen ganz nah beieinander.

Über die vielbeschworenen „Synergieeffekte" bei Diversifikationen sollte man im Marketing möglichst überhaupt nicht sprechen. Vielleicht gibt es solche Synergien wirklich, aber in dem Augenblick, in dem man das in alle Welt hinausposaunt, wie es zum Beispiel der Daimler-Benz-Konzern tat, läutet man zum Ausverkauf der tragenden Marke.

Wenn Sie in Ihrem Angebot vollkommen definiert sind, dann haben Sie auch eine sehr klar definierte Zielpersonensorte. Und die können Sie auch sehr leicht für sich gewinnen – im Vergleich zu einer Anstrengung, ja niemanden wegzuschicken und es „allen" recht machen zu wollen.

Die von vielen Unternehmen heute noch hochgelobten Synergieeffekte und Diversifikationsstrategien sind wie ein Gully, durch den Werbegelder nur so weggluckern können. Doch das ist gar nichts im Vergleich zu dem schwarzen Loch, das als nächstes zur Besprechung ansteht.

Das schwarze Loch für Ihre Werbegelder

Nachdem wir also unsere Soldaten gezählt, mithin unser marketingtechnisches Überlebenspotenzial eingeschätzt haben, kommt ein weiterer Vorbereitungsschritt, den kein guter General je außer Acht lassen würde: die Aufklärung. Kein Feldherr würde es riskieren, seine Soldaten auf einen Kriegsschauplatz zu schicken, ohne vorher das Gelände und die Stellungen des Feindes genau ausgekundschaftet zu haben.

Das „Gelände" befindet sich in unserem Fall in den kleinen grauen Zellen unserer Zielpersonensorte. Aufklärung im Kopf des Kunden – wie geht das?

Hier kommen wir zu dem ganz ganz großen Stolperstein, eine Falle im Marketing, bei dem wirklich alle Mann – Künstler, Freiberufler, Unternehmer, Firmen und Großkonzerne – immer wieder für teures Geld platt aufs Pflaster knallen. Weil dieser Punkt fast nie wirklich und ehrlich geklärt wird, kostet das Werbegelder, die man wirklich besser zum Fenster rauswerfen sollte, dann ist nämlich die Chance größer, dass man sie draußen wieder aufsammeln kann. Dieser Punkt, die Regel über den wahren Gesichtspunkt der Zielperson, lautet:

Man muss sich ein vollkommen klares, ungeschminktes Bild von der wirklichen und wahren Gesinnung und Einstellung der Zielperson verschaffen. Dabei muss man von jeglicher vorgefassten Meinung Abstand nehmen.

Als Erstes wird klar, dass diese Regel nicht ohne die Beachtung der vorangegangenen Regel über die Zielpersonen-Definition befolgt werden kann. Denn wie soll man sich ein Bild verschaffen von der Einstellung einer Zielperson, die nicht definiert werden kann?

Doch warum ist dieser Punkt eine solch vertrackte Stolperschwelle? Die Antwort kennt nicht etwa nur der Wind (oder Bob Dylan), sondern sie ist begründet in einer nur allzu menschlichen Eigenart:

Weil wir alle so gerne Recht haben und so ungern im Unrecht sind!

Das ist verständlich. Schließlich haben wir ein Leben lang gelernt, geübt und darauf hingearbeitet, im Recht zu sein. Darum geht es doch, oder? In Ihrem Fachgebiet sind Sie Experte, weil Sie mehrheitlich im Recht sind. Man bezahlt Sie dafür, und Sie müssten möglicherweise ernsthaft um Ihr Einkommen bangen, wenn Sie aufhören würden, zu mindestens 51 Prozent im Recht zu sein. Deshalb ist mein Punkt hier auch keine Kritik. Schon gar nicht an Ihnen, dem geschätzten Leser dieses Buches, mein Kunde!

Nachdem wir nun schon unser ganzes Leben dafür trainiert haben, im Recht zu sein, ist es uns eine Selbstverständlichkeit, zu glauben, dass die eigene Sicht der Dinge so hervorragend durchdacht und von geradezu göttlicher Richtigkeit ist, dass es eigentlich gar keine andere vernünftige Anschauung gibt. Und wenn jemand trotzdem anderer Auffassung ist, so ist das gar nicht ernst zu nehmen oder „wir wollen den gar nicht als Kunden". „Wenn das jemand nicht versteht, dann ist das auch nicht unser Kunde ...". Solche Argumente hört man wirklich!

Hier haben wir ein ernsthaftes Problem. Um Marketing zum Erfolg zu bringen, muss man den Gesichtspunkt der Zielperson in seine Berechnungen mit einbeziehen. Dieser Gesichtspunkt ist unser Gelände, auf dem wir Boden gewinnen wollen. Wenn wir hier Aufklärung betreiben wollen, dann können wir mit unserem eigenen Gesichtspunkt, von dem aus wir immer Recht haben, ziemlich wenig anfangen. Die Wahrheit des Kunden zählt, nicht unsere eigene!

Warum es sich im Marketing lohnt, im Unrecht zu sein

Nachdem wir nun unser ganzes Leben damit verbracht haben, herauszufinden, wie man möglichst immer im Recht ist, sollen wir jetzt eine Kehrtwendung machen und üben, im Unrecht zu sein? Das ist ganz schön viel verlangt, ich weiß. Aber es ist unerlässlich. Hier ist eine Idee, wie wir uns in dieser sumpfigen Gegend Orientierung verschaffen können:

Nehmen wir ein einfaches Beispiel: Den Bäcker. Der Bäcker ist ein spezieller Mensch. Nur ein Bäcker denkt wie ein Bäcker und alle anderen denken – berufsbedingt – irgendwie anders. Das ist nicht schwer zu verstehen. Der Bäcker backt die Brötchen und wir, die hungrigen Frühstücker, kaufen und essen sie. Das ist ein anderer Gesichtspunkt.

Wer ist nun der allerletzte Mensch, der als Kunde zu diesem Bäcker in den Laden kommt, um Semmeln zu kaufen? Natürlich – *der andere Bäcker*! 100 Punkte. Er ist schließlich auch Bäcker und kann sich die Semmeln selber backen. Niemals würde er also bei einem Bäcker Kunde werden. Und nun frage ich Sie: Warum also sollte ein Bäcker den Gesichtspunkt eines Bäckers, also seinen eigenen, als Maßstab für die Einschätzung seiner Zielperson nehmen? Erscheint das unter dieser Beleuchtung nicht vollkommen abwegig?

Denken wir auf diesem Weg weiter: Wer ist der Vorletzte, der zum Bäcker in den Laden kommt? Die Frau vom Bäcker. Der Hobbybäcker. Jemand, der so ähnlich ist wie ein Bäcker. Ein Hobbybäcker backt sich zu Hause selber Semmeln. Zum Bäcker geht er nur selten, und wenn, dann zum Kritisieren oder zum Abgucken. So können wir das mathematisch genau weiterrechnen. Je ähnlicher jemand einem Bäcker ist, desto weniger wird er Kunde werden. Umgekehrt, je unähnlicher eine Person ist, desto mehr wird er auf den Bäcker angewiesen sein. Der beste Bäcker-Kunde ist also ein erklärter Nicht-Bäcker, ein Frühstücker. Sehen Sie, warum wir üben müssen, im Unrecht zu sein? Der Gesichtspunkt der Zielperson ist niemals, *niemals* auch nur *ähnlich* dem Gesichtspunkt des Absenders, sondern *immer maximal anders*.

Der Gesichtspunkt der Zielperson ist immer vollkommen anders als der des Absenders. Liegt das nicht in der Natur der Sache selbst? Der Absender will *verkaufen*, die Zielperson soll *kaufen*. Das sind doch auch recht unterschiedliche Dinge.

Aus Erfahrung kann ich Ihnen berichten, dass in vielen Fällen die Zielperson so dermaßen anders ist als der Absender, dass der Absender gar nicht glaubt, dass es eine solche Zielperson überhaupt gibt! Es ist tatsächlich so, dass die qualifiziertesten Zielpersonen manchmal völlig übersehen werden, während der Anbieter wie ein Mondsüchtiger hinter seinen „Wunschkunden" herrennt.

Der wahre Gesichtspunkt einer Schallplattenfirma

Viele Musiker beispielsweise (inklusive mir selbst) ergehen sich im Jammern, dass die Plattenfirmen gar nicht an guter Musik, sondern nur am Verkauf von Platten interessiert sind. Das ist sicher höchst bedauerlich. Aber, mal ehrlich: An was sollen sie denn sonst interessiert sein? Eine Plattenfirma ist kein Musiker und auch kein Publikum. Eine Plattenfirma ist eine Plattenfirma. Genauso wie eine Metzgerei: Sie ist weder ein Viehzüchter noch ein hungriger Konsument in der Mittagspause. Sie ist eine Metzgerei. Sie kauft von Viehzüchtern und verkauft an hungrige Konsumenten. Unser Musiker macht den ersten Generalfehler und denkt: „Ich suche mir eine Plattenfirma, die so denkt wie ich". Wunderbar. Weil der Tonkünstler aber hauptsächlich Musik macht und nur wenig Ahnung hat, welchen Hindernissen man begegnet, wenn man Musik im großen Stil verkaufen will, wäre er mit einer Plattenfirma, die so ähnlich denkt wie er, sehr schlecht beraten. Die würde sich nämlich hauptsächlich für seine Musik und nur am Rande für den Verkauf interessieren. Er würde also nicht verkaufen, sondern nur für seine gute Musik gelobt werden. Was hat er davon? Das Lob kann er auch von seiner Mutter, seiner Freundin und falls wirklich erfolgreich von Musik-Kritikern und seinen Fans kriegen, wozu braucht er dafür eine Plattenfirma?

Die Zielperson sieht die Dinge immer so dermaßen anders, dass wir eine richtige geistige Turnübung machen müssen, um auch nur ansatzweise zu begreifen und akzeptieren zu können, wie die Zielperson wirklich denkt und was sie will.

Um bei dem Beispiel der Musikbranche zu bleiben: Es fällt uns jetzt einigermaßen leicht, zu verstehen, dass die Plattenfirma keine Musik einkauft, die den Musikern gefällt. Es gibt zu wenige davon, als dass die Plattenfirma vom ausschließlichen Weiterverkauf an Musiker überleben könnte. Unter Produzenten heißt es tatsächlich: „Wenn's den Musikern gefällt, dann löschen wir's gleich wieder." (Das ist kein Witz!) Und doch haben wir noch lange nicht alles über den unergründlichen Ratschluss einer Zielperson verstanden. Wussten Sie, dass die Plattenfirma auch keine Musik einkauft, die dem Publikum gefällt? Das erscheint Ihnen unlogisch? Es ist geradezu widersinnig! Sie kauft keine Musik, die dem Publikum gefällt. Aber leben die Leute in der Plattenfirma denn nicht gerade davon? Ich habe keine Ahnung, von was die leben. Wahrscheinlich vom Gehalt. Tatsache ist, dass die Flopquoten bei Neuerscheinungen in der Tonträgerbranche weit über den durchschnittlichen Flopquoten liegen, wenn man einmal alle Produkte zusammenfasst, die neu herauskommen. Somit erhebt sich die Frage: welche Musik kauft die Plattenfirma dann?

Die Antwort ist eigentlich logisch, schmerzt aber doch ziemlich: Die Plattenfirmen kaufen die Musik, von der sie *glauben*, dass sie sie am besten verkaufen können. (Dass sie mit diesem Glauben in vielen Fällen danebenliegen, scheint sie nicht sonderlich zu erschüttern.)

Die Regel, deren Verletzung das meiste Geld kostet

Unzählige Fachleute mühen sich ab, um hauptsächlich ihre Kollegen und Standesverbände zu beeindrucken (welche natürlich nie etwas kaufen). Unternehmensbroschüren sind meist in einer

Sprache abgefasst, dass beim besten Willen niemand, der nicht tief in der Materie drinsteckt, etwas verstehen kann (zum Beispiel der Kunde). Bevor der Entwurf für ein Werbemittel genehmigt wird, bedarf es einer je nach Größe des Unternehmens entsprechend komplizierten „Abstimmungsarie“, um sicher zu gehen, dass man auch voll und ganz hinter dem stehen kann, das auf die Empfänger losgelassen wird. Dem Gesichtspunkt des Absenders wird hier offensichtlich die maximale Wichtigkeit eingeräumt. Und nachdem man erleichtert aufatmet, dass wenigstens hierüber ein irgendwie gearteter Konsens erzielt werden konnte – wen kümmert da noch der Gesichtspunkt des Empfängers?

Dieser Satz muss eigentlich ganz groß wiederholt werden, weil dessen Missachtung das meiste Geld kostet: Im Marketing muss man sich ein vollkommen klares, ungeschminktes Bild von der wirklichen und wahren Gesinnung und Einstellung der Zielperson verschaffen. Dabei muss man von jeglicher vorgefassten Meinung Abstand nehmen. Volkstümlicher ausgedrückt, heißt das:

Der Wurm muss dem Fisch schmecken, nicht dem Angler.

Und, nebenbei bemerkt, es versteht sich von selbst, dass man den Wurm zum Testen in den Fischteich hängen muss, nicht in sein eigenes Zahnputzglas, sonst kann der Fisch ihn nicht finden.

Warum Sie Ihr gutes Produkt zum Zweck der Vermarktung nicht verändern brauchen

Doch an dieser Stelle eine kleine Entwarnung: Was ich Ihnen hier erzähle, braucht Sie nicht dazu zu bewegen, Ihr Produkt zu verändern. Wahrscheinlich wird Ihr Produkt von Ihren bestehenden Kunden ohnehin sehr positiv beurteilt. Warum sollten Sie es also verändern? Sie müssen eine fehlerfreie Lieferung garantieren, wenn jemand kauft. Hier sind Sie der Experte.

Aber Marketing ist, wie bereits erwähnt, kein Wettbewerb der Produkte. Denken Sie daran, dass jedes Ihrer Produkte auch von soundsovielen Mitbewerbern angeboten wird. Produkte sind mehr und mehr austauschbar geworden. Auch wenn Sie noch so sehr beteuern, dass an Ihrem Produkt etwas Einzigartiges ist, die Chance ist sehr gering, dass jemand zuhören wird. Zu viele andere predigen dasselbe. Der Lärm ist einfach zu groß geworden. Neukunden sind nicht dadurch zu gewinnen, dass Sie Ihr Produkt ins Fenster legen oder behaupten, es sei gut, besser, oder gar Paulaner. Unglücklicherweise können wir mit dem Urteil unserer „Fans" überhaupt nichts anfangen. Die Fans zählen nicht. Denn die sind bereits im Laden, haben etwas gekauft, sind überzeugt. Ab da kann die Qualität des Produkts sehr wohl für sich selbst sprechen, aber vorher eben nicht. Das bedeutet:

Die Abteilung Produktentwicklung ist für die Leute zuständig, die da sind. Das Marketing ist für die Leute zuständig, die nicht da sind.

Bei der Beurteilung des Gesichtspunktes der Zielperson zählen nicht die Zielpersonen, die mich oder mein Produkt schon kennen, sondern nur die, welche mich und mein Produkt noch nicht kennen.

Also: Ändern Sie nicht Ihr Produkt, ändern Sie nur Ihr Marketing!

Exotenprodukte: Wie man Jazz für Streichquartett vermarktet

Ein besonders anschauliches Beispiel hierfür lieferte eine Gruppe von vier Musikern, die mich darum gebeten hatten, ihnen bei der Beschaffung von Engagements zur Seite zu stehen. Das Modern String Quartet ist – wie der Name erkennen lässt – ein Streichquartett. Es besteht seit über zehn Jahren und hat sich durch internationale Engagements sowie durch die Zusammenarbeit mit Konstantin Wecker (CD und Tour) in Fachkreisen einen Namen gemacht. Das Streichquartett gilt als die schwierigste Besetzung in der klassischen Musik, die nicht nur höchste Musikalität und perfekte Beherrschung der Instrumente erfordert, sondern auch ständige gemeinsame Probenarbeit über längere Zeiträume hinweg. Das Modern String Quartet hatte in jeder Hinsicht Hervorragendes zu bieten. Spitzenmusiker mit langjähriger Berufspraxis. Ein exzellentes Produkt. Mehr als ein Jahrzehnt gemeinsame Proben. Überschwängliche Rezensionen aus aller Welt. Was war also das Problem? Die Schwierigkeit verbarg sich hinter dem Namensteil „Modern". Das Modern String Quartet, abgekürzt MSQ, spielt keine klassische Musik – obgleich die Künstler jederzeit dazu in der Lage wären – das Quartett spielt Jazz! Für Streichquartett.

Doch was bedeutet Jazz für einen Marketingmenschen? Zu wenig Gage! Low-Budget-Produktionen. Ein viel zu kleines Publikum, das hauptsächlich aus Musikern besteht, und die haben kein Geld. Man verzeihe mir hier mein einseitiges Urteil, ich möchte nicht das Produkt abwerten oder das Publikum und schon gar nicht die Künstler! Schließlich bin ich selbst von Hause aus Komponist und liebe Jazz. Ich spreche vom Marketing, und Jazz ist nun mal seit dem Ausklang der Big-Band-Ära kein Big Business mehr.

Bringen wir nun zur Anwendung, was ich über den wahren Gesichtspunkt der Zielperson erzählt habe. Zielpersonen für Künstler sind die Veranstalter. Das erste, was einen Veranstalter interessiert, ist eine Vorhersage über die Menge des zu erwartenden Publikums. Er mag noch so sehr auf der Seite von innovativen, experimentierfreudigen Musikern stehen – wenn sein Laden zu oft leer bleibt, macht er pleite. Innerhalb des Jazz gibt es natürlich sehr wohl eine internationale Rangleiter, die man sich emporarbeiten kann. Aber als Streichquartett? Wie klingt das überhaupt? Das kann doch nicht wirklich Jazz sein, oder? Kennen Sie einen Jazz-Violinisten? Es gibt nur einen Einzigen, der sich international und über die Insiderszene hinaus einen Namen gemacht hat, und der ist nun schon über achtzig Jahre alt, ohne dass ein Nachfolger ähnliche Bekanntheit erlangt hätte: Stephane Grappelly. Das allein zeigt, wie „unattraktiv" das Marktsegment ist (für den Normalverbraucher). Im Klartext, das MSQ ist innerhalb der ohnehin von chronischen Geldsorgen geplagten Jazzszene noch mal ein Außenseiter, eine „Randsportart".

Meine nächste Frage an die Künstler war, ob denn das *anwesende* Publikum Gefallen an ihren Auftritten findet. „Selbstverständlich – großen Gefallen sogar", war die spontane Antwort. Und zwar galt das nicht nur für die Jazzfans oder die eingeschworenen Liebhaber von Streichquartetten – nein, das MSQ hatte international vor Leuten mit dem unterschiedlichsten Musikgeschmack gespielt und das Publikum jedes Mal vollständig für sich gewonnen. Und die Kritiken namhafter Zeitungen aus aller Welt waren voll des Lobes.

Wie viele Künstler – aber auch findige Ingenieure, geniale Wissenschaftler und Hersteller oder Vertreiber von großartigen Produkten – beklagen sich darüber, dass alle, die das Produkt gekauft oder auch nur gesehen haben, begeistert und vollkommen von seinem Wert überzeugt waren, wohingegen die Anbahnung von Neukundenbeziehungen sich immer wieder als Spießrutenlaufen gestaltet, dessen sportliche Leistung hauptsächlich darin besteht, zu sehen, wie viele Absagen man aushalten kann!

Meine erste Empfehlung für MSQ lautete daher: Wenn das Programm (Jazz für Streichquartett) beim anwesenden Publikum gut ankam, dann werden wir daran nichts, absolut nichts verändern. Allerdings heißt die Musik ab sofort nicht mehr „Jazz". Das Wort Jazz, sowie jeder Hinweis auf eine Jazz-Formation soll aus den Informationsunterlagen für Veranstalter gestrichen werden (gut, dass es Streicher waren). *„Avantgarde"* – das klingt, wenn nicht nach einem größeren, so doch zumindest nach einem zahlungskräftigeren Publikum. Und ein „Streichquartett" ist schon von jeher etwas sehr hochwertiges.

Doch wir gingen noch einen Schritt weiter: Im nächsten Arbeitsgang wurden die Veranstalter auf einen Aspekt aufmerksam gemacht, der mit dem Musikstil und dem Produkt des MSQ überhaupt nichts mehr zu tun hatte. *„ZDF dreht einstündige Dokumentation über das Modern String Quartet"* titelte die Aussendung, die an die Zielgruppe versandt wurde. In dem Brief wurde in Aussicht gestellt, dass Veranstalter, die sich rechtzeitig melden würden, möglicherweise als Drehort für diese Dokumentarproduktion in Frage kommen könnten. Ein solcher Hinweis, in Verbindung mit den drei Buchstaben „ZDF“ in der Headline ließ die Veranstalter augenblicklich aus ihrem Dornröschenschlaf erwachen und beflissen zum Telefonhörer greifen. Und auf einmal war es vollkommen gleichgültig, welche Musik da gespielt werden sollte.

Ändern Sie nicht Ihr Produkt, ändern Sie nur Ihr Marketing!

Wie man durch einen „professionellen“ Auftritt Kunden verscheucht

Nächste Regel:

Es ist nicht nötig, den eigenen Gesichtspunkt aufzugeben, um den Gesichtspunkt der Zielperson zu verstehen.

Es ist nicht nur unnötig, sondern möglicherweise geschäftsschädigend, in einer Anstrengung, den Gesichtspunkt des Kunden zu verstehen, sich selbst so ähnlich zu verhalten wie der Kunde.

Also: Ändern Sie nicht sich selbst, sondern nur Ihr Marketing!

Als ich mich vor etwa zehn Jahren auf die „professionelle“ Akquisition für meine Dienste als Komponist von Werbejingles vorbereitete, beging ich jenen kostenträchtigen Kardinalfehler, gegen den wohl kaum ein Unternehmer gefeit ist. Meine Zielgruppe waren Geschäftsführer oder Kreativdirektoren von Werbeagenturen. Ich glaubte, dass ich von den erlauchten Damen und Herren, die in weiß getünchten Hallen, umgeben von erlesenem Designermobiliar Hof hielten, nur dann überhaupt wahrgenommen werden würde, wenn ich alles daransetzte, um selbst den Eindruck eines möglichst kosmopolitischen „Businesspartners“ zu vermitteln. Ich erfand einen Firmennamen (klingt doch viel besser), ließ mir ein pompöses Briefpapier gestalten und drucken (erste und zweite Seite), ebenso Visitenkarten und nannte mich „Geschäftsführer“. Während ich mich dann mit der Auftragsbeschaffung herumquälte, kam ich niemals auf die Idee, dass ich bereits mit meiner Geschäftsausstattung und der Art und Weise, wie ich mein Unternehmen präsentierte, ein perfektes Eigentor geschossen hatte.

Szenenwechsel. Bis an die Zähne bewaffnet mit Marketing-Knowhow und jeder Menge praktischer Verkaufserfahrung am Gürtel trat ich einige Jahre später derselben Zielgruppe gegenüber. Diesmal konnte mich nichts mehr schrecken. Den wahren Gesichtspunkt meiner Zielperson beurteilte ich nunmehr wesentlich realistischer, und zwar so:

Meine Zielperson ist der Geschäftsführer oder Kreativdirektor einer Werbeagentur. Sehr schön. Ich kenne die Werbeagenturen und weiß, dass diese Leute eine ganz bestimmte Einstellung mit sich herumtragen: Sie mögen dieses freiberufliche „Flair" und sind gegenüber Freiberuflern und Künstlern generell aufgeschlossen. Aber: Sie machen Werbung, keine Kunst. Außerdem gibt ihnen das Auftauchen eines einzelnen Freiberuflers das schöne Gefühl der Größe, des Organisiert-Seins, des Firma-Seins, des Weltmännischen, des Unternehmer-Seins, des Business-Man und nicht zuletzt, der Kompetenz. Zwei Sorten von Freiberuflern können sie aus diesem Grund *nicht ausstehen*:

- *Das verkannte Kreativ-Genie* mit der besseren Mausefalle, der ihnen nur am Zeug flickt. Der Qualitätsfanatiker. Es ist schließlich ein Vorrecht der Agenturen, zu wissen und zu beurteilen, was Qualität wirklich ist. Angesichts der Tatsache, dass dieser Freiberufler ihnen nun „hohe Qualität" zu verkaufen versucht, verfallen sie augenblicklich in die Rolle des kühl kalkulierenden Kostenrechners und beweisen dem Bewerber durch Nichtbeauftragung, dass sein Konzept einen Fehler hat.
- *Den Super-Organisierten*, der sich nicht mehr als Freiberufler mit der angemessenen Schlampigkeit, sondern voll durchorganisiert als „Dienstleister" oder gar als „Firma" präsentiert. Eine „Firma" und vor allem, „organisiert" zu sein, ist natürlich ebenfalls ein exklusives Vorrecht der Agenturen. Nicht auszuhalten, dieses geschäftsmäßige Getue von Möchtegern-Krawattenträ-

gern, womöglich werden sie, pingelig wie eine Behörde, jeden Handgriff extra berechnen. Nein, so etwas will eine Werbeagentur wirklich nicht haben.

Der wahre Gesichtspunkt eines Geschäftsführers einer Werbeagentur lautet in etwa: *„Ich werde einen Freiberufler beauftragen, der genügend Ehrgeiz hat, dass er mir ein brauchbares Produkt liefert, aber unorganisiert genug ist, dass er ein nicht allzu hohes Honorar dafür verlangt. Auf diese Weise werde ich entlastet und mache etwas Gewinn.“*

(Wenn Sie nun an dieser Stelle finden, dass das eigentlich eine Unverschämtheit ist, Menschenverachtung, Ausbeutertum oder sonst etwas, dann sind Sie schon durchgefallen: Die subjektive Wahrheit des Kunden zählt! Wenn Sie der wahre Gesichtspunkt der Zielperson so stört, dass Sie diese Leute dann nicht mehr mögen, dann werden Sie diese Kunden eben nicht gewinnen.)

Eines war klar: ich hatte in der Vergangenheit einigen Aufwand betrieben, um in die Fraktion Nummer 2 der unbeliebten Bewerber aufgenommen zu werden. Ich hatte die Situation völlig verkannt und mich aufgeführt, als wäre ich selbst eine Art Werbeagentur. Es gibt eine verbreitete Übereinstimmung darüber, dass man ein Unternehmen, das zehnmal so groß ist wie das eigene, als Kunden gewinnt, indem man alle Mittel heranzieht, um wenigstens so auszusehen, als hätte man mindestens dieselbe Größe. In Wahrheit verursacht das nur Kosten für die Visitenkarten, Handys, Edel-Timeplaner, Palmtops und andere Business-Insignien, ganz zu schweigen von den Hochglanzbroschüren und Internet-Auftritten, in denen das eigene Unternehmen dargestellt wird, als würde man demnächst an die Börse gehen. Der Nutzen ist dabei weniger als null, es kann sogar eine Beauftragung verhindern. *Denn die Zielperson will Spezialisten als Lieferanten und keine Nachahmer in ihrer eigenen Disziplin.*

Beim neuerlichen Ansturm in die Köpfe meiner Zielpersonen war ich auf den wahren Gesichtspunkt eines Werbekaufmanns vorbereitet. Ich bewarb mich mit einem einfachen Brief, ohne speziell gestalteten Briefkopf, ohne jeden Aufwand. Ich vermittelte den Eindruck, dass hier ein zwar kompetenter, aber ansonsten kleiner, völlig ungefährlicher, weil unorganisierter Freiberufler vorspricht, um sich untertänigst um Arbeit zu bewerben. Jemand, der so daherkommt, ist bestimmt keine Konkurrenz, den kann man auch ohne Risiko beauftragen.

Meine Präsentation bedeutete ja nicht, dass ich mit dem Gesichtspunkt des Kunden übereinstimmen musste! Es bedeutete nicht, dass ich seinen Gesichtspunkt gutheißen musste. Es bedeutete erst recht nicht, dass ich *tatsächlich* billig oder unorganisiert zu *sein* hatte, um beauftragt zu werden. Ich brauchte mich nur so zu präsentieren, dass etwa der Eindruck entstand, ich gehöre nicht zu einer der beiden abgelehnten Sorten.

Und die Agenturen riefen mich an. Bestellten mich in ihr Allerheiligstes. Ich trat dort an, freiberuflergerecht in Pullover und Turnschuhen. Mein Notebook ließ ich zu Hause und den Krokokoffer im Schaufenster des Lederwarenhändlers. Dann sammelte ich die Aufträge ein.

Ich konnte mich in der Folgezeit selbst davon überzeugen, dass ich um einiges besser organisiert war als manche Werbeagenturen, die ich besucht hatte. Ich war auch nicht billig. Aber ich habe den wahren Gesichtspunkt der Zielperson berücksichtigt und es immer sorgfältig vermieden, für gerade diese Qualitäten besondere Reklame zu machen. Wie ich dann wirklich war und wie ich bin, das fällt ja unter Produktentwicklung. Wie ich mich aber präsentiere, das fällt unter Marketing.

B2C – Marketing an Privatpersonen

Im B2C, abgekürzt für „Business to Consumer", ist dieser Punkt von besonderer Bedeutung. Hier sind zwar die Voraussetzungen genau umgekehrt wie im vorigen Beispiel: Der Anbieter ist groß, die Zielperson, da eine Einzelperson, im Vergleich winzig klein.

Gerade hier kann jedoch ein gewisses Understatement des Absenders entscheidend, mindestens aber von großem Nutzen sein.

Viele Unternehmen, die sich an eine Zielgruppe, bestehend aus Privatpersonen wenden, werden nicht müde, ihre eigene Größe, ihre kosmopolitische Großartigkeit und die marktwirtschaftliche oder gesellschaftliche Bedeutung ihrer Produkte zu beweihräuchern. Ihre Werbung lässt der Zielperson oft gar keine andere Wahl, als sich klein, unbedeutend und unwichtig vorzukommen. Damit wird unter Umständen vollkommen am wahren Gesichtspunkt der Zielperson vorbei geworben. Denn wer seht schon gerne als kleiner, unbedeutender Bittsteller da? Um tatsächlich mit Privatpersonen in Kontakt zu kommen, ist jeder Akt der Selbstbeweihräucherung ein Hindernis. Schließlich braucht die Zielperson zum Kontaktaufnehmen auch einen Ansprechpartner. Wird ein solcher jedoch schon vom Erscheinungsbild des absendenden Unternehmens übertrieben überhöht oder bis zur totalen Anonymität unkenntlich gemacht, braucht man sich über mangelnde Resonanz eigentlich nicht wundern. So empfiehlt es sich unter Umständen, etwas bescheidener, kleiner und vor allem zugänglicher aufzutreten, damit die Zielperson ihre Scheu verliert. Große Unternehmen mögen groß oder großartig sein, für eine Einzelperson sind sie damit jedoch auch unbegreiflich und unnahbar – eben das Gegenteil von dem, was vernünftige Werbung erreichen soll.

Auch das bedeutet wiederum nicht, dass ein solches Unternehmen aufhören sollte, groß, großartig oder bedeutend zu sein. Es geht um die Art, wie es sich gegenüber einem möglichen Interessenten darstellt.

Ändern Sie also nicht sich selbst, ändern Sie nur Ihr Marketing!

Die unvernünftige Vernunft der Zielperson

Dieses Planspiel kann man jetzt mit jeder beliebigen Zielgruppe durchgehen. Die Preisfrage lautet immer: Was sind die wahren Absichten und Wünsche meiner Zielperson? Ganz ehrlich – ohne

Scheuklappen, ohne Vorurteile. Was will der Kunde wirklich? Ich muss es akzeptieren. Ich muss nicht unbedingt mich selbst oder mein Produkt danach ausrichten, aber mein Marketing. Denn sonst wird er mich oder mein Produkt gar nicht kennen lernen wollen.

Der Gesichtspunkt der Zielperson ist eine wirklich vertrackte Sache. Diese Leute denken so anders als wir selbst, dass es uns gelegentlich wirklich über die Hutschnur geht. Wir könnten einiges, was sich in den Köpfen unserer Zielpersonen wirklich abspielt, leicht für verrückt halten. Und hätten möglicherweise recht damit. Aber das nützt uns nichts! Der wahre Gesichtspunkt der Zielperson ist der Gesichtspunkt, aus dem diese Person auf Ihr Produkt und auf Sie schaut. Da können Sie machen, was Sie wollen. Sie schaut eben aus diesem Gesichtspunkt. Und – das ist das, was die großen Konzerne so oft übersehen – Sie können diesen Gesichtspunkt nicht durch Werbung verändern. (Dafür müssten sie PR einsetzen, und davon eine ganze Menge – aber das ist eine andere Baustelle.)

Die subjektive Wahrnehmung der Zielperson – so wie die Welt aus ihrem unlogischen, abgedrehten, merkwürdigen, eigenartigen und verrückten Gesichtspunkt aussieht – diese Wahrnehmung ist die Realität, mit der der Marketingmann arbeiten muss. Denken Sie an den Pepsi-Test, denken Sie an New Coke, das niemals eine Chance hatte, obwohl der Beweis, dass es am besten schmeckt, ebenfalls mit verdeckten Geschmackstests zweihunderttausendfach erbracht wurde.

Der Dirigent sagte zu seinem Publikum, noch bevor es die Eintrittskarten gekauft hatte: „Achten Sie besonders auf den 324sten Takt – auf die drei-und ..., da spielt die zweite Triangel nicht etwa mezzoforte, nein-nein, nicht mezzoforte, sondern mezzopiano! Das ist Kunst, meine Damen und Herren, das ist Kunst! Möchten Sie eine Eintrittskarte?“ Ein Interessent meldete sich mit: „Gibt es Sekt in der Pause?“

Den wenigsten Unternehmen scheint es etwas auszumachen, fünfzigmal zum Flughafen zu fahren, um dort niemanden zum Abholen anzutreffen. Denn die Zielperson ist mit dem Zug angekommen und steht am Hauptbahnhof. Manchmal ruft sie auch von dort aus an, um uns mitzuteilen, dass sie jetzt hier am Hauptbahnhof angekommen ist. Und was tun wir dann? Wir sagen: Das kann doch eigentlich gar nicht sein. Mit dem Zug – wie umständlich! Nein, ich glaube, wir fahren besser zum Flughafen ...

Die Vernunft der Zielperson kann aus unserer Sicht höchst eigenartig oder sogar völlig unvernünftig sein.

Wir würden lachen über die Idee, dass wir unsere Braut, die gerade am Hauptbahnhof angekommen ist, vom Flughafen abholen sollen.

Ich habe am Beispiel des Bäckers gezeigt, wie sehr die Zielperson wahrscheinlich anders ist als Sie selbst. Es gibt keine Möglichkeit, anhand des eigenen Gesichtspunkts auf den Gesichtspunkt der Zielperson zu schließen. Sie können sich aber mit einer ganz einfachen Methode vor den horrenden Kosten für die vielen vergeblichen Fahrten zum Flughafen schützen:

Machen Sie keine Annahmen über den Gesichtspunkt der Zielperson!

Jede Annahme könnte völlig an der subjektiven Realität der Zielperson vorbeigehen. Und damit wäre Ihre Strategie zur Wirkungslosigkeit verurteilt. Es lohnt sich, einigen Aufwand zu treiben, um etwas über den wahren Gesichtspunkt der Zielperson herauszufinden. Aber wenn Sie eine Annahme machen, die auf *Ihrer Meinung* über den Gesichtspunkt der Zielperson beruht, werden Sie mit 99-prozentiger Wahrscheinlichkeit daneben liegen. Und das gibt Strafpunkte. Keine Resonanz. Zuwenig Aufträge – dabei haben alle Mitarbeiter Ihrer Firma gesagt, der neue Prospekt sei super. Nun, sind Ihre Mitarbeiter etwa Leute, die etwas von Ihnen kaufen? Es ist doch umgekehrt: die Firma kauft etwas von denen – nämlich Arbeitszeit. Ihre tatsächliche Zielperson ist maximal anders als Sie. Wenn Ihnen Ihre eigene Werbung besonders gut gefällt, dann können Sie beinahe darauf wetten, dass sie in den Augen der Zielperson nicht gut abschneidet.

Warum die meiste Werbung im Papierkorb landet

Und jetzt haben wir eine Antwort auf die Frage, warum die meisten Werbebriefe tatsächlich im Papierkorb landen. Warum sie so ein schlechtes Ansehen haben, warum die Leute glauben, Werbung bringt nichts, wird nicht beachtet, liest keiner ... Ganz einfach: Die meisten Briefe sind gar nicht für eine Zielperson bestimmt, die wirklich existiert, sondern richten sich an eine erfundene Zielperson, *die es nur in der Gedankenwelt des Absenders gibt.*

Fazit: Wir werben vergeblich, wenn wir die Zielperson an dem Punkt anzutreffen wünschen, an dem wir meinen, dass sie sich „vernünftigerweise" befinden sollte.

Es gibt ganz sicher keinen anderen Weg, als sie genau dort zu erreichen, wo sie tatsächlich *ist*. Doch das erfordert:

- die Größe, unser eigenes Ego klein zu halten,
- die Fähigkeit, genau hinzuschauen, wirklich zu beobachten und sich nicht von Meinungen anderer oder eigenen fixen Ideen leiten zu lassen,
- die Bereitschaft, das offensichtlich Beobachtbare auch zu akzeptieren.

Aber das sind Fertigkeiten, die nicht von selber kommen. Man muss sie immer wieder üben. Ihre Beherrschung zeugt von beinahe philosophischer Weisheit und kann unter Umständen wahre Wunder wirken.

Typologie verschiedener Anbieter-Zielperson-Kombinationen

Im Laufe der Jahre wurde ich von Vertretern vieler verschiedener Branchen um Rat gefragt, wie sie sich am wirksamsten gegenüber ihrer Zielgruppe präsentieren könnten. Im Folgenden werde ich einige typische Merkmale, Erwartungshaltungen und Präferenzen von Zielpersonen verschiedener Kategorien beschreiben.

Eine solche Typologie erhebt keinen Anspruch auf Vollständigkeit, es gibt immer noch weitere Varianten und Kombinationen von Anbieter und Zielperson. Sie soll nur zusätzliche Beispiele bereitstellen, da meine Erörterungen im vorangegangenen Abschnitt sich möglicherweise zu sehr auf ein Verhältnis in der Art von „Kreativer Freiberufler/Werbeagentur" beschränkt haben. Außerdem ist die vorgenommene Kategorisierung nur grob. Es gibt darüber hinaus feine Unterschiede im Selbstverständnis verschiedener Branchen und Berufsgruppen, auch wenn sie hier in einer Kategorie zusammengefasst sind.

Für den Zweck dieser Typologie von Anbieter-Zielpersonen-Kombinationen unterscheide ich zwei Sorten von Anbietern: den „Lieferanten" und den „Onkel Doktor".

Ein „Lieferant" ist ein Anbieter, der in erster Linie die Lieferung einer Ware oder Dienstleistung bietet. Die Zielperson hält Professionalität und entsprechendes Know-how des Anbieters für selbstverständlich, sie versteht den Anbieter jedoch nicht als Ratgeber, auch dann, wenn der Anbieter sich selbst als „Problemlöser" sieht.

Ein „Onkel Doktor" ist ein Anbieter, der von der Zielperson als solcher wahrgenommen wird, wie zum Beispiel ein Unternehmensberater, ein Spezialist für sehr spezielle Situationen, ein Experte, der aufgrund seiner Expertise engagiert wird, einer, der mit Know-how hilft, eine Situation zu bewältigen. Auch ein Gastwirt oder ein Weinhändler kann ein „Onkel Doktor" sein. Ein „Lieferant" bewirbt sich eher um einen Auftrag, ein „Onkel Doktor" bietet eher Abhilfe für eine spezielle Situation.

Zielperson: Geschäftsführer eines mittelständischen Unternehmens

Diese Zielperson ist dadurch gekennzeichnet, dass sie Entscheidungen treffen kann. Um entscheiden zu können, braucht sie verlässliche Informationen.

Von „Lieferanten" erwarten Geschäftsführer mittelständischer Unternehmen vor allem: Bodenständigkeit, Erfahrung, Zuverlässigkeit, vernünftiges Auftreten und Transparenz bei der Preisgestaltung. „Lieferanten“ werden routinemäßig beauftragt.

Einem „Onkel Doktor“ misstrauen Geschäftsführer von mittelständischen Unternehmen zunächst grundsätzlich. Viele sind „beratungsresistent“ oder können „keine Götter neben sich haben“. Es muss ein sehr spezifisches Problem geben, das den Geschäftsführer wirklich drückt, und der „Onkel Doktor“ muss vermitteln können, dass er eben dieses Problem schon oft hat lösen können. Ist dies jedoch der Fall, ist die Zielperson gesprächsbereit und auch entscheidungsfähig.

Zielperson: Vorstand, Geschäftsführer oder Manager in einem Konzern

Konzernpersonen, egal auf welcher Ebene, können grundsätzlich nichts entscheiden. Sie müssen sich immer mit mehreren Leuten abstimmen. Konzernpersonen wollen am liebsten nur mit anderen Konzernpersonen sprechen. Selbständige sind für Konzernpersonen wie Außerirdische.

Sowohl „Lieferanten“ als auch „Onkel Doktors“ müssen sehr geradlinig ihr Angebot präsentieren und sofort Referenzen (idealerweise Konzernreferenzen) nennen, um von Konzernpersonen ernst genommen zu werden.

Konzernpersonen sehen die Akquisitionsbemühungen anderer Unternehmen ähnlich wie die Anstrengungen von Bewerbern für eine Anstellung. Formale Kriterien können eine große Rolle spielen, Anbieter werden nicht selten in mehrstufigen „Castings“ ausgewählt.

Zielperson: Verkammerte Freiberufler (Ärzte, Architekten, Anwälte, Steuerberater)

Verkammerte Freiberufler haben häufig ein Problem mit der Kommunikation selbst. Sie wollen am liebsten mit gar keinem Lieferanten reden. „Onkel Doktors“ brauchen sie keine, denn das sind sie selber.

„Lieferanten" akzeptieren sie, wenn es nicht anders geht oder wenn sie sich an sie gewöhnt haben. Ansonsten gilt für diese Personen der nächste Abschnitt.

Zielperson: Inhaber/Geschäftsführer einer kleineren Firma als der Anbieter

Inhaber und Geschäftsführer eines Unternehmens, das kleiner ist als der Anbieter, sorgen sich vor allem darüber, nicht ernst genommen zu werden. Da sie bei Verhandlungen mit größeren Firmen als sie selbst häufig mit arroganten Gesprächspartnern zu tun haben, sind sie in diesem Punkt empfindlich. Dies trifft sogar dann zu, wenn die Zielperson selbst sehr anmaßend auftritt.

Sowohl als „Lieferant" wie auch als „Onkel Doktor", wenn der Anbieter größer oder gewichtiger ist als die Zielperson, darf man keinesfalls die eigene Größe oder die eigene Wichtigkeit in den Vordergrund stellen, wenn man diese Zielpersonen für sich gewinnen will. Der Anbieter präsentiert sich am besten auf sehr konservative Weise.

Zielperson: Privatpersonen (Konsumenten)

Gegenüber einer Privatperson ist es nur in sehr seltenen Ausnahmefällen sinnvoll, als „Lieferant" aufzutreten. In der Regel sollte man als „Onkel Doktor" auftreten, unabhängig vom Angebot.

Privatpersonen, selbst dann, wenn sie sich anmaßend aufführen, fühlen sich gegenüber Firmen grundsätzlich unterlegen. Die Privatperson fürchtet ständig, über den Tisch gezogen zu werden. Privatpersonen sind – im Vergleich zu allen anderen Zielgruppen – extrem entscheidungsschwach. Kaufaktionen tätigt die Privatperson am liebsten vollkommen anonym (Internet, Kaufhaus) oder mit einer Person ihres uneingeschränkten Vertrauens (Stammkunde). Das Hauptproblem einer Privatperson mit einer ihr unbekannten anderen Person ist die Kommunikation an sich.

Teil 2

So geht's – praktische Gebrauchsanleitung

4. Kapitel
Die gewinnende Strategie

„Das Geheimnis des Erfolgs ist, den Standpunkt des anderen zu verstehen.“

Henry Ford (1863–1947), amerikanischer Großindustrieller

Ob Henry Ford, der als Erster die Automobilproduktion vom Fließband einführte, seine Idee aus Ägypten hatte (wo man aus der Erfahrung vor Ort wusste, dass ein Verliebter die Blume mit anderen Augen sieht als ein Kamel), können wir nicht mehr nachvollziehen. Tatsache ist jedoch, dass vor der Zeit, als er sein legendäres T-Modell auf den Markt brachte, die übrigen Vertreter der Automobilindustrie nicht glaubten, dass ihm großer Erfolg beschieden sei. Ein Auto wurde als Hightech-Spielzeug für Reiche angesehen, und dem Erzeugnis von Ford stand man ebenso skeptisch gegenüber wie heute die Vertreter der Gastronomie, die behaupten, dass man bei McDonald's nichts wirklich Essbares kaufen könne (und sich wundern, dass ausgerechnet die Amerikaner den Europäern eine Esskultur vermitteln wollen). Das Ansehen von Fast-Food steht auch heute noch im krassen Gegensatz zu seiner tatsächlichen Beliebtheit, wenn man Umsätze und Expansion des Geschäftsbereichs betrachtet.

Im Folgenden, dem zweiten Teil dieses Buches, geht es um die Art und Weise, wie wir nun tatsächlich vorgehen, nachdem ich Ihnen im ersten Teil von den vielen Möglichkeiten berichtet habe, wie Sie und ich Lehrgeld bezahlen können.

Keine Sorge, Sie müssen Ihr hoch qualifiziertes Produkt nicht in ein Franchise-System à la McDonald's verwandeln. Aber Sie müssen den – unter Umständen völlig abartigen – Gesichtspunkt der Zielpersonen irgendwie in Ihre Kalkulation miteinbeziehen. Sie müssen etwas über diesen Gesichtspunkt herausfinden. Sie müssen ziemlich sicher sein, was den Gesichtspunkt ausmacht, und Sie dürfen selbst keine Annahmen machen. Wie findet man etwas über den Gesichtspunkt von Zielpersonen heraus?

Das Risiko der Marktforschung

Die Großkonzerne machen das mit Marktforschung. Schon allein beim Klang des Wortes fängt bei uns das innere Unkostentaxameter zu rattern an. „Der Markt" – ein Universum! „Forschung" – vor unserem geistigen Auge tauchen Budgets auf, mit denen man Raumfahrtprogramme lanciert. Marktforschung – kann sich das ein Normalsterblicher überhaupt leisten?

Zum Thema Marktforschung möchte ich genau zwei Gedanken vorausschicken.

Erstens: In der Naturwissenschaft gibt es ein Phänomen, das als die „Heisenbergsche Unschärferelation" bezeichnet wird, benannt nach Werner Heisenberg – dem Wissenschaftler, von dem die Formulierung dieses Zusammenhangs stammt. Es besagt im Wesentlichen, dass wenn Sie eine Messung im physischen Universum vornehmen, der Bereich, den Sie messen wollen, bereits durch die Messmethode beeinflusst und das Ergebnis durch den Messvorgang selbst zu einem gewissen Grad verfälscht wird. Stellen Sie sich vor, Sie wollten die Temperatur einer Wassermenge messen, die sich in einem Glas befindet. Sie halten das Thermometer hinein. Weil Sie die Temperatur des Wassers noch nicht genau wissen (sonst müssten Sie ja nicht nachmessen) gibt es keine Möglichkeit, sicherzustellen, dass das Thermometer, bevor es mit dem Wasser in Berührung kommt, genau die Temperatur des Wassers hat. Es hat irgendeine andere Temperatur, die von der noch zu messenden

Wassertemperatur abweicht. Sie halten das Thermometer hinein und verändern damit bereits die Temperatur des Wassers, die Sie erst messen wollen, und sei es auch nur ein ganz klein wenig. Sie haben keine Chance, die Wassertemperatur ohne diese Veränderung zu messen. Das gilt im Wesentlichen für alle Messungen. Sie müssen immer irgendwie in die Sache, die Sie messen wollen, „hineinfassen". Und dadurch verändern Sie bereits das, was Sie untersuchen möchten. Was Sie dann messen, ist immer das Veränderte.

Bei der Marktforschung ist das nicht anders. Wenn Sie eine Befragung durchführen, dann erhalten Sie irgendwelche Antworten. Möglicherweise hätten die Befragten aber anders über die Sache gedacht, wenn sie gar nicht befragt worden wären, wer weiß? Durch den Akt der Befragung selbst verändern Sie bereits etwas im Kopf des Befragten. Seine Antwort ist ab da nur noch repräsentativ für die Zielgruppe der „Befragten", nicht aber für die gesamte Zielgruppe. Vielleicht ist die Abweichung nur sehr gering, aber sie ist auf jeden Fall vorhanden.

Damit will ich Ihnen nicht sagen, es hätte keinen Sinn, Messungen vorzunehmen. Das Phänomen der Heisenbergschen Unschärferelation gibt uns jedoch einen Hinweis darauf, warum manche Marketingstrategie, die vorher dutzendfach beumfragt und getestet wurde, bei der Durchführung gnadenlos floppt und wiederum andere Vorhaben, die beim Test durchgefallen, aber von überzeugten Kreuzzüglern dennoch durchgeboxt worden waren, zum Renner wurden. Ein klassisches Beispiel für Letzteres war die Marktforschung, die die Firma Rank Xerox vor der Einführung des Normalpapierkopierers anstellte. Befragungen hatten klar ergeben, dass niemand das Dreifache an Geld für eine Normalpapierkopie hinlegen würde, wenn er eine Thermokopie für 10 Pfennig haben konnte. Xerox ignorierte die Forschungsergebnisse, und der Rest ist Geschichte.

Befragungen haben also ihre Tücken. Trotzdem sollte man auf jeden Fall Anstrengungen auf diesem Gebiet unternehmen. Können wir doch auf keinen Fall darauf verzichten, etwas über den wahren Gesichtspunkt der Zielpersonen herauszufinden. Wir müssten uns sonst mit Annahmen behelfen, und das kann, wie schon erwähnt, ins Auge gehen. Deshalb hier der zweite Gedanke zum Thema Marktforschung:

Marktforschung, die fast nichts oder gar nichts kostet

Es stimmt nicht, dass Marktforschung aufwendig, teuer oder gar unerschwinglich ist. Es ist überhaupt nicht wahr. Es ist noch nicht einmal schwierig. Eine ganz primitive Methode der Marktforschung, die Sie sofort ohne große Kosten durchführen können, ist zum Beispiel die Untersuchung Ihrer eigenen Kundenkartei. Sie machen eine Liste, die alle Ihre Kunden enthält. Sie schauen auf diese Liste und notieren sich, ob ein gewisser Prozentsatz dieser Kunden Gemeinsamkeiten aufweist. Stammen viele von ihnen aus derselben Branche? Haben viele von Ihren Kunden dasselbe Produkt gewünscht? Wohnen viele Ihrer Kunden in einer bestimmten Gegend? Gehören viele Kunden einer bestimmten Altersgruppe an? Und so weiter, Sie können beliebige Kriterien anlegen. Sogar solche, die Ihnen abwegig erscheinen, weil Sie vielleicht gar nichts mit Ihrem Geschäft zu tun haben. Im Direktmarketing gibt es zum Beispiel statistische Untersuchungen, welche Vornamen zu welcher Zeit in Mode waren. Daraus kann dann zum Beispiel geschlussfolgert werden, dass Leute, die Fritz heißen, mit größerer Wahrscheinlichkeit über 30 Jahre alt sind als unter 30.

Marktforschung kann einfach bedeuten, dass Sie Ihre Augen und Ohren offen halten. Was erzählen Ihnen Ihre Kunden und die Leute, mit denen Sie zu tun haben? Gibt es Dinge, die Sie immer wieder und wieder hören? Warum laden Sie nicht einfach jemand zum Essen ein und „quetschen" ihn aus? Jeder erzählt gerne über seinen Beruf, wenn er glaubt, dass ihm sein Gegenüber wirklich zuhört.

Und schließlich können Sie auch richtige Befragungen durchführen. Das kann manchmal zu unfreundlichen Absagen führen, aber im Prinzip ist daran nichts Ehrenrühriges. Im Kapitel über Telefonmarketing habe ich etwas darüber gesagt. Sie führen eine

Befragung durch, telefonisch oder persönlich, mit vorbereiteten Fragen, auf die der Befragte nicht einfach mit „ja", „nein" oder „weiß nicht" antworten kann. Dann muss er oder sie etwas erzählen. Das schreiben Sie auf. Wenn Sie noch gründlicher vorgehen wollen, dann schreiben Sie auf, welche Emotion die andere Person vermittelt hat, während sie antwortete.

Wenn Sie eine Anzahl von Befragungen durchgeführt haben, dann werten Sie die Antworten aus. Und schon wissen Sie wieder etwas mehr über Ihre Zielpersonen, Ihre potenziellen Kunden.

Wenn Sie ehrlich genug zu sich selbst sind, so dass Ihnen Ihr eigenes Ego nicht immer wieder in die Quere kommt, dann können Sie einfach ein bisschen Verständnis für Ihre Zielperson aufbringen und darüber nachdenken, was wohl ihr *tatsächliches* Problem ist. Unter Umständen hat das tatsächliche Problem der Zielperson mit Ihrem Produkt gar nichts zu tun. Sollte das so sein, müssen Sie es ebenso akzeptieren. Auf keinen Fall können Sie darüber hinwegsehen und so tun, als würde die Zielperson angesichts Ihres genialen Produkts ihr eigentliches Problem vergessen.

Sie müssen Ihren eigenen Gesichtspunkt gänzlich beiseite schieben, wenn Sie sich in die Gedankenwelt Ihrer Zielperson hineinversetzen wollen. Auf diese Weise könnten Sie bis zu einem gewissen Grad Marktforschung „am grünen Tisch" machen. Und das ist genau das, was ich Ihnen jetzt zeigen werde. Für die Zwecke des Personen-Marketing habe ich nämlich schon ein bisschen Marktforschung vorbereitet, dessen Ergebnisse ich Ihnen hiermit in aller Bescheidenheit zur Verfügung stelle.

Sieben Aussagen über Zielpersonen aus der alltäglichen Beobachtung

Ich habe gesagt, dass Sie keine Annahmen machen sollen über den Gesichtspunkt der Zielperson. Wenn wir darüber nachdenken, was wir dennoch mit Sicherheit über eine Zielperson sagen können – und dies auch noch unabhängig von einer bestimmten Branche, dann bleiben nur Dinge übrig, die auf den ersten Blick wenig brauchbar, weil völlig trivial erscheinen. Es sind Aussagen von der Art wie: „Die Zielperson ist ein Mensch."

Nun, das allein ist wirklich ein bisschen unkonkret. Doch was passiert, wenn wir auf diesem Pfad weiterdenken? Ich werde Ihnen im Folgenden *sieben Aussagen* nennen, die unmittelbar aus der Tatsache folgen, dass die Zielperson ein lebendiges Mitglied unserer modernen Gesellschaft ist, und die wir deshalb mit Sicherheit über jede Zielperson für irgendeine Akquisition machen können.

Hier sind sie:

1. **Die Zielperson leidet unter Kommunikationsüberflutung. Durch die teils widersprüchliche Vielfalt des Angebots ist sie desorientiert und nicht selten verwirrt.**

Kommunikationsüberflutung – die Heuschreckenplage unserer Zeit. Es ist einfach zu viel! Werbung ist überall. Nur ein Bruchteil der Botschaften, die täglich auf uns abgefeuert werden, sind wir bereit und in der Lage, aufzunehmen und zu verarbeiten. Wenn wir ein Produkt kaufen wollen, über das wir zu wenig wissen, dann haben wir kaum die Chance, alles darüber herauszufinden, bevor neue Produkte mit neuem Werbegeschrei den Markt überschwemmen.

Die Zielperson ist desorientiert. Jeder Anbieter preist sein Erzeugnis an, als wäre es nicht nur die einzige Ware, sondern auch das einzig Wahre. Die Verwirrung beginnt, sich wie eine Art Bodennebel im Kopf des Kunden auszubreiten. Und alle Barometer für eine Wettervorhersage am Kommunikationsfirmament stehen auf Sturm. Es gibt keinen Hinweis darauf, dass die Anstrengungen der Unternehmen, mit den Vorzügen ihres Angebots den allgemeinen Lärm zu überbrüllen, irgendwann einmal weniger werden. Mit einer Annahme wie der Obigen haben wir somit bestimmt nichts verkehrt gemacht.

2. **Die Zielperson weiß nichts oder fast nichts über den Absender. Sie glaubt nicht, dass sie durch Werbung etwas Wahres über den Absender erfährt.**

Wenn wir uns vor Augen führen, dass wir von der *Neu*kundengewinnung sprechen, dann ist es völlig logisch, dass die Zielperson nichts oder fast nichts über den Absender weiß. Sie kennt ihn ja gar nicht. Aber was ist mit den großen Marken wie BMW oder Siemens? Kennt die nicht jeder?

Lassen Sie mich das präzisieren: Wenn wir den Absender einer Kommunikation als ein lebendes Wesen definieren, wer ist dann bitteschön „Siemens“? Und wer sind Herr Milberg bzw. Herr Panke (ehemalige Vorstandsvorsitzende bei BMW)? Kennen Sie sie? Ich nicht. Sie erzählen auch nichts *über sich*. Und auf den Plakaten sieht man nur ihre Autos.

Es ist nicht das Thema dieses Buches, die Werbestrategien von BMW oder von Siemens zu kritisieren, aber es ist eine interessante Übereinstimmung in solchen Konzernen, dass deren Chefs in antiseptischen Managementetagen untergebracht sind und dort in einer Art Quarantäne ihren Aufgaben nachgehen. Es erscheint ihnen richtig und wichtig, dass der potenzielle Kunde möglichst wenig über sie weiß.

Es gibt hier auch Ausnahmen, zum Beispiel Herr Hipp. Claus Hipp – der mit der Babynahrung. Er stellt sich höchstselbst ins Fernsehen, zeigt Ihnen ein Glas seines Produkts und sagt: „Ich bin Claus Hipp, Sie können diesen Karottenbrei ohne Bedenken von mir kaufen, denn ich habe ihn selbst gemacht.“

Einen solchen Auftritt würden die meisten anderen Konzernherren beinahe für Prostitution halten. Und so werden denn auch die meisten Werbebotschaften ohne einen lebendigen Absender überbracht. Für die Zielperson bedeutet das aber: sie erfährt nichts über ihn!

3. **Die Zielperson will wissen, was der Absender will. Sie will es aber nicht erraten, sondern erfahren.**

Noch so eine Trivialität: Jemand kommt zu Ihnen, ruft Sie an oder schreibt Ihnen einen Brief, und wenn er nicht gerade ein Maschinengewehr in der Hand hält, sondern nur seine Visitenkarte, dann ist die nächstliegende Frage: Was will der von mir?

Doch wenn dann keine konkrete, klare Aussage kommt, werden Sie ungeduldig. Zeit ist Geld, also worum geht’s? Sie wollen auch keinen 120-seitigen Prospekt durchblättern, das Lösungswort buchstabieren, dieses Wort auf die leeren Felder der Seite 6 übertragen, die gelbe „Ja“-Marke dort abziehen und auf die Antwortkarte kleben, das Ganze einschicken, um dann per Post zu erfahren, warum Sie das alles gemacht haben. Nein. Sie wollen wissen, was Sache ist. Was ist das für ein Angebot? Ist das für mich interessant? Was kostet es? Kann ich das auch in Grün haben? Ist es lieferbar? Bekomme ich Rabatt, wenn ich 50 Stück auf einmal bestelle – solche Dinge.

Wir wollen nicht raten, sondern erfahren. Es ist nicht zu sehr an den Haaren herbeigezogen, wenn wir annehmen, dass es der Zielperson in diesem Punkt ähnlich geht.

4. Die Zielperson versucht, „den Haken“ zu finden. Bei Mitteilungen, die der Zielperson nicht real oder nicht genehm sind, wird sie Gründe suchen, warum es sich dabei um eine Übertreibung, eine Lüge oder um dummes Geschwätz handelt.

Auch ziemlich logisch. Je besser das Angebot zu sein scheint, desto mehr ist man versucht, den Haken an der Sache zu suchen. Und wenn der Zielperson irgendetwas nicht in den Kram passt, nun, dann wird sie auch ein Haar in der Suppe finden und damit einen Grund, warum das Ganze irgendwie „faul“ ist.

5. Die Zielperson will nichts verkauft bekommen, sie will kaufen!

Natürlich ist es unrealistisch zu glauben, dass Dinge sich von selbst verkaufen. Aber die Anstrengungen des „aktiven“ Verkaufs werden oft so übertrieben, dass der Kunde gar keine Chance erhält, zu *kaufen*. Der Verkäufer lässt ihn nicht! Er ist so damit beschäftigt, zu verkaufen, dass er gar nicht merkt, dass der Kunde tatsächlich kaufen möchte. Bestimmt haben Sie schon einmal ein Geschäft verlassen, den Kopf vollgestopft mit dem ganzen Gequassel, das der beflissene „Sales Representative“ auf Lager hatte, um es sich – angesichts der Fülle der Informationen – „noch mal zu überlegen“. Betreten hatten Sie den Laden vielleicht sogar mit dem Vorsatz, etwas zu kaufen.

Leute haben allerdings eine gewisse Aversion dagegen, etwas „verkauft" zu bekommen. Warum? Schon das Wort „verkaufen" enthält Nebenbedeutungen in der Art wie „jemanden zu etwas überreden", „jemandem etwas weismachen, das vielleicht nicht stimmt", „jemandem etwas andrehen, das er gar nicht haben will", „jemanden über den Tisch ziehen". Wer möchte da schon gerne etwas verkauft bekommen?

Ganz anders beim „Kaufen". Kaufen tut jeder gern. Es vergrößert den Besitz, es gibt einem das Gefühl der Macht, den Fluss des Geldes zu kontrollieren, sehr schön. Shopping. Jeder kauft gerne ein, aber niemand möchte gerne „etwas verkauft bekommen".

6. Die Zielperson wird nach dem Prinzip der „Arbeitsvermeidung" handeln.

Das Prinzip der Arbeitsvermeidung ist eine geistige Nachahmung der Massenträgheit im physikalischen Universum, welches besonders bei Behörden und Großkonzernen Schule gemacht hat. Doch wir wollen diesen Institutionen nicht die Schuld für alles in die Schuhe schieben. Es ist eine sehr menschliche Eigenschaft, angesichts einer neuen, zusätzlichen oder unerwarteten Aufgabenstellung zunächst das zu tun, was die wenigste geistige Veränderung erfordert – nämlich nichts.

In der Praxis bedeutet das, dass die einfachste Methode, einen Vorgang zu bearbeiten, der zum ersten Mal hereinflattert, die ist, erst einmal *nichts* zu unternehmen. Etwas kommt zum ersten Mal auf den Tisch – der Adressat unternimmt nichts. Das verändert sich aber bald, wenn die selbe Sache ein zweites oder gar drittes Mal zur Diskussion gestellt wird. Werden wir jetzt sauer – wegen der ständigen Belästigung, oder befassen wir uns schließlich doch damit? In der Regel passiert beides. Erst werden wir sauer, und dann befassen wir uns doch damit. Und sei es nur, damit endlich Ruhe ist.

Das funktioniert auch im Marketing. Stellen Sie sich vor, hundert Meter von Ihrer Wohnung entfernt eröffnet ein neues chinesisches Restaurant. Mit Lampions, einem Schild „Neueröffnung" und der für die Asiaten üblichen 35-seitigen Speisekarte. Sie registrieren das, gehen aber ohne nachzudenken weiterhin zu Ihrem Stamm-Italiener. Der ist zwar ein bisschen weiter weg, aber dafür kennen Sie den schon, er kennt Sie und macht Ihnen immer Ihren Spezialsalat. In der nächsten Woche finden Sie einen Handzettel in Ihrem Briefkasten, mit dem der Chinese auf seinen Heimlieferservice hinweist. Sie denken „soso ..." und werfen den Zettel weg. In der folgenden Woche ist wieder so ein Handzettel in der Post. Diesmal mit dem Tagesmenü, damit Sie vielleicht zum Mittag rüberkommen ... Jetzt haben Sie das erste Mal die Gelegenheit, sich aufzuregen – über das viele Papier, das nur Ihren Briefkasten verstopft, und die Regenwälder, die dafür abgeholzt werden müssen und so weiter. Unterdessen haben bald alle Ihre Freunde und Kollegen den Chinesen schon einmal von innen gesehen, nur Sie noch nicht. Und wieder liegt das Acht-Schätze-Menü zu 8,20 Euro auf Ihrem Tisch. Sie denken „na gut, was soll's ...", gehen rüber und werden Kunde. Dann stellen Sie fest, es ist doch recht nett da. Man ist dort sehr bemüht (ist schließlich eine Neueröffnung) – es gibt einen extra Drink, und Sie denken sich: „ein bisschen Abwechslung kann ja nicht schaden und – es ist ja auch näher ...".

Auf diese Weise hat das Prinzip der geistigen Arbeitsvermeidung Sie dazu gebracht, dass Sie jetzt nicht immer, aber immer öfter zum Chinesen gehen. Und somit ist auch der Punkt 7 bei Ihnen eingetreten:

7. **Die Zielperson gewinnt mit etwas mehr Zeit und einigen Wiederholungen Vertrauen auch zu den Dingen, die ihr erst noch neu und ungewohnt waren.**

Diese sieben Aussagen mögen reichlich banal erscheinen, und man könnte meinen, dass man mit diesen Informationen über den Gesichtspunkt der Zielperson nicht viel anfangen kann. Auf jeden Fall aber haben wir bisher keine speziellen Annahmen gemacht, mit denen wir uns hinsichtlich des wahren Gesichtspunkts der Zielperson aufs Glatteis begeben. Die obigen Punkte sind dermaßen allgemein und enthalten einfach menschliche Charakterzüge, dass wir wohl kaum jemanden finden, auf den sie nicht zutreffen. Sie sind hauptsächlich eine Folge der allgegenwärtigen Werbeüberflutung.

Und doch werden Sie gleich sehen, dass die meisten Werbestrategien nicht einmal diese grundlegenden Dinge berücksichtigen.

Das ist jedoch genau, was ich jetzt tun werde: Ich werde nun jeden einzelnen dieser Punkte *be-rück-sich-ti-gen*. So entstehen – analog zu den sieben Aussagen über die Zielperson – die sieben Eckpfeiler der gewinnenden Strategie.

Die sieben Eckpfeiler der gewinnenden Strategie

Beginnen wir mit Aussage 1:

Die Zielperson leidet unter Kommunikationsüberflutung. Durch die teils widersprüchliche Vielfalt des Angebots ist sie desorientiert und nicht selten verwirrt.

Um diese Kommunikationsüberflutung etwas genauer zu analysieren, stellen Sie sich das bitte einmal bildlich vor. Ihre Zielperson sitzt am Schreibtisch. Sie ist für den Einkauf der Dinge verantwortlich, die Sie vorhaben, ihr anzubieten. Da sitzt sie nun, und hat alle möglichen Prospekte irgendwo gestapelt. Diese Prospekte enthalten, wie wir oben schon erwähnten, nichts Besonders über deren Absender. Hauptsächlich geht es da um die Produkte oder Dienstleistungen, die hier zum Kauf angeboten werden (Produkte, dieses Wort werde ich im Folgenden als Überbegriff für sowohl Waren als auch Dienstleistungen verwenden).

Da liegen sie also, die Produkte, schön bunt aufgemacht in den Prospekten. Natürlich liest die Zielperson auch Fachzeitschriften, in denen Testberichte veröffentlicht werden. Und wiederum geht es hier hauptsächlich um Produkte. Der Kopf ist voll und sie versucht sich zu konzentrieren, da klingelt das Telefon. Ein Dienstleister möchte einen Termin, um seine Produkte vorzustellen.

Nun, das wollten gestern auch schon drei. Aber der Tag ist jung, und so schlecht ist die Laune nicht, also schön, „fahr' er auf, was er zu bieten hat". Termin vereinbart, für die Produktpräsentation. Am späteren Vormittag kommt der andere Dienstleister, der letzte Woche schon um einen Termin nachgesucht hat, um seine Produkte zu präsentieren. Er zeigt seinen Verkaufsfolder, bunte Bildchen, Produkte natürlich, mit dem Produktnutzen 1, dem Produktnutzen 2, dem Kundennutzen 1 und 2, dem Sommerangebot, dem Sonderangebot und zur Abrundung dieser Produktpräsentation gibt es noch ein kleines Produkt als Werbegeschenk.

So weit, so gut. Unsere Zielperson vertieft sich in ihre Arbeit. Die muss fertig werden, denn heute Nachmittag ist die Product-Conference, bei der es um die EDV geht. Hier werden wieder Produkte vorgestellt. Zum Beispiel Softwareprodukte (die sind zwar weicher, aber dafür umso teurer). Dann, der Feierabend ist in Sicht, ruft natürlich noch der unvermeidliche Finanzdienstleister des Tages an – „möchten Sie Steuern sparen? Äh – nun, wir haben da gerade ein ganz hervorragendes Geldanlageprodukt ...".

Die Zielperson geht nach Hause. Dabei kommt sie natürlich auch an den bunten Plakaten vorbei. Schöne Produkte werden gezeigt (zum Beispiel die Autos von Herrn Milberg). Sie geht in den Supermarkt. Dort herrscht ein wahrer Überfluss an Produkten! Überall in den Regalen, von der Decke hängend und aus den Wänden hervorspringend präsentieren sich die Produkte. Um das Schlaraffenlanderlebnis abzurunden, gibt es dann noch den Ladenfunk: „Beachten Sie besonders die *Le-ber-wurst* in unserer Lebensmittelabteilung – hundert Gramm *nur ein-Euro-neun-und-vier-zig* ...". Die Zielperson für Ihre Werbebotschaft schleppt sich mühsam mit zwei Tüten voller Produkte nach Hause, die sie tatsächlich gekauft hat – nur einen winzigen Bruchteil der insgesamt im Laden vorhandenen Produkte natürlich.

Zu Hause angekommen, findet sie das gewohnte Bild: die Kids vor dem Fernseher. Und im Fernseher – da tanzen die Joghurtbecher! Sehr originell, diese Produktpräsentation. Seine Frau nimmt ihm die Produkte in den Einkaufstüten ab und zeigt ihm den Prospekt mit dem neuen DVD-Recorder, dessen Kauf man schon eine Weile erwägt. Jetzt ist er noch billiger und noch besser – mit eingebautem Oktophonie-Adapter, Infrarotkanone und einem Bass-Booster-Seitenaufprallschutz! Und erst das Sonderangebot vom Möbeldiscounter mit dem aufblasbaren Regalsystem und dem umweltfreundlichen Massivholztoaster!

Nun ist Ihre Zielperson aber kein Schwächling und hält wacker durch bis zum Wochenende. Dann, am Freitagabend in der Kneipe, wo man die produktüberflutete Woche in Ruhe ausklingen lassen will – kommt der Mann mit den Rosen. Doch wieder Produkte. Nach zehn Minuten kommt der nächste ...

Was können wir nun über die Kommunikationsüberflutung sagen? Die meisten Botschaften, die diese Überflutung ausmachen, sind Kommunikationen über Produkte. Produkte, Produkte, Produkte. Den ganzen Tag. Immer nur Produkte. Die Zielperson wird geradezu mit Produkten beballert! Und daraus folgt meine erste Empfehlung für die gewinnende Strategie:

1. Personen-Marketing statt Produkt-Präsentation

Personen-Marketing – was ist das nun? Haben Sie schon einmal versucht, sich als *Person* zu verkleiden?

Ist Ihnen aufgefallen, dass jedes Mal, wenn Sie jemandem etwas angeboten haben oder Ihnen jemand anderes etwas verkaufen wollte, sich dieser jemand (bzw. Sie) für die Präsentation *als Produkt oder als Firma* verkleidet hat? Es gilt für fast alle Werbemittel.

Mit „Personen-Marketing statt Produktpräsentation" meine ich: Sie hören auf, sich als Produkt oder als Firma zu verkleiden. Sie präsentieren sich als Person. Ihr Produkt ziehen Sie an einer fünfzehn Meter langen Leine hinter sich her – das bedeutet, Sie halten es hübsch im Hintergrund. Das betrifft *alle* Werbemittel, nicht etwa nur persönliche Besuche. Briefe, Handzettel, Telefonanrufe, Anzeigen, Hörfunk- und TV-Spots, auch redaktionelle PR – *jedes*

Werbemedium ist für Personen-Marketing geeignet. Für den Zweck dieser Darstellung beziehe ich mich zunächst auf meine Empfehlung, den Brief als Medium zu verwenden.

Sie präsentieren sich also als Person. Und was passiert dann? Die Zielperson, eingeschläfert von den vielen Hypnosevorführungen über Produkte, wacht auf. *Eine Person?* Na sowas – eine richtige Person, sozusagen ein echter Mensch – gibt's das heutzutage überhaupt noch? Das ist ja eigenartig. Ja, äh – nun, also ... können Sie mir etwas mehr darüber erzählen?

Erinnern Sie sich an das Kapitel, in dem ich über die Bedeutung zahlenmäßiger Überlegenheit gesprochen habe? Der Personen-Markt ist so gut wie leer. Alle verkleiden sich als Produkt oder als Firma. Wenn Sie es nicht glauben, sehen Sie sich die Werbebriefe an, die Sie selbst bekommen. Firma, Produkt, Produktnutzen, Ihr Vorteil, wir würden uns freuen, mit freundlichen Grüßen, i. A. (= Abkürzung für „ich bin nicht dA"). Nur ganz, ganz selten – tatsächlich fast nie – präsentiert sich jemand wirklich und ehrlich als Person. Wohlan, dann sind Sie eben der Einzige und somit zahlenmäßig überlegen!

Wenn Sie das konsequent machen – nur das: Sie stellen Ihre Person in den Vordergrund und Ihr Produkt in den Hintergrund, dann haben Sie mit diesem einen Schritt allein ungefähr 95 Prozent aller Neu-Bewerber, die Ihre Zielperson ebenfalls noch nicht kennt, ausgeschaltet.

Das klingt zunächst ziemlich abgedreht. Gestandene Unternehmer haben sich tatsächlich vor meinen Augen körperlich gewunden, als ich sie aufforderte, in ihrer Neukundenwerbung als Person in Erscheinung zu treten. Haben wir denn nicht im schlauen Marketinglehrbuch gelesen, dass ein Unternehmen *eine Marke* sein soll, die einen eigenen, wiedererkennbaren Charakter haben und deshalb bewusst von einer identifizierbaren Person losgelöst aufgebaut werden sollte? Natürlich ist es der Firma Suchard gelungen, die Bevölkerung schließlich davon zu überzeugen, dass diese lila Kuh wirklich existiert (man kann das mit einer Befragung im

Kindergarten nachprüfen, welche Farbe Kühe haben). Doch wie hoch ist der Jahresetat von Suchard? Wie viele Jahre wird diese lila Kuh schon ins Rennen geschickt? Haben Sie Werbegelder in vergleichbarer Größenordnung bereitgelegt?

Weil die Großkonzerne sich eine ganze Menge Werbung für ihre künstliche Identität, ein Pseudonym – quasi als Künstlername für die Geschäftsleitung – leisten können, haben viele Mittelständler und selbständige Geschäftsleute das eilfertig nachgemacht. Sie sind auf den „IBM-Trip" gegangen. In dem Glauben, dass ein solches Drei-Buchstaben-Kürzel ihnen den würdevollen Anstrich eines einflussreichen Unternehmens verleiht, haben sie die beste Marke, die sie besaßen, über Bord geworfen, nämlich ihren eigenen Namen. Das Ergebnis kann man auf dem Initialien-Friedhof betrauern, der sich in jedem Branchenbuch befindet.

Zur Demonstration ein Blick in die Münchener „Gelben Seiten", Rubrik Werbeagenturen (Stand 1998). Allein unter dem Buchstaben A (46 Einträge) befanden sich 16 solcher Inkognito-Kandidaten: A3, ABC, ABW, ACM, AFF, AFP, AGEVA, AGW, AKOM, AMA, AMS, APS, ASM, AVR, AWG und AWK.

Weitere künstliche Identitäten in Form von Fantasienamen wie ACREA, AD FOCUS, AD VENTURE, AD WERBEAGENTUR, ADAMAS, ADPOOL, AGENTUR CREATIV, ALEA, ALL ABOUT ADVERTISING, ALPHA MEDIA, AR MEDIA, ARTPROJEKT, ARTWORK TEAM, und AVANTI machten noch einmal 14 Einträge aus.

Der Rest stellte eine Minderheit von 16 Firmen, nicht mehr als ein Drittel, die unter dem Namen tatsächlich existierender Personen aufgeführt waren.

Ich werde Ihnen im Folgenden zeigen, welche Drainagewirkung diese falsch verstandene „Markenphilosophie" auf Ihre Werbegelder hat. Wenn Sie sich an den Anfang dieses Buches erinnern, da haben Sie etwas über mich erfahren, den Autor. Ich heiße Stephan Gebhardt-Seele, und es gab ein paar Informationen über mich.

Nachdem sie das gelesen hatten: haben Sie daran gezweifelt, *dass ich existiere*? Ich glaube kaum. Warum auch? Wenn Sie Ernst Eisenberger heißen und jemandem sagen oder schreiben: „Ich bin Ernst Eisenberger“ – haben Sie schon einmal erlebt, dass der Andere dann sagt: „Das glaube ich nicht!“ oder gar: „Können Sie das beweisen?“ (Dies tut nur die Polizei, aber sie ist wahrscheinlich nicht Ihre Zielgruppe).

Es gibt in dieser Gesellschaft eine interessante Übereinstimmung: *Personen existieren.* Sie existieren einfach. Man braucht keinen Beweis. Jemand sagt: „Ich bin Ernst Eisenberger“, und wir sagen: „Ja, gut. In Ordnung. Nett, Sie kennen zu lernen.“ Warum sollte man auch daran zweifeln?

Bei Produkten oder Firmen sieht das ganz anders aus. Dass ein Produkt existiert, ist keineswegs gesichert. „Das Produkt ist noch nicht lieferbar“ oder „nicht mehr lieferbar“ oder „nicht in Ihrer Größe lieferbar“ oder „nicht so lieferbar, wie es angekündigt worden war“ sind einige gängige Varianten von nicht existenten Produkten. Doch darüber hinaus halten viele Produkte oder Dienstleistungen nicht, was ihre Werbung verspricht. Da werden den Produkten nämlich häufig Eigenschaften zugeordnet, die die Produkte selbst von vorneherein niemals haben können. Autos werden grundsätzlich auf freien Straßen gezeigt, alkoholische Getränke grundsätzlich gemeinsam mit guten Freunden oder schönen Mädchen getrunken, fetttriefende Schokoladenriegel oder billige Fertigpampen freudestrahlend von superschlanken Models verspeist. Reine Suggestion, soviel hat der erfahrene Werbekonsument inzwischen verstanden. Und im Business-to-Business, bei Beratungen, Dienstleistungen, oder erklärungsbedürftigen Produkten lässt sich die Zielgruppe eben schon lange nicht mehr durch ein paar bunte Bildchen wie Vieh vor die Flinte des Verkaufstrupps treiben.

Und die Firmen selbst? Gesetzt den Fall, Sie bekommen ein Angebot von einer gewissen OSÄ GmbH. Nun, wer ist das, OSÄ? (OSÄ steht für „Oder So Ähnlich“). Gibt es die überhaupt, oder existiert die nur zum Schein, zur Steuerabschreibung oder als Geldverschiebebahnhof irgendwelcher Holdings?

Natürlich gilt das nicht für alle Firmen oder Produkte. Ich spreche überhaupt nicht über die Firmen oder die Produkte selbst. Ich spreche über die Unsicherheit in den Köpfen der Leute, die wie der berühmte Londoner Nebel in die kleinen grauen Zellen kriecht, solange die Zielperson keine zusätzlichen Daten hat, denen sie auch wirklich Glauben schenkt.

Noch so eine Übereinstimmung: Unsere Gesellschaft findet überhaupt nichts dabei, wenn irgend so eine OSÄ GmbH pleite geht und verschwindet. Man kann sie sogar mit voller Absicht eliminieren. Es gibt keine Trauerfeier und auch kein Begräbnis. Ganz leise werden diese OSÄs dann zugemacht. Und nächste Woche eröffnet an derselben Stelle eine Weinhandlung.

Ganz anders bei Personen. Die Gesellschaft stimmt *keinesfalls* damit überein, dass Personen einfach so verschwinden oder ihre Identität ändern. Das geht nicht. Es ist gegen die Spielregeln. Sogar Personen, von denen es heißt, sie seien „untergetaucht“ oder „vermisst“, sind nicht wirklich verschwunden – wie uns schon die Wortwahl zeigt. Man kann sie derzeit nur nicht leicht finden. Aber die Übereinstimmung geht weiter, dass diese Person *immer noch vorhanden* ist. Wenn Sie wirklich total verschwinden wollen, dann brauchen Sie dazu einen amtlich beglaubigten Totenschein. Und der ist sicher nicht zu bekommen, solange Sie beabsichtigen, ihn sich selbst abzuholen.

Keine Frage also, eine Person existiert. Für ein Produkt oder eine Firma hingegen brauchen Sie *Beweise*. Firmenprofil, Modelle, Muster, Exposés, Demoversionen, bunte Bildchen. Verkaufsargumente und Kosten-Nutzen-Berechnungen. Handelsregisterauszüge, Kreditreformauskünfte, Genehmigungen, Lizenzen oder eine Zertifizierung nach ISO neunhunderttausendunddreizehn! Das sind Kosten, Kosten, Kosten (Unkosten, um genau zu sein).

Für eine Person brauchen Sie nichts dergleichen. Die bereits vorhandene Übereinstimmung in der Gesellschaft reicht vollkommen aus. Sie sagen, wer Sie sind, erzählen ein bisschen was über sich, und niemand zweifelt an der Existenz Ihrer Person.

Die Übereinstimmung über eine Person geht sogar noch einen Schritt weiter: Nachdem Sie meinen Namen und ein paar Informationen über mich gelesen hatten, da waren Sie nicht nur ziemlich sicher, dass ich existiere, sondern Sie haben auch bestimmt nicht angenommen, ich sei gestern erst geboren – oder wäre schon im Altersheim – richtig? Auch der Gedanke, dass ich in der Zwischenzeit wahrscheinlich von einer Dampfwalze überfahren worden bin, lag Ihnen vermutlich fern.

Sie haben mich höchstwahrscheinlich unbewusst so eingeschätzt: da ist jemand, der ist schon eine Weile da, der wird auch noch eine Weile da sein. Ein besseres Image könnte ein Unternehmen oder ein Produkt gar nicht haben! Nur leider ist es ziemlich teuer und zeitaufwendig, eine solche Übereinstimmung über eine Firma oder ein Produkt bei den Zielpersonen herzustellen.

Sehen Sie, wie viel Werbegeld sie einsparen können, wenn Sie Ihre Werbemaßnahmen auf Personen-Marketing umstellen? Sie arbeiten mit gesellschaftlichen Übereinstimmungen, die schon vorher tief im Kopf einer jeden Zielperson verwurzelt sind. Personen existieren. Wenn sie in irgendeiner Form im Berufsleben stehen, gibt es sie schon eine Weile und es wird sie auch noch eine ganze Weile geben.

Wenden wir uns nun wieder Ihrer Zielperson zu. Sie präsentieren sich als Person und ab da gibt es keinen Zweifel mehr für die Zielperson, dass Sie tatsächlich existieren. Doch was bedeutet das genau?

In unserer Zeit der Kommunikationsüberflutung gibt es gleichzeitig einen immer größer werdenden Mangel an „echter“ Kommunikation – die Leute reden nicht mehr miteinander, wie früher. Was nützt uns die beste Informationstechnik, wenn die Menschen sich nichts zu sagen haben?

Und Ihre Zielperson? Sie weiß doch genau, dass jeder beliebige Mensch ein Freund sein wird, wenn sie etwas von ihm kauft. Doch hilft ihr das weiter? Nein. Der Mann ist einsam! Mutterseelenallein sitzt er in seiner Produkte-Kommunikationsflut und niemand spricht wirklich mit ihm. Und dann kommen Sie und sind eine richtige, echte Person – ein Mensch!

Echte Kommunikation zeichnet sich als erstes dadurch aus, dass sich ein tatsächlich existierendes lebendes Wesen als Absender zu erkennen gibt. Jemand, der da ist, der meint, was er sagt. Davon herrscht in unserer Gesellschaft ein beängstigender Mangel.

Gleichzeitig gibt es den überwältigenden Überfluss von Produkten. Um in einer solchen Situation überhaupt einen Weg zu einer Entscheidung zu finden, bedienen sich die meisten Leute der einfachen Formel:

Ein Produkt, das man nicht kennt, kauft man zur Sicherheit von einer Person, die man kennt.

Was folgt daraus? Damit jemand ein Produkt, das er auch von allen möglichen anderen Lieferanten (oder an der Tankstelle oder online) kaufen kann, von *Ihnen* kauft, muss er *Sie* – ja Sie! Sie persönlich – *kennen lernen*. Und damit er Sie kennen lernen kann, müssen Sie ihm etwas über sich erzählen. Etwas Nettes, etwas Interessantes, damit er sich nicht zu sehr langweilt. Somit erhalten wir den nächsten Eckpfeiler der gewinnenden Strategie. Die Aussage über die Zielperson hierzu war:

Die Zielperson weiß nichts oder fast nichts über den Absender. Sie glaubt nicht, dass sie durch Werbung etwas Wahres über den Absender erfährt.

Sehen Sie, wie fatal sich das auswirkt, wenn die Zielperson sich nichts unter dem Absender einer Kommunikation vorstellen kann? Sie weiß nichts oder fast nichts über Sie, den Absender. Wenn Sie ihr nicht etwas über sich erzählen, dann kann sie sich nichts unter Ihnen vorstellen und hat entsprechende Schwierigkeiten, sich zu einer Kontaktaufnahme zu entschließen. Die Abhilfe hierfür ist Eckpfeiler Nummer 2:

2. Interessante Information statt originelle Infiltration

Die meisten Werbeaktionen versuchen es mit dem Letzeren: originelle Infiltration. Es gibt da die Idee, dass es sich bei den Zielpersonen um eine Art Versuchstiere handelt, die man zu den erwünschten Reaktionen bringen kann, wenn man nur das richtige Lockmittel an der richtigen Stelle auslegt. Das ist ein Gesichtspunkt, der die Intelligenz eines jeden vernünftigen Menschen beleidigt. Oder lassen Sie sich vielleicht gerne „infiltrieren", weil die Infiltration originell gemacht ist?

Darüber hinaus ist in schlauen Lehrbüchern zu lesen, dass Werbung *aufmerksamkeitsstark* sein soll. Das mag stimmen, doch ich möchte Ihnen anhand von zwei Beispielen zeigen, dass dieser Aufmerksamkeitsstärke in der Werbung eine viel zu große Wichtigkeit beigemessen wird.

Eines Tages erhielt ich einen Brief von einem renommierten Geldinstitut. Darin befand sich ein Heft im Lang-DIN-Format, welches beim Öffnen einen kleinen, zusammengefalteten Pappgegenstand offerierte. Ich zog den Gegenstand heraus und – *„Schnapp!"* ein richtiger Würfel lag in meiner Hand. Ein gelungener Überraschungseffekt. Ich zumindest – als spielerisch veranlagter Mensch – fand das sehr originell. Die eingehende Untersuchung des Würfels zeigte, dass die Pappkonstruktion einen kleinen Gummiring enthielt, der dafür sorgte, dass das flachgedrückte Modell beim Herausziehen aus der Lasche mit einem vernehmlichen „Klack" zum dreidimensionalen Objekt aufsprang. Vor lauter Freude über diese Entdeckung vergaß ich, das beiliegende (und wahrscheinlich viel langweiligere) Heft zu lesen.

Ein weiteres Beispiel: An einem regnerischen Vormittag (die Post war schon da gewesen) klingelte ein privater Zustelldienst an meiner Tür und überbrachte mir einen großformatigen Umschlag. Da ich nichts bestellt hatte und auch keinen Kurier erwartete, war ich etwas verblüfft. Ich nahm den Umschlag in Empfang und öffnete ihn. Er enthielt einen sehr teuer aufgemachten Prospekt eines Interieurdesigners. Dieser hatte wahrscheinlich aus einer meiner

Aussendungen erfahren, dass ich Seminare abhalte und schickte mir nun seinerseits eine 20-seitige Vierfarbbroschüre, in der er seine Seminarraumgestaltung und -ausstattung präsentierte. Wow! Was für einen Aufwand der Mann getrieben hatte, nur um für einen Augenblick meine Aufmerksamkeit zu erhalten: Ein privater Zustelldienst! Die Überlegung dabei war wohl gewesen, dass ihm meine Aufmerksamkeit schon einmal durch diese außerplanmäßige Darbietung sicher sein sollte. Überformatige Vierfarbbroschüre – Aufwand, Aufwand und nochmals Aufwand. Meine Aufmerksamkeit hatte er, das stand fest. Doch wer war ich? Ich hielt meine Seminare immer in gemieteten Hotelräumen ab und hatte für die Angebote von Interieurdesignern zur Ausstattung eines Seminarraums nicht den geringsten Bedarf. Nun, das kann passieren – aber: Um das nun *nicht* herausgefunden zu haben (denn ich habe ja nicht auf die Zusendung reagiert, noch nicht einmal mit einer Absage) hatte dieses Unternehmen gut und gern 15 Euro investiert.

Sie können sich eine ganze Menge Werbegelder sparen, wenn Sie statt den Empfehlungen der werbepsychologischen Lehrbücher folgenden Merksatz beherzigen:

Aufmerksamkeitsstarke Werbung mit unverständlichem oder keinem Inhalt erhält Aufmerksamkeit, aber keine Reaktion.

Verlassen Sie sich lieber auf die viel preisgünstiger zu erzielende, aber dafür umso durchschlagendere Wirkung von *interessanter Information*. Erzählen Sie der Zielperson einfach irgendetwas Interessantes über sich (es muss natürlich nicht nur für Sie, sondern tatsächlich auch für die Zielperson interessant sein). Sie weiß dann genug über Sie, um zu sehen, dass da tatsächlich jemand mit ihr spricht. Möglicherweise findet sie diesen Jemand schon deshalb sympathisch, weil er überhaupt etwas über sich preisgibt. Wenn Sie das tun, dann haben Sie schon etwa 98 Prozent aller Neubewerber ausgeschaltet. Und dann – ja, jetzt will die Zielperson natürlich auch wissen, was der Andere eigentlich will.

Die Zielperson will wissen, was der Absender will. Sie will es aber nicht erraten, sondern erfahren.

Endlich! An dieser Stelle macht der mit allen Tricks der Verkaufspsychologie vertraute Direktmarketingspezialist innerlich einen Satz nach vorne, tritt aus seiner Verkaufs-Überrumpelkammer, denkt „jetzt hab' ich ihn!" und legt los:

„Wir – Firma ... Kompetenz/Marktposition ... Kundenorientiertheit, Produktnutzen 1, Produktnutzen 2, Kundennutzen 1 und 2 ... Sonderangebot, Sommerangebot, Ihr Vorteil: ... Wir würden uns freuen, ... mit freundlichen Grüßen, i. A. (Unterschrift) P.S.: Ein Werbegeschenk, wenn Sie sich innerhalb von 14 Tagen entscheiden!"

Angesichts dieser überwältigenden Informationsfülle geht der Interessent, der ja nur mal zaghaft anfragen wollte, um was es denn gegangen sein könnte, erschrocken hinter seinem Papierkorb in Deckung. Die eigentliche Frage blieb – zumindest in der subjektiven Wahrnehmung der Zielperson – unbeantwortet.

Die meisten Werbemittel wurden von Leuten erstellt oder genehmigt, die sich darauf verlassen, dass die Schönheit oder auch die Lautstärke des Balzgesangs die Braut ins Nest lockt. Dabei wurde die Tatsache völlig ignoriert, dass andere Bewerber ebenfalls ihre Lockrufe verbreiten und die Zielperson sich vor dem allgemeinen Lärm innerlich längst in ihrer eigenen Festung verbarrikadiert und Ohropax eingesetzt hat. Universales Schutzschild für weitere Liebesbrief-Attacken ist natürlich der Papierkorb.

Schlimmer noch als die richtige „Rundablage" ist aber der Papierkorb im Hirn! Die geistige Wegwerfbewegung wird zum wirksamen Allwetter-Abfangjäger für die zahl- und zahnlosen Frohbotschaften, die jeden Tag von neuem hereingeflattert kommen und wie ein Wiener Oberkellner mit trinkgeldberechnender Beflissenheit um den potenziellen Kunden herumschwänzeln. Übersehen wurde außerdem, dass jeglicher Balzgesang irgendwann einmal eine Pause machen muss, um eine Zustimmungsäußerung des Umworbenen überhaupt möglich zu machen.

Viel praktischer, wirksamer und vor allem Kosten schonender ist da schon die altbewährte „Heiratsantrags-Taktik". Wenn Sie Erfahrung mit Heiratsanträgen haben, nun, dann wissen Sie auch, wie das funktioniert. Sie können zwar Geschenke machen, Blumen bringen, Einladungen aussprechen, gemeinsam ausgehen, wieder ausgehen (Eventmarketing heißt das dann). Aber irgendwann – muss *es* raus! Das, was Sie wollen! Das, wozu die Umworbene *„Ja“* sagen soll, nun, das müssen Sie sie irgendwann mal laut und deutlich fragen!

Und wenn er dann herauskommt, Ihr Heiratsantrag, dann sollte er natürlich nicht so klingen, wie bei Loriot (in der Spaghetti-Szene) – auf werbedeutsch etwa: *„... würden wir gerne möglicherweise vielleicht gegebenenfalls – würden wir uns freuen, wenn – sollte unser Angebot Ihre Zustimmung finden – eventuell einem Dialog näher treten könnten, wollten, dürften, gerne auch kostenlos und unverbindlich ...“.*

Die Spezialisten im Korbeinsammeln, die keiner Zielperson je zu nahe treten würden, denken sich da immer neue Wattepuffer aus.

3. Heiratsantrags-Taktik statt „Balzgesang“

Die einzige Möglichkeit, ein klares „JA“ zu erhalten, ist, seine Absichten offen zu legen, seine Vorzüge zu demonstrieren und dann die Frage in aller Deutlichkeit zu stellen.

„Mit diesem Brief“ heißt es zum Beispiel mit kristallklarer Absicht, „möchte ich Sie als Kunden gewinnen. Ich möchte mich um einen *Auftrag bewerben*“.

Zack. Rien ne va plus. Die Zielperson schluckt, schaut noch mal hin, ob es tatsächlich immer noch dasteht und meint dann mit zitternder Stimme: „Nun, ahem – lassen Sie mich bitte mal nachsehen, ob wir da einen haben ...“

Nicht jeder hat gleich einen Auftrag. Aber eine Zielperson, die das liest, weiß woran sie ist. Sie haben ihr ganz genau gesagt, was Sie wollen. Jetzt weiß sie, worauf sie sich einlässt, wenn sie weiterliest. Natürlich wird sie weiterlesen. Jemand, der sagt, was er wirklich will, das allein ist schon ziemlich außergewöhnlich.

Es gibt das Gerücht, dass in Deutschland der Beruf des Verkäufers unbeliebt ist. Das ist nicht wahr. Es gibt allerdings eine Menge Verkäufer, die glauben, dass sie ihre wahren Verkaufsabsichten *verbergen* müssen, um zu einem Abschluss zu kommen. Und das ist das Unbeliebte – das Hinter-dem-Berg-Halten, das Um-den-heißen-Brei-Herumreden. Kommen Sie zur Sache!

Also schön. Jetzt ist er heraus, Ihr Heiratsantrag, jetzt gibt es kein Zurück mehr. Wenn Sie tatsächlich mit Ihrem Werbebrief an diesem Punkt angelangt sind, dann haben Sie praktisch hundert Prozent der Neukundengewinnungs-Bewerber-Konkurrenz ausgeschaltet. Bis hierhin kommt kaum jemand. Jetzt gibt es im Kopf der Zielperson nur noch Sie und – den Hoflieferanten.

Der ist allerdings ein härterer Brocken. Die Zielperson überlegt sich nun, dass sie das, was Sie ihr anbieten, doch schon seit über zehn Jahren für 2,80 Euro das Kilo vom „Hansi" kauft. Nun ist aber Ihr Angebot auch da. Und Sie scheinen es ernst zu meinen. Da muss man aufpassen. Denn da gibt es vielleicht einen Haken.

Die Zielperson versucht, „den Haken" zu finden. Bei Mitteilungen, die der Zielperson nicht real oder nicht genehm sind, wird sie Gründe suchen, warum es sich dabei um eine Übertreibung, eine Lüge oder um dummes Geschwätz handelt.

Eins steht fest: Sie haben keine Möglichkeit, die Zielperson daran zu hindern, den Haken zu suchen. Nun, soll sie ruhig suchen. Wir haben nämlich (wie könnte es anders sein) die ultimative Hakensucher-Abwehrkanone, den vierten Eckpfeiler der gewinnenden Strategie, unsere Glaubwürdigkeit.

4. Glaubwürdigkeit statt Angabe oder Understatement

Im vorliegenden Fall, nachdem wir mit Personen-Marketing, interessanter Information und der Heiratsantrags-Taktik bis weit hinter die Verteidigungslinien der Zielperson vorgeprescht sind, ist die Herstellung von Glaubwürdigkeit denkbar einfach: Sagen Sie jetzt einfach nichts, was Ihre bereits bestehende, *maximale* Glaubwürdigkeit wieder kaputtmachen könnte.

Warum sind Sie jetzt maximal glaubwürdig? Sie haben der Zielperson gesagt, wer Sie sind. Eine Person. Eine ganz bestimmte Person. Ernst Eisenberger. Kann die Zielperson daran etwas auszusetzen haben? Nein. Dann haben Sie ihr einiges Interessantes und Nettes über sich erzählt. Aus Ihrem Beruf, Ihrem Leben. Etwas, das man sich vorstellen kann. Es ist Ihr Leben, wer sollte widersprechen? Und dann, sozusagen als Blattschuss, haben Sie gesagt, Sie möchten sich um einen Auftrag bewerben. Soll die Zielperson vielleicht dazu sagen: „Glaub' ich nicht!"?

Vollkommen undenkbar. Mit den ersten drei Punkten, *Personen-Marketing*, *interessante Information*, und *Heiratsantrags-Taktik*, sind Sie maximal glaubwürdig. Es gibt keine Steigerung. Es gibt jetzt nur noch Möglichkeiten, diese Glaubwürdigkeit wieder zu zerstreuen. Die gefährlichste davon ist: zu behaupten, dass Sie etwas sind, das Sie nicht wirklich sind. Sie sind vielleicht der Meinung, dass Sie das nie tun. Ich behaupte, was Ihre Werbebriefe angeht, tun Sie das andauernd. Alle tun das.

Es geht los mit dem Wort „wir". Sie kennen „uns" aus allen Werbebriefen, die Sie erhalten und wahrscheinlich allen, die Sie selbst geschrieben haben. Meine Frage hierzu an Sie: hat schon jemals jemand *im Chor* zu Ihnen gesprochen?

Der Chor, der das Wesentliche zusammenfasst, war ursprünglich eine Einrichtung des Theaters im antiken Griechenland. In der Unternehmenskommunikation besteht die feste Übereinstimmung, dass – ähnlich wie auf dem IBM-Trip – der tatsächliche, lebende Absender eines Briefes durch das hochtrabende, aber verwaschene „wir" zu ersetzen sei, so dass ein einzelner Absender nicht mehr auszumachen ist. Schließlich sind *wir* doch auch eine juristische Person, ein Unternehmen, ein *Haus*! Hm. Sind Sie ein Haus? Das erscheint seltsam. Ich dachte, Sie sind eine Person. Ein „Haus" zu sein, ist vor allem bei der Neukundengewinnung äußerst hinderlich. Warum?

Wir hatten im Teil 1 die Aufgabenstellung so vereinbart, dass neue potenzielle Kunden Sie anrufen und sich für das interessieren sollten, was Sie anbieten. Damit haben Sie aber ganz klar den ungeliebten Telefonmarketingjob des ersten „Kaltanrufs“ der Zielperson übergeben. Wenn Sie das selbst schon ausprobiert haben, dann können Sie sich vorstellen, dass es auch für den Anderen jetzt nicht leicht ist, eine unbekannte Person anzurufen. Aber es wird noch schwerer, wenn gar keine Person da ist, sondern ein *Haus*.

Sie meinen, Sie haben 50 Mitarbeiter und sind daher ein *Team*. Auch unter dem viel beschworenen Team kann sich leider niemand etwas Konkretes vorstellen. Es ist uneindeutig und so etwas ähnliches wie ein Chor. Es spricht absolut für Sie, wenn Sie viele Mitarbeiter *haben*, aber deswegen *sind* Sie selbst, wenn Sie sich in einem Brief an einen potenziellen Kunden wenden, als Person für die Person des Empfängers wesentlich realer als eine Gruppe, ein Team, eine Mannschaft, Belegschaft, Truppe, Abteilung, oder Ähnliches.

Und Ihr Geschäftspartner? Auch das spricht für Sie, wenn Sie Geschäftspartner haben, mit denen Sie sich gut verstehen. Dennoch sind Sie eine Person. Und das ist für die Zielperson noch am ehesten zu verstehen.

Sie *sind* also eine Person, möglicherweise *haben* Sie ein Haus, eine Firma, ein Team, 50 Mitarbeiter, einen Geschäftspartner – alles in Ordnung. Bleiben Sie trotzdem eine Person. Sonst verschwinden Sie vor dem subjektiven Auge der Zielperson. Dann kann er Sie nicht mehr finden und Sie deshalb auch nicht anrufen.

Jeder gute Verkäufer verkauft mit seiner Person. Warum sollte das für die Neukundengewinnung nicht ebenfalls gut sein? Wenn Sie Geschäftsführer eines größenmäßig noch überschaubaren Unternehmens sind oder als Verkäufer Kunden persönlich betreuen, können Sie anhand Ihrer eigenen Kunden überprüfen, dass ich die Wahrheit sage. Ihre besten Kunden kaufen selbstverständlich bei *Ihnen*. *Wegen* Ihnen. Sie, der Chef oder der Verkäufer, genießen persönliches Vertrauen. Die Kunden kaufen weder bei Ihrer OSÄ GmbH, noch ziehen Sie Ihr Produkt aus einem Automaten. Wenn

Sie sich das Vertrauen Ihrer Kunden erworben haben, dann kaufen diese ab da bei *Ihnen*. Weil sie Ihnen vertrauen.

Vermeiden Sie also in Ihrem Brief jede Wendung, die Ihre Person uneindeutig macht oder gar in einer Gruppe von anderen – ebenfalls uneindeutigen Leuten – zum Verschwinden bringen könnte. Bleiben Sie eine Person. Sie werden sehen, eine Person kann man kontaktieren.

Das gilt sogar, wenn Sie die Anrufe von Neukunden nicht selbst entgegennehmen wollen. Bevor jemand bei Ihnen anruft, muss er sich nämlich die Idee geben, dass er es auch schaffen wird, anzurufen. Und das ist viel leichter, wenn er schon etwas über die Person des Absenders weiß.

Weitere Möglichkeiten, Ihre maximale Glaubwürdigkeit im Kopf der Zielperson wieder zu zerstören, kann man in jedem typischen Werbetexterhandbuch nachlesen. Alles – ich wiederhole – *alles*, was so klingt, als wäre es Werbung – „Werbegesülze", ist reines Gift für Ihr Personen-Marketing. Wenn Sie sich nämlich so ausdrücken, als hätten Sie einen tollen Werbetexter engagiert, dann sind Sie ja schon wieder nicht mehr da. Der Werbetexter spricht nun an Ihrer Stelle, und ich frage Sie: Kaufen Leute von Werbetextern? Nein, sie kaufen vom Lieferanten. Wenn der glaubwürdig ist, dann ist seine Werbung schon so gut wie vergessen.

Werbung gibt es wie Sand am Meer. Das bedeutet nicht, dass Sie keinen Werbetexter engagieren dürfen. Aber wenn der Text „werbig" klingt, mit diesen typischen Wendungen und Phrasen, die Sie schon selbst nicht mehr hören können, dann ist Ihr Brief nicht von den vielen anderen zu unterscheiden, die die Zielperson jeden Tag bekommt. Jeder andere könnte das auch gesagt haben.

Sie brauchen keine Angst davor zu haben, dass Ihr Text möglicherweise nicht sofort einen Literatur-Preis gewinnt. Erinnern Sie sich, was ich im Teil 1 über Jurys gesagt habe. Seien Sie einmal so richtig Sie selbst. Der intra-cerebrale Internetanschluss mit Gedankenübertragungskanal für jedermann wird ohnehin noch eine

Weile auf sich warten lassen. Geben Sie sich „unplugged“[1]! Sie werden staunen, was Ihnen die Leute antworten.

Wenn Sie das Gefühl haben, Ihr Entwurf klingt wie eine typische, gut gelungene Werbung – werfen sie ihn sofort weg.

Jeder Werbetext ist letztlich nur ein Transportmittel für das, was Sie eigentlich sagen wollen. Nun, dann können Sie auch gleich sagen, was Sie sagen wollen. Sie sollten dabei weder denken, dass Sie sich in einer Art von „Beweisnot“ befinden, noch sollten Sie glauben, Sie müssten sich auf irgendeine Weise beim Empfänger einschmeicheln, indem Sie eine besonders geschäftlich, amtlich oder werbig klingende Sprache verwenden.

Der Anbieter einer wertvollen Ware gebärdet sich weder als Bittsteller, noch wie ein Missionar. Er versucht nicht zu überreden, noch zu überzeugen, sondern er präsentiert.

Nehmen wir also an, Sie haben es bis hierher geschafft. Das Hakensuchkommando der Zielperson hat keine nennenswerten Erkenntnisse zu Tage gefördert, die Zielperson hat Ihre Botschaft wahrgenommen. Allerdings benötigt der Empfänger das, was Sie anbieten, derzeit nicht oder nicht so dringend. Sie legt Ihren Brief irgendwo hin oder heftet ihn ab.

Keine zwei Wochen, nachdem dieser Brief abgesandt wurde, tritt unser verkaufspsychologisch supergeschulter Vertriebsspezialist wieder aus seiner Überrumpelkammer, krempelt die Ärmel auf und tut, was so viele in seiner Situation auch tun: *er telefoniert nach!*

---

[1] Unplugged: zu deutsch „mit herausgezogenem Stecker“. Der Begriff kennzeichnet ursprünglich eine wieder in Mode gekommene Art, Musik zu spielen und zu hören. Nachdem in den letzten dreißig Jahre so ziemlich alles ausprobiert worden ist, was die Technik mit den Schallwellen machen kann, nachdem sie den lebenden Musiker verlassen hatten, haben wir heute einen Stand der Technik, wo wir mehr „hörbar“ machen können als das menschliche Ohr hört – und dies um ein vielfaches lauter als der dranhängende Mensch ertragen kann. Die Gegenrichtung konnte nicht ausbleiben: Musiker fingen an, einfach so auf ihren Instrumenten zu spielen, mit keiner oder nur minimaler Verstärkung. Once again: Back to the roots!

Wenn Sie auch so ungern „nachtelefonieren“ wie ich, dann haben Sie das richtige Buch gekauft. Ich selbst habe früher natürlich immer meinen viel zu teuren Werbezusendungen nachtelefoniert und versucht, mit den zwei typischen Standardfragen „Haben Sie meine Zusendung erhalten?“ und „Haben Sie da Bedarf?“ irgendjemand aus der Reserve zu locken. Die Erfolgsaussichten für eine solche Aktion sind wenig motivierend. Selbst wenn in Ausnahmefällen tatsächlich ein halber Interessent herauskam, stand das Ergebnis in keiner Relation zum Aufwand an Zeit, Nerven und Telefongebühren.

Doch woran liegt das eigentlich? Es liegt in der Natur der Sache selbst. Unser Verkäufer ignoriert nämlich in sträflicher Weise den Marktforschungshinweis Nr. 5:

Die Zielperson will nichts verkauft bekommen, sie will kaufen!

Wenn Sie sich noch einmal an die Aufgabenstellung aus Teil 1 erinnern: die Zielperson soll freiwillig und *von sich aus* bei Ihnen anrufen, und sich für das interessieren, was Sie anbieten. Nun, wenn Sie ihr damit immer zuvorkommen, indem Sie nachtelefonieren, dann kann sie das doch gar nicht tun. Sie lassen sie ja nicht! Wie soll sie von sich aus bei Ihnen anrufen, wenn Sie ihr keine Gelegenheit dazu geben?

Bedenken Sie bitte: wir befinden uns noch gar nicht im Verkauf (mit einer einzelnen Zielperson), wir befinden uns noch im Stadium der Werbung an eine Zielpersonensorte. Mit einer Sorte von Personen können Sie kein Verkaufsgespräch führen. „Hard Selling“, wie es im Verkaufsjargon so schön heißt, ist in diesem Stadium vollkommen unangebracht. Das heben Sie sich lieber für später auf, wenn Sie die einzelne, individuelle Zielperson vor der Flinte haben.

Statt also drauflos zu ballern, sobald im Gebüsch nur ein Hamster raschelt, verwenden Sie für die augenblickliche Situation den wesentlich gnadenloseren Akt der leisen Sohle und damit den strategischen Eckpfeiler Nr. 5:

5. Sendepause statt „Hard Selling"

Sendepause im Marketing, was soll das schon wieder? Hier hilft uns eine Anleihe aus der Verkaufstechnik. Jeder wirklich gute Verkäufer sollte wissen, was eine Abschlussfrage ist. Eine Abschlussfrage ist *jede Frage, deren Beantwortung uns dem Abschluss näher bringt*.

Zum Beispiel fragt der Autoverkäufer den potenziellen Kunden: „Möchten Sie lieber eine Metallic-Lackierung oder lieber normale Lackierung?" Pause. In dem Augenblick, da der Kunde das beantwortet, hat er schon fast bestellt. Der Verkäufer stellt also solche Abschlussfragen. Und dann?

Dann hält er am besten ganz einfach seinen Mund! Er macht seine Futterluke ganz fest zu und hält solange dicht, bis der Kunde etwas gesagt hat. Denn er sollte wissen: *Es gibt keinen größeren Verkaufsdruck als das Vakuum.*

Sendepause. Das Vakuum im Verkauf funktioniert genau so wie das Vakuum im physischen Universum. Leute können es nur äußerst schwer ertragen. Es zerrt in furchtbarer Weise an den Nerven. Unerträgliche Stille. Niemand sagt etwas. Je länger es dauert, desto dringender fühlen Leute sich bemüßigt, in diese leer gelassene Stelle etwas hineinzutun. Und das müssen Sie, der Verkäufer, unbedingt dem Kunden überlassen.

Wenn Sie nämlich aus falsch verstandenem missionarischem Eifer immer wieder selbst dazu übergehen, das Vakuum zu füllen, nun, dann erhält der Kunde keine Chance, jemals zu kaufen. Er verlässt Ihren Laden, den Kopf voll mit Ihrem Verkaufsgequassel, um sich „das Ganze noch mal zu überlegen". Dasselbe gilt natürlich auch für Ihren Brief. Er kann nicht von sich aus darauf reagieren, wenn Sie ihn nicht lassen!

Können Sie sehen, was für fatale Folgen das unmittelbare Nachtelefonieren tatsächlich hat? Sie erreichen das Gegenteil von dem, was Sie wollten. Und doch gibt es alle möglichen Lehrbücher, die Ihnen diesen Nervenstress als eine absolut unerlässliche, akquisitionstaktisch hochgradig intelligente Aktion ans Herz legen. (Den tatsächlichen Zweck des Telefons zum Nachfassen, und wie man dieses Instrument als professionelle Vertriebsperson vernünftigerweise einsetzen sollte, werden wir später noch besprechen.)

Aber das unmittelbare, typische „Nachtelefonieren“ – etwa eine Woche, nachdem das Mailing beim Empfänger angekommen ist, das ist keine empfehlenswerte Aktion. Tatsächlich sagten in einer einschlägigen Umfrage eines Direktmarketing-Instituts die meisten Empfänger von Mailings, dass ein Nachfass-Telefonat nicht überzeugen konnte, wenn ein Mailing von vorneherein nicht so interessant war.

Aber auch hier haben wir wieder ein altes, absolut wirksames Hausmittel, um an unser Ziel zu gelangen. Wir haben die Reaktion unserer Zielperson vollkommen in der Hand, wenn wir uns an die Beobachtung Nummer 6 erinnern:

Die Zielperson wird nach dem Prinzip der „Arbeitsvermeidung“ handeln

Und in diesem Bewusstsein betätigen wir nun erbarmungslos den Abzug unseres Marketing-Repetiergewehrs, indem wir den 6. Eckpfeiler der gewinnenden Strategie zur Anwendung bringen:

6. Kontinuität statt Originalität

Das Prinzip der Arbeitsvermeidung besagt, dass die Zielperson Ihre erste Zuschrift leicht ignorieren kann. Ja, es ist ganz interessant, aber sie hat anderes zu tun, und das Tagesgeschäft hält sie in Atem. Nun gut, sechs oder acht Wochen später erhält sie einen weiteren Brief von Ihnen, schaut darauf und denkt: „Schon wieder der? Hm, naja, ist ja auch vielleicht ganz interessant, aber ...“ Auch dieser Brief wird irgendwo abgelegt. Nach sechs Wochen – dritte Zuschrift: „Schon wieder der?!? Also, das ist ja wohl schon ein bisschen penetrant ...“ Nach weiteren sechs Wochen, nur leicht abgewandelt (das Datum ist anders) ein weiterer Brief: „Also das ist doch ... Jetzt muss ich ihn doch mal anrufen und herausfinden, was da eigentlich dahintersteckt.“ Sie ruft sie an und sagt: „Ja, Herr Eisenberger, Sie haben uns ja da geschrieben – schon mehrmals übrigens – und – äh, nun, steter Tropfen höhlt den Stein heißt es ja – haha, und – tja, da bin ich nun!“

Ich würde das nicht geschrieben haben, hätte ich nicht selbst genau solche Anrufe erhalten. Das Prinzip der Arbeitsvermeidung hat eine wirklich verblüffende Wirkung. Die Zielperson bekommt mit der Zeit mit, dass jemand mit ihr kommunizieren will. Sie merkt, der meint es ernst. Da muss etwas dahinter stecken. Sie muss anrufen (und sei es, damit Sie aufhören, ihr Briefe zu schicken). Ich habe Absageschreiben von Zielpersonen anfangs immer aufgehoben und in einem Ordner gesammelt – einfach so, denn ich denke, es ist auf jeden Fall eine Antwort, eine Reaktion, die besser ist als keine Reaktion, und damit ist sie auch eine Kommunikation.

Sie meinen vielleicht, es ist etwas verkehrt, wenn Sie riskieren, jemandem durch wiederholte Zusendungen tatsächlich ordentlich auf den Wecker zu gehen. Nun, bedenken Sie bitte: tatsächlich ist das Schlimmste, was Ihnen passieren könnte, dass sich *niemand* über Ihre Briefe aufregt. Es bedeutet nämlich, dass die Briefe niemand bemerkt.

Nein, es ist nichts Schlimmes daran, wenn sich die eine oder andere individuelle Zielperson ereifert. Es ist eher ein gutes Zeichen. Außerdem halten sich die aktiven Beschwerdeführer erfahrungsgemäß in Grenzen. Ich habe für mein Seminar innerhalb eines halben Jahres 100.000 Briefe verschickt und nur etwa zehn, also ein Zehntel Promille boshafte oder unflätige Antworten erhalten (man wundert sich, dass die Leute sich überhaupt die Mühe machen). Im gleichen Zeitraum haben sich ungefähr 1.000 Leute für das Seminar angemeldet. Da nimmt man eine vernachlässigbare Anzahl von unliebsamen Reaktionen gern in Kauf.

Nicht die Abwechslung, sondern die Wiederholung der exakten Inhalte ist es, die die Zielperson schließlich zum Reagieren bringt. Verfallen Sie nicht der Versuchung, originell zu sein und jedes Mal mit einer neuen Zirkusnummer aufzutreten. Halten Sie sich an Kontinuität. Es ist billiger und bringt mehr.

Abwechslung ist unterhaltsam, Kontinuität ist wirksam. Es ist die einzige Methode, dem Kunden die Sicherheit zu geben, dass der Würstelstand noch da ist, wenn er kommt.

Es gibt hier nämlich eine weitere, sehr verbreitete Übereinstimmung in dieser Gesellschaft. Leute *lieben* Kontinuität. Und nichts verunsichert sie so sehr wie das Gegenteil – Diskontinuität. Erinnern Sie sich an Coca-Cola und die panische Reaktion des Konzerns auf die vermeintliche Bedrohung durch den Pepsi-Test. Die ehrwürdige Coca-Cola-Geschmacksformel wurde verändert, und danach, obwohl 200.000 Geschmackstests die bessere Qualität von New Coke bestätigten, sausten die Verkaufszahlen kamikazeartig in den Keller.

Machen Sie ein einfaches Gedankenexperiment mit sich selbst: Stellen Sie sich vor, Sie sitzen eines Morgens am Frühstückstisch und schlagen Ihr Frühstücksei auf. Zum Vorschein kommt nicht etwa der erwartete Dotter, sondern ein leckerer Hering (keine Kontinuität zu früheren Frühstückseiern). Ich glaube kaum, dass Sie jetzt kommentarlos dazu übergehen würden, den Hering zu prüfen, ob er frisch ist und gut schmeckt. Nein! Sie würden augenblicklich annehmen, dass mit diesem Ei etwas nicht in Ordnung ist. Einfach aufgrund der unerwarteten Diskontinuität. Sie würden das Ei zum Supermarkt zurücktragen (sehr wahrscheinlich würden Sie auch annehmen, dass mit dem ganzen Supermarkt etwas nicht stimmt) und sich beschweren. Und der Filialleiter schaut Sie entgeistert an und sagt: „Kennen Sie das noch nicht? Das ist die neueste Entwicklung auf dem Markt – Genmanipulation!" Aber Sie hätten vermutlich kein Verständnis für eine derartige Fortschrittsgläubigkeit.

In diesem Augenblick haben Sie den Beweis, dass Sie bestimmte Dinge einfach deshalb kaufen, weil Sie jeden Morgen dasselbe darin vorzufinden wünschen. Kontinuität. Manche sagen dazu auch: Zuverlässigkeit.

Wenn Sie das auch auf Ihre Briefe anwenden, dann werden sich die Zielpersonen auch daran gewöhnen, von Ihnen Briefe zu erhalten. Natürlich können Sie diese Briefe gelegentlich aktualisieren. Aber achten Sie darauf, dass Ihr Anliegen immer noch das gleiche ist: Sie möchten die Zielperson als Kunden gewinnen und einen Auftrag erhalten.

Hören Sie einfach nicht auf, den Zielpersonen Ihre Briefe zu schicken, und Punkt 7:

Die Zielperson gewinnt mit etwas mehr Zeit und einigen Wiederholungen Vertrauen auch zu den Dingen, die ihr erst noch neu und ungewohnt waren.

... wird unweigerlich eintreten. Der strategische Eckpfeiler Nummer 7 lautet daher:

7. Langfristiger Trend statt spektakuläre Strohfeuer

Vergessen Sie die Modeströmungen, die so gerne von den Medien als „Trends" präsentiert werden. Das sind keine echten Trends, sondern Strohfeuer von kurzer Dauer. Wäre es anders, würden sie nicht in den Medien hochgejubelt. Ein Trend zeichnet sich dadurch aus, dass er nicht im Blätterwald rauscht. Er ist wie Ebbe und Flut, deren unmittelbare Bewegung man nicht wahrnimmt, dessen Auswirkung jedoch nach einiger Zeit unübersehbar ist.

Der einzige langfristige Trend, um den Sie sich daher wirklich kümmern müssen, sind *Sie selbst*! Sie, die Person, sind es, die diesen langfristigen Trend ausmacht.

Und hier schließt sich der Kreis zum Punkt 1. Personen-Marketing. Sie, die Person, sind der Garant für die größtmögliche Kontinuität, die Sie selbst herstellen können. Oder sind Sie etwa nicht das Langfristigste in Ihrem Leben?

Eine Person ist ein echtes Traditionsunternehmen, mit dem Sie die größtmögliche Kontinuität aufrechterhalten können. Und Leute lieben Kontinuität. Sie finden es seriös, anständig, ordentlich, verbinden also alle positiven Eigenschaften damit, die man sich nur denken kann. Es ist, im wahrsten Sinne des Wortes „absolut in Ordnung“.

In einer schnelllebigen, hektischen Zeit, in der ständiger Wandel das einzig Vorhersagbare zu sein scheint, ist die Ruhe Mangelware und die Menschen sehnen sich in zunehmendem Maße nach langfristiger Kontinuität.

Sie selbst sind der zentrale Stützpfeiler

Das sind sie, die sieben Eckpfeiler der gewinnenden Strategie. Bauen Sie auf Ihre Person als die zentrale Stütze Ihrer Unternehmenskommunikation zum Zweck der Neukundengewinnung.

Sie, die Person, sind das Beste an Ihrem Unternehmen – *Personen-Marketing statt Produktpräsentation.*

Sie sind das Interessanteste in Ihrem Laden – *Interessante Information statt originelle Infiltration.*

Sie sind die verantwortliche Stelle, mit der man wirklich etwas vereinbaren kann – *Heiratsantrags-Taktik statt Balzgesang.*

Sie selbst sind das Glaubwürdigste an Ihrer Firma – *Glaubwürdigkeit statt Angabe oder Understatement.*

Sie selbst können (im Gegensatz zu irgendeiner Werbung oder einem Produkt) nicht nur reden, sondern auch zuhören – *Sendepause statt Hard Selling.*

Und wenn Sie nicht aufhören, Kommunikationen an Ihre Zielpersonensorte auszusenden, dann werden Sie auch in den Köpfen der Zielpersonen das Langfristigste sein – *Kontinuität statt Originalität.*

Auf den folgenden beiden Seiten sind die sieben Aussagen über die Zielperson und die sieben Eckpfeiler der gewinnenden Strategie noch einmal gegenübergestellt.

Sieben Aussagen, die wir mit Sicherheit über jede Zielperson für irgendeine Akquisition machen können:

1. Die Zielperson leidet unter Kommunikationsüberflutung. Durch die teils widersprüchliche Vielfalt des Angebots ist sie desorientiert und nicht selten verwirrt.
2. Die Zielperson weiß nichts oder fast nichts über den Absender. Sie glaubt nicht, dass sie durch Werbung etwas Wahres über den Absender erfährt.
3. Die Zielperson will wissen, was der Absender will. Sie will es aber nicht erraten, sondern *erfahren.*
4. Die Zielperson versucht, „den Haken" zu finden. Bei Mitteilungen, die der Zielperson nicht real oder nicht genehm sind, wird sie Gründe suchen, warum es sich dabei um eine Übertreibung, eine Lüge oder um dummes Geschwätz handelt.
5. Die Zielperson will nichts verkauft bekommen, sie will kaufen!
6. Die Zielperson wird nach dem Prinzip der „Arbeitsvermeidung" handeln.
7. Die Zielperson gewinnt mit etwas mehr Zeit und einigen Wiederholungen Vertrauen auch zu den Dingen, die ihr erst noch neu und ungewohnt waren.

Die sieben Eckpfeiler der gewinnenden Strategie:

1. **Personen-Marketing statt Produkt-Präsentation.**
„Ein Produkt, das man nicht kennt, kauft man zur Sicherheit von einer Person, die man kennt."
2. **Interessante Information statt originelle Infiltration.**
„Aufmerksamkeitsstarke Werbung mit unverständlichem oder keinem Inhalt erhält Aufmerksamkeit, aber keine Reaktion."
3. **Heiratsantrags-Taktik statt „Balzgesang".**
„Die einzige Möglichkeit, ein klares ‚Ja' zu erhalten, ist, seine Absichten offen zu legen, seine Vorzüge zu demonstrieren und dann die Frage in aller Deutlichkeit zu stellen."
4. **Glaubwürdigkeit statt Angabe oder Understatement.**
„Der Anbieter einer wertvollen Ware gebärdet sich weder als Bittsteller, noch wie ein Missionar. Er versucht nicht zu überreden, noch zu überzeugen, sondern er präsentiert."
5. **Sendepause statt „Hard Selling".**
„Es gibt keinen größeren Verkaufsdruck als das Vakuum."
6. **Kontinuität statt Originalität.**
„Abwechslung ist unterhaltsam, Kontinuität ist wirksam. Es ist die einzige Methode, dem Kunden die Sicherheit zu geben, dass der Würstelstand noch da ist, wenn er kommt."
7. **Langfristiger Trend statt spektakuläre Strohfeuer.**
„In einer schnelllebigen, hektischen Zeit, in der ständiger Wandel das einzig Vorhersagbare zu sein scheint, ist die Ruhe Mangelware und die Menschen sehnen sich in zunehmendem Maße nach langfristiger Kontinuität."

5. Kapitel
Ihr eigenes Personen-Marketing

„Nicht weil es schwer ist, wagen wir's nicht, sondern weil wir's nicht wagen, ist es schwer."

Lucius Annaeus Seneca (4 v.Chr.–65 n.Chr.), römischer Philosoph und Dichter

Weise Worte des antiken Philosophen Seneca geleiten uns in dieses Kapitel, auf den Prüfstand sozusagen, wo sich herausstellen wird, ob Sie wirklich gerne viele neue Kunden haben möchten. Denn jetzt geht es an die praktische Umsetzung. Die nun folgenden Punkte sind die angekündigte Gebrauchsanleitung – zusammengestellt aus Praxiserfahrungen und nicht etwa im Elfenbeinturm eines subventionierten Lehrinstituts.

Gleich zu Beginn der nun folgenden Übung lauert wieder einmal ein ganzes Rudel dieser Gehirnviren, um uns davon abzuhalten, diese Schwelle zu übertreten.

Was am Selbstlob wirklich stinkt

Jeder spürt es irgendwo, kaum einer glaubt es, und niemand wendet es wirklich konsequent an: „Bescheidenheit ist eine Zier, doch weiter kommt man ohne ihr".

Obwohl der Volksmund hier in grammatikalisch unbekümmerter „Reim-dich-oder-ich-fress-dich-Manier" den passenden Kommentar bereithält, beschleicht den „soliden Kaufmann“ doch eine gewisse Nervosität, wenn es darum geht, die eigenen Vorzüge anzupreisen oder gar seine Person lobend zu erwähnen und in den Vordergrund zu stellen.

Auch hier haben unsere Erziehung durch Eltern, Lehrer und nicht zuletzt die gesellschaftlichen Konventionen ihre Wirkung getan. Beobachten Sie es in der Praxis, indem Sie anderen zuhören. Es ist für die meisten unmöglich, etwas Gutes über sich selbst zu sagen, ohne nicht im selben Satz das Gegenteil zumindest einzuräumen. Diese Angewohnheit geht auf das Prinzip der Dialektik zurück, das sich unnötigerweise in unsere Erziehung und Schulausbildung eingeschlichen hat. Es besagt, dass keine auch noch so banale Tatsache einfach so stehen gelassen werden kann. Sie muss zumindest diskutiert und auch ihr Gegenteil erwogen werden. Das mag für Dinge gelten, die tatsächlich unsicher sind, zum Beispiel, wie morgen das Wetter wird, ist aber für nachprüfbare und beweisbare Tatsachen oder Dinge, die bereits geschehen sind, vollkommen ungeeignet.

Für uns hingegen bleibt es trotzdem bei dem mulmigen Gefühl, dass eine ausschließlich positive Äußerung über uns selbst, die wir uneingeschränkt im Raum stehen lassen, leicht als Angeberei oder gar Anmaßung ausgelegt werden könnte. So etwas tut man doch nicht!

Als ich selbst damit anfing, Personen-Marketing für mich anzuwenden, war ich natürlich ebenfalls gezwungen, über dieses Problem nachzudenken. Man muss doch für sich Reklame machen können, man muss doch etwas Gutes über sich sagen können, dachte ich mir. Was ist es genau, was den Empfänger denken lässt, ich sei ein unbescheidener Angeber? Schließlich kam ich darauf. Der Schlüssel liegt – wieder einmal – bei den besonderen Verdrahtungen im modernen, von der westlichen Kultur vorprogrammierten und zeitgeistgequälten Kopf der Zielperson.

Alle Gegenstände, die uns umgeben, sind auf irgendeine Weise eine Kombination von physischer Materie und gedanklichem

Inhalt. Wenn Sie einen Kugelschreiber in der Hand halten, dann spüren Sie einen Gegenstand. Er hat ein Gewicht, es ist eine Masse, die Sie anfassen können. Es ist nicht besonders kompliziert. Die Idee, die in dem Kugelschreiber drinsteckt, erfahren Sie erst, wenn sie sich vorstellen, mit ihm zu schreiben. Er macht einen blauen Strich auf einem Papier, das Sie darunter halten. Diese Idee – „Schreiben" – ist etwas Hinzugefügtes, das nur mit dem Materieanteil eines Kugelschreibers allein nicht vollständig erklärt wird. Der Zweck einer Sache ist eine Idee, der Zusammenhang vieler Details kann eine Idee sein. Mathematik und Philosophie arbeiten zum großen Teil mit reinen Ideen und Symbolen für diese Ideen, ohne irgendetwas zum Anfassen.

Als lebendiger und aktiver Mensch kennen Sie bestimmt das Gefühl, das Sie beschleicht, wenn Ihnen ein Lehrstoff zu theoretisch wird. Sie fühlen sich unwohl, weil Sie das Gefühl dafür verloren haben, was die Sache, mit der Sie sich gerade befassen, denn mit dem „richtigen Leben" zu tun hat. Es ist schwer zu begreifen – allein das Wort begreifen drückt den Wunsch nach etwas tatsächlich Anfassbarem aus.

Wenig Materie, viel Idee, „Konzept", Symbolismus, Theorie. Schon bevor jemand in das Berufsleben eintritt, wird man in der Schule mit einer überwältigenden Menge von theoretischen Zusammenhängen und Symbolen bombardiert, und es wird einem gesagt, dass man sich das alles merken soll.

Dieser Theorie-Überhang bereitet den Menschen mitunter ziemliche Kopfschmerzen, doch da sie es oft gar nicht anders kennen, ertragen sie es eben, solange es geht. Manchmal wird es allerdings zu viel. Ein Ausgleich muss her. Alle Heimwerker-Hobbys, Wandern, viele Sportarten sind dazu geeignet, dem bedeutungsüberfrachteten Hirn ein Ventil zum Abbau des Ungleichgewichts zwischen grauer Theorie und dem „richtigen Leben" zu verschaffen. Denn das Verhältnis bei Aktivitäten wie zum Beispiel dem Bergsteigen ist auf erleichternde Weise umgekehrt: Der Berg: viel Materie – und wenig Bedeutung: vielleicht ein Pfeil mit der Aufschrift „Gipfel".

Der Berg selbst ist viel größer als das Schild und steht einfach in der Landschaft – ohne Versicherungsausfall-Ersatzhaftpflichtbescheinigung, ohne allgemeine Geschäftsbedingungen, ohne Barcode, ISO9000-Zertifikat, Kosten-Nutzen-Exposé über die nächsten vierzig Jahre, Ausfallhonorarregelung oder ein Organisations-Diagramm, das ein Bergsteiger erst beschaffen und durcharbeiten muss, bevor er seinen Sonntagsspaziergang machen darf.

Im normalen Berufsleben ist unsere Zielperson aber mit der Situation konfrontiert, dass sie sich – als logische Fortsetzung ihrer Schularbeiten – mit einem Überhang an Theorie beschäftigen muss, deren Zusammenhang mit dem richtigen Leben möglicherweise für immer im Dunkeln bleibt. Das Ergebnis ist ein zunehmender Widerwille, sich mit weiteren theoretischen Betrachtungen überhaupt zu befassen, sofern es nicht unbedingt erforderlich ist.

Der wahre Grund, warum man geneigt ist, eine positive Äußerung eines Menschen über sich selbst als Angeberei zu bezeichnen, liegt in der Aussage Nr. 4 über die Zielperson:

Die Zielperson versucht, „den Haken" zu finden. Bei Mitteilungen, die der Zielperson nicht real oder nicht genehm sind, wird sie Gründe suchen, warum es sich dabei um eine Übertreibung, eine Lüge oder um dummes Geschwätz handelt.

Nicht real! Die meisten positiven Äußerungen, die wir aus Werbebriefen kennen, sind so allgemein gehalten, dass die Zielperson sich nichts darunter vorstellen kann. Sie enthalten ausschließlich Bedeutung und keine oder fast keine Masse. Und schon setzt bei der Zielperson das vertraute Kopfweh ein.

„Zu unseren Kunden zählen viele erste Adressen verschiedenster Branchen, darunter zahlreiche internationale Unternehmen wie BMW, Siemens, IBM u. v. a., für die wir die bei z. T. kompliziertesten Anforderungen unterschiedlichsten Aufträge in allen denkbaren Größenordnungen abgewickelt haben. Dabei analysieren wir die Kundenanforderungen individuell und erarbeiten maßgeschneiderte Lösungen, die sowohl die Zielvor-

gaben des Kunden als auch das Kosten-Nutzen-Potenzial auf effizienteste Weise ausschöpfen.“

Kennen Sie das? Ich, der Empfänger eines solchen Statements, kann mir *nichts*, aber auch gar nichts darunter vorstellen. Und was ist meine erste Reaktion? Ich denke oder sage es sogar: „Angeber!“

Wenn Sie auch nur den einfachsten Job, den Sie für die kleinste Dachkammer-Firma ausgeführt haben, so beschreiben, dass der Leser sich *irgendetwas Konkretes* vorstellen kann, dann wird jeder von Ihrer Zuverlässigkeit und Kompetenz überzeugt sein und niemand auf die Idee kommen zu behaupten, Sie seien ein Angeber. Zum Beispiel so:

„An einem nebligen Novembermorgen ging ich über die Straße, um mir Zigaretten zu holen. Dort begegnete ich Herrn Raffelswald, dem Geschäftsführer der Rumpelstilzchen GmbH. Rumpelstilzchen stellt diese schönen Gartenzwerge her, welche Sie in vielen Vorgärten unseres Städtchens bewundern können. Herr Raffelswald erzählte mir sein Problem und ich hörte ihm aufmerksam zu. Das freute ihn, und er schlug vor, dass wir unser Gespräch in seinem Büro fortsetzten. In der Folgezeit arbeitete ich insgesamt 5 Lösungsvorschläge aus, die ihm sehr gefielen. Einer nach dem anderen wurde umgesetzt und die Rumpelstilzchen-Zwerge sind heute die bekanntesten im ganzen Landkreis. Herr Raffelswald hat mich seither jedes Jahr zu seiner privaten Geburtstagsfeier eingeladen und – es versteht sich von selbst – in meinem Garten steht nun das ganze Rumpelstilzchen-Gartenzwergsortiment – lauter Geschenke des Unternehmens.“

Sehen Sie? Sie haben nur Positives über sich erzählt. Dabei haben Sie noch nicht einmal mit einem Wort erwähnt, was eigentlich an Ihrer Lieferung oder Lösung – also an Ihrem Produkt so besonders war. Der wirkungsvolle Kunstkniff: Sie haben es aus der Sicht der Person erzählt, die den Nutzen Ihrer Leistung zu spüren bekam: der Geschäftsführer Raffelswald. Die Tatsache, dass Ihre Leistung *für ihn* offensichtlich eine Lösung war, ist viel wichtiger, als die

Leistung, die Lösung oder das Produkt selbst. Und Sie haben das Ganze lebendig, wie im richtigen Leben, beschrieben.

Auf jeden Fall kann die Zielperson sich unter einem solchen Bericht irgendetwas vorstellen. Es ist nicht allgemein und theoretisch, sondern konkret und damit begreifbar. Es wurde deutlich, dass der Beitrag des Absenders für die Gartenzwergfirma wertvoll war. Das Kopfweh der Symbolüberfrachtung verschwindet. Darüber freut sich der Leser normalerweise so sehr, dass er vergisst, die Mitteilung zu kritisieren.

Wie man sich selbst lobt, ohne zu stinken

Hier haben wir also den Unterschied: Alles Allgemeine, Unkonkrete, Schwammige, Unverständliche, nicht mit konkreten Beispielen belegte – alles, was sich Ihre Großmutter nicht mehr vorstellen kann ist: *An-ge-be-rei!!!* Also im Prinzip alles, was in den üblichen Werbebriefen an Positivem über das Unternehmen gesagt wird.

Eine wirkungsvolle Botschaft, die Gutes über Sie, den Absender, vermittelt, und die die Zielperson leicht bereit ist, zu akzeptieren, muss *verstanden werden können*. Testen Sie es einfach an ihrer Großmutter. Es ist nichts anderes als eine *exakte, akzeptable Wahrheit.*

Auf diese Weise müssen Sie nun Ihr eigenes Leben untersuchen. Damit Sie genügend Stoff haben, um einen Brief mit exakter, akzeptabler Wahrheit schreiben zu können, ist es sehr zu empfehlen, zunächst eine Stoffsammlung zu machen, welche die *exakte Wahrheit* enthält. Was davon *akzeptabel* ist und was nicht, werden wir später entscheiden. Fangen Sie also nicht an, schon im Vorfeld mit der Schere in Ihrem Kopf herumzuschnippeln und alle möglichen Gedanken und Erinnerungen zu zensieren. In die Stoffsammlung kommt *alles* rein, was Sie *jemals* an Gutem getan haben. Oh ja, es ist ein bisschen Arbeit. Aber so ist immer mit den Dingen, die nachher eine Belohnung bringen sollen.

Und worum geht es in der Stoffsammlung? Nun, um Sie natürlich, die Person. Es handelt sich um eine vollständige Stoffsammlung zu Ihrer persönlichen Biographie, erstellt unter der Maßgabe, dass sie nur Gutes über Sie enthält. Es gibt gute Aspekte in der schlimmsten Versagenssituation. Nobody is perfect. Wenn Sie in einem Bereich eine harte Zeit durchzustehen hatten, dann sind Sie eben in dieser Hinsicht jetzt „sehr erfahren". Das stimmt doch, oder? Wenn Sie meinen, dass Ihnen nichts Gutes oder Besonders zu Ihrem Leben einfällt, dann denken Sie einfach daran, dass die Tatsache, dass Sie immer noch da sind, eine logische Folge davon ist, dass Sie bisher mehr richtig als falsch gemacht haben müssen.

Es ist der Gesichtspunkt, aus dem Sie schauen, der die Dinge bewertet, nicht die Dinge selbst. Für welche Personen in Ihrem Leben haben Sie einen Nutzen dargestellt? Nutzen gibt es viele, nicht nur das Geld. Hat etwas, das Sie gemacht haben, irgendjemand anderem gefallen oder in einer bestimmten Situation geholfen? Wie hat sich das geäußert? Wurden Sie von einem Auftraggeber wieder beauftragt? Das allein kann schon ein Hinweis darauf sein, dass der Kunde Ihre Arbeit als nützlich empfunden hat.

Sie glauben, das sei alles selbstverständlich? Nun, das mag für Sie selbst gelten. Ihr eigener Ehrenkodex ist Ihre persönliche Angelegenheit. Doch im Kopf der Zielperson, wo jedes unbekannte neue Angebot, das gut klingt, nach Haken und Fallen abgesucht wird, ist überhaupt nichts selbstverständlich.

Sie mögen einwenden, vieles sei schon so lange her und nicht mehr aktuell. Na und? Sind Sie inzwischen ein mieser, unzuverlässiger Betrüger geworden? Arbeiten Sie immer mit ihren besten Referenzen, egal, wie lange das Ganze her ist. Es geht nicht um Aktualität, es geht um die Begreifbarkeit Ihrer Person. Wenn die Zielperson Ihre Person begreifen kann, dann sind Sie in Ordnung. Und das ist die einzige Chance, damit er Sie anrufen kann. Sie müssen einfach nur in Ordnung sein. Ungefährlich, wenn Sie so wollen.

Setzen Sie sich also an den Schreibtisch und machen Sie eine Stoffsammlung anhand der folgenden vier Punkte:

Die wichtigsten Punkte für die Stoffsammlung zu Ihrer persönlichen Biographie

1. Stationen des Lebenswegs

Das sind die Stationen, die man auch in einer Bewerbung für eine Stelle angeben würde. Aber vollständig! Alles, was man gemacht hat, unabhängig von der Branche, in der man jetzt tätig ist oder sein möchte. Auch Hobbys, Kurse, Spezialfähigkeiten etc. Alle Abschlüsse, Zertifikate, Ausbildungen ohne Zertifikate, Berufserfahrungen usw.

2. Produkte

Alles, was man geschaffen hat. Aufträge erledigt, Projekte durchgezogen, Kunden gewonnen, Firmen gegründet, Titel errungen, Preise gewonnen, Auszeichnungen erhalten. Produkte, die man fertiggestellt hat oder an deren Fertigstellungen man beteiligt war. („Zusammen mit dem Zukunftsforscher Hubertus Faulschlamm erarbeitete ich im Jahr 1704 die endgültigen Regeln für den Designwettbewerb ‚Die gläserne Mülltonne' ..."). Natürlich auch die Produkte, die man in der Branche hergestellt hat. Was ist mit diesen Produkten, warum sind sie gut? Was ist an ihnen gut? Was ist am Auftraggeber gut oder wertvoll? Fand der Auftraggeber das gut? Was war die Folge? Gab es weitere positive Resonanzen, möglicherweise von einer wichtigen Person?

3. „Superlative"

Alle „Schneller"-, „Höher"-, „Weiter"-Geschichten. Alles, was sich nur irgendwie PR-mäßig ausschlachten lässt. Auch wenn es mit dem jetzigen Beruf überhaupt nichts zu tun hat. Alle Bestleistungen, auch an den Haaren herbeigezogen. Alle Namen, für die man gearbeitet hat oder mit denen man sonstwie in Verbindung stand. Auch unwichtig erscheinende Details. Hat eine Person, für die man gearbeitet hat, oder bei der man gelernt hat, ihrerseits Superlative vorzuweisen („1834 arbeitete ich als Kabelträger für Herbert Hoppelberger, der gerade in diesem Jahr seinen Roman

‚Allein im Wald' veröffentlicht hatte – dieses Werk sollte sich 150 Jahre später als absoluter Megabestseller auf der Liste der New York Times wiederfinden. Herr Hoppelberger war sehr zufrieden mit mir, und durch seine Empfehlung wurde ich schließlich in den erlauchten Club der Freunde der italienischen Oper aufgenommen ...").

4. Anekdotisches, Originelles – „der Schwanz, der mit dem Hund wedelt"

Auch wenn es bedeutungslos oder unwichtig erscheint. Alles Ungewöhnliche, Ausgefallene. Auch An-den-Haaren-Herbeigezogenes oder Verrücktes, selbst wenn man das Gefühl hat, es könnte negativ sein. Macht nichts, ist ja nur für die Stoffsammlung. („Schon als Klassensprecher hatte ich die Angewohnheit, in Schülerzeitungen Glossen und allerlei Unverständliches zu veröffentlichen. Das wurde mir natürlich verboten, aber jene Ausgaben der Schülerzeitungen wurden später, nach der Pensionierung des Direktors, selbst unter den Lehrern als Sammlerstücke zu überhöhten Preisen gehandelt ...").

Recherchieren Sie über sich wie ein Journalist

Ihre Stoffsammlung sollten Sie immer wieder durchgehen und ergänzen nach der Methode der *„Journalisten-Ws"*: Beschreiben Sie konkrete Begebenheiten. Beschreiben Sie sie so konkret, exakt und vollständig wie möglich. Beantworten Sie bereits hier bei der Stoffsammlung die Fragen nach dem *Wer, Wann, Wie, Wo, auf welche Weise, Warum*, so detailliert wie möglich. Auch jemand, der Sie noch nie gesehen hat und Sie gar nicht kennt, muss sich etwas vorstellen können. Selbst unwichtige Details (zum Beispiel der „neblige Novembermorgen" in der obigen Gartenzwergstory), die vielleicht mit dem Kern der Sache gar nichts zu tun haben, können helfen, dem Leser das Gefühl zu geben, dass diese Dinge wirklich passiert sind, und vor allem, dass er etwas versteht und sich etwas vorstellen kann.

Dabei ist es im Stadium der Stoffsammlung vollkommen unwichtig, ob Sie der Meinung sind, dass Sie das später in Ihrem Brief verwenden können oder nicht. Machen Sie sich darüber jetzt noch keine Gedanken. Auf gar keinen Fall schon an dieser Stelle mit der berühmten Schere im Kopf herumschnippeln!

Sie sollten an dieser Stoffsammlung mindestens so lange arbeiten, bis Sie das ehrliche Gefühl haben, dass Sie als erstes Ihre Preise erhöhen müssen. (Möglicherweise haben Sie schon lange dieses Gefühl, aber wenn Sie diese Stoffsammlung fertig haben, dann sollten Sie in diesem Punkt vollkommen sicher sein.)

Wenn Sie als Vertriebsperson in einem Unternehmen arbeiten, so sollten Sie sowohl über sich selbst als auch über das Unternehmen recherchieren. Es ist nicht etwa so, dass Sie als Person vollkommen nebensächlich sind, nur weil Sie „bloß“ im Vertrieb arbeiten. Leute kaufen von Personen. Dennoch kann es von Nutzen sein, auch etwas über die vergangenen Erfolge und Errungenschaften des Unternehmens selbst zu recherchieren. Allerdings sollten diese Dinge auch nicht für sich alleine stehen, sondern zum leichteren Verständnis für den Leser immer mit Personen in Verbindung gebracht werden.

Und nun, bevor wir dazu übergehen, den Brief zu schreiben, kommt die Stunde des Strategen.

Was ist die richtige Strategie für Sie?

1. Definieren Sie Ihr Angebot

Sie erinnern sich an die Strategie: Zuerst das Schlachtfeld eingrenzen, damit Ihr Werbefeldzug auch mit einem begrenzten Budget erfolgreich sein kann.

Für diesen Punkt benötigen Sie strategische Phantasie. Gerade mit einem begrenzten Budget können Sie sich nicht auf die Standardvorgehensweise der Tonträgerindustrie verlassen: Bei einer genügend großen Anzahl von Versuchen wird schon ein Treffer dabei sein. Dann schicken Sie mal dieser, mal jener Zielgruppe etwas, Sie probieren dieses Sonderangebot oder jenen Kaufanreiz. Bevor Sie das große Los ziehen, haben Sie Ihr Budget verbraucht – ohne nennenswerten Effekt.

Es erfordert manchmal einiges Nachdenken, um auf die richtige Strategie zu kommen, während Sie Ihre Nase im Wind halten und beobachten, was um Sie herum vor sich geht. Ein Neukunde, den Sie für sich gewinnen möchten, stellt, militärisch betrachtet, eine gut verschanzte Festung dar. Er hat seine Hoflieferanten – seine Lösung für den Bereich, in dem auch Sie etwas anbieten möchten, und seinen Papierkorb – seine Lösung für alle übrigen Bewerber. Wenn Sie diese verschanzte Festung angreifen wollen, dann müssen Sie über das offene Feld darauf zurennen. Wenn Sie dann vor der Festung stehen und Sie jetzt erst anfangen, darüber nachzudenken, wie Sie da hineinkommen, dann geben Sie eine hervorragende Zielscheibe ab – nicht nur für den Burgherrn, sondern auch für Ihre Konkurrenten, die selbst lieber als erste in die Festung eindringen würden.

Also müssen Sie, bevor Sie losrennen, einen Plan haben, wie Sie einen einigermaßen leichten Zugang bekommen werden. Eine Öffnung, eine Schwachstelle. Oft ist es einfach das Unerwartete, das einen erfolgreichen Überraschungsangriff und den Sieg ausmacht. Auf keinen Fall ist es das, „was alle machen".

In der Geschichte gibt es eindrucksvolle Beispiele für die durchschlagende Wirkung eines Überraschungsangriffs, der an genau der Stelle ausgeführt wurde, wo niemand geglaubt hatte, dass der Gegner auch nur einen Gedanken daran verschwenden würde. Hannibal marschierte mit seinen Elefanten über die Alpen, was für völlig unmöglich erachtet worden war. Als Lawrence von Arabien mit seiner Truppe auf der Landseite von Accaba auftauchte, da gab es keine Chance für eine wirksame Gegenwehr. Die Verteidiger hatten alle ihre Kräfte auf einen Angriff von der Seeseite konzentriert, da niemand auch nur im entferntesten an die Möglichkeit geglaubt hätte, dass jemand eine Durchquerung der direkt hinter der Stadt beginnenden Wüste überleben würde.

Ebenso unerwartet brach Volkswagen mit dem Käfer und der Werbebotschaft „Think Small“ in die Domäne der amerikanischen Automobilhersteller ein. Jeder wäre für die Vorhersage, dass die Amerikaner ein kleines und obendrein (aus amerikanischer Sicht) derart hässliches Auto kaufen würden, geteert und gefedert worden. VW selbst zerstörte seine eigene Position später wieder, als das Unternehmen dazu überging, auch größere Autos in die USA zu importieren (das hatte ihnen wahrscheinlich der Universaldiversifikator geraten).

Die Frage, mit der es sich lohnt, sich eine Weile zu beschäftigen, ist die nach der geeigneten Stelle, an der Ihr Marketingangriff am aussichtsreichsten sein wird. Definieren wir das zuerst genauer. Es geht um Neukundengewinnung. Was könnte ein Neukunde, der Sie noch nicht kennt, leicht *als Erstes* kaufen oder mit Ihnen vereinbaren? Wo ist der Einstieg am leichtesten? Wenn er dann einmal Kunde bei Ihnen ist, dann haben Sie bereits einen Vertrauensvorschuss in seinem Kopf und Sie können ihm leicht weitere Dinge verkaufen. Aber damit er Vertrauen gewinnen kann, muss der Weg für ihn zumindest vorstellbar sein.

Um eine solche Strategie für Ihr eigenes Unternehmen zu finden, beantworten Sie sich selbst der Reihe nach die folgenden Fragen:

Was bin ich derzeit tatsächlich in der Lage, auf kurzfristiger Basis zu liefern?

Es kann von erheblichem Nutzen sein, wenn Sie diese Liste sehr vollständig ausarbeiten. Die besten Marktchancen werden oft übersehen, weil man sich nur auf die gängigen Geschäftsfelder konzentriert, oder auf Dinge, die man bisher gemacht hat. Ich selbst habe von dieser Liste profitiert, als ich in einer Situation war, in der ich das, was ich früher gemacht hatte (kommerzielle Musikproduktionen für Werbeagenturen) aus Gründen des eigenen Beleidigtseins nicht mehr machen wollte. Jeder Nachtwächter einer

Werbeagentur hatte inzwischen sein eigenes Tonstudio, außerdem ist seit der Einführung des Formatradios [1] die Stille wertvoller geworden als die Musik (Ausnahmen bestätigen die Regel). Jedenfalls hatte ich die Nase voll, mich mit Werbeagenturen und Möchtegern-Produzenten auf musikalisch-künstlerische Auseinandersetzungen einzulassen und suchte nach einem Geschäftsfeld, das mir brauchbar erschien. Ich erinnerte mich daran, dass ich für die Rundfunkwerbung des Münchener Kaufhauses Ludwig Beck nicht nur die Musik, sondern auch (eher als Dreingabe) die Texte gemacht hatte, die beim Auftraggeber (und auch beim Publikum) gut angekommen waren. Ich tippte die mehrere Jahre alten Texte auf Papier, zeigte sie bei meinen Akquisitionsterminen den Werbeagenturen – und bekam auf diese Weise meine ersten Aufträge als Werbetexter.

Es muss nicht immer ein Wechsel des ganzen Berufsbildes sein. Vielleicht ist das, was Sie anbieten, im Prinzip sehr wertvoll und auch dringend benötigt, aber durch irgendeine ungünstige Konstellation des Markts kann es so nicht verkauft werden. Ein Ingenieur erzählte mir, dass er sich auf Energie einsparende Maßnahmen spezialisiert habe. Er konnte die Energiekosten für ein Gebäude um 80 Prozent reduzieren! Allerdings setzte das voraus, dass das Objekt noch nicht gebaut war. Hier lag das Problem. Ein Bauträger ist zunächst daran interessiert, dass die Baukosten so

---

[1] Formatradio: Beruht auf der Entdeckung eines Amerikaners zu den Hörgewohnheiten von Angestellten in einer Kneipe. Er hatte beobachtet, dass die Gäste im Lokal Titel in der Musikbox umso öfter anwählten, je bekannter der Titel ohnehin schon war. Während die Kneipe geöffnet hatte, waren daher bestimmte Titel so oft gedudelt worden, dass man nun annehmen könnte, dass das Personal nach Dienstschluss für die Zeit des Aufräumens und die letzte Zigarette nun – zur Abwechslung – andere Titel drücken würde. Das war jedoch nicht der Fall. Sie drückten genau dieselben Titel wie die Gäste, jene, die sich bereits fest als Ohrwürmer in allen Hirnen festgesetzt hatten. Aus dieser Erkenntnis entwickelte sich das heutige Formatradio, das die ohnehin schon bekanntesten Titel einer Musiksparte weiterhin am häufigsten spielt. Durch die Fixierung auf die Werbegelder bringenden Einschaltquoten wurde so eine wichtige Möglichkeit abgeschafft, mit der zuvor unbekannte Titel durch das Feature im Radio beliebt und bekannt gemacht worden waren.

niedrig wie möglich sind. Eine ökologisch sinnvolle Energieplanung erhöhte jedoch zunächst die Baukosten gegenüber der herkömmlichen Konzeption. Die möglichen Einsparungen kamen durch die Senkung der späteren Betriebskosten zustande und hätten nur den Betreiber aufhorchen lassen. Der stand aber beim Bau entweder noch gar nicht fest, oder er hatte nichts zu sagen. Auf diese Weise kam der Ingenieur mit seinem Wissen immer zu spät zum Zug, als dass er es hätte einsetzen können.

Auch hier kann die Lösung in der vollständigen Liste seiner Möglichkeiten gefunden werden, und zwar mit folgender Überlegung: Außer der Konstruktion selbst konnte der Ingenieur natürlich auch nur sein Know-how liefern, und zwar in Form von Vorträgen und Seminaren. Das Thema an sich ist ja durch die verstärkten Umwelt-Diskussionen sehr in den Vordergrund gerückt und von höchstem Interesse für viele, die mit Häuserbau zu tun haben. Es scheint, dass das *Wissen* über die Möglichkeiten der Energieeinsparung leichter gekauft werden kann, als die Sache selbst.

Machen Sie diese Liste also so vollständig wie möglich. Es ist eine Liste, die mit Ihrem eigenen Gesichtspunkt zu tun hat.

Die zweite Frage bezieht sich auf den Gesichtspunkt Ihrer Zielpersonen. Machen Sie keine Annahmen, sondern greifen Sie nur auf wirklich gesicherte Erkenntnisse und objektive Beobachtungen zurück.

Was sind die Merkmale, Eigenschaften oder Begleiterscheinungen, die meinem Kunden dabei besonders wichtig sind?

Hier ist die Übung, im Unrecht zu sein, wieder gefragt. Was ist Ihrem Kunden wichtig? Nicht das, was Sie glauben, dass ihm wichtig ist oder ihm wichtig sein sollte, sondern was ist *ihm* wirklich wichtig? Denken Sie dabei nicht zu kompliziert. Lassen Sie die Nullen und Einsen völlig außen vor (wenn Sie EDV-Fachmann sind) oder die Sechzehntel-Noten und den Bassdrum-Sound (falls Sie Musiker sind). Beobachten Sie scharf und machen Sie, falls erforderlich, Umfragen.

Dem Kunden geht es hauptsächlich um so banale Dinge wie: Dass das Produkt geliefert wird. Dass er mit Ihnen sprechen kann. Dass er vorher eine Kalkulation bekommt, die dann auch eingehalten wird. (Ich habe tatsächlich ein ganzes Geschäftsfeld aufgezogen, bei dem etwas geliefert wurde, das viele andere auch lieferten, allein mit einem Plan, in dem genau drin stand, was geliefert wird und was es kostet. Das allein hat mir in vielen Verkaufsverhandlungen einen Vorsprung vor der gesamten Konkurrenz verschafft, die sich auf schwammige Konzepte beschränkte und nur ungefähre Preis-Leistungs-Angaben machen wollte). Es kann auch noch einfacher sein: Dass der Kunde versteht, was passiert. Dass er irgendetwas versteht. Dass Sie mit ihm mal ein Bier oder einen Kaffee trinken – ich weiß, es ist nicht jedermanns Sache, dieses „Biertisch-Marketing". Ich mag das auch nicht so. Aber da muss man aufpassen. Es gibt Länder, in denen die Zurückweisung der Gastfreundschaft die größte Beleidigung darstellt, die Sie jemandem antun können. Darüber hinaus könnten Details von Bedeutung sein, deren Wichtigkeit für den potenziellen Kunden Sie vielleicht noch nie bedacht haben. Deshalb die Umfragen.

Aber machen Sie sich die Sache nicht zu kompliziert. Auch die Wissenschaft erahnt, dass es immer noch – wenn auch sehr vereinzelt – Menschen gibt, die es lieber einfach als komplex haben möchten.

Sie müssen irgendetwas finden, das Ihrem Kunden tatsächlich am Herzen liegt. Machen Sie auch hier eine Liste.

Machen Sie die Listen für die erste und zweite Frage möglichst vollständig. Sie geben Ihnen möglicherweise die Antwort für die dritte und entscheidende Frage direkt in die Hand. Denn diese Frage lautet:

Wo liegt der „entscheidende Punkt", an dem ein Marketing-Angriff am aussichtsreichsten wäre?

Grenzen Sie diesen Angriffspunkt so genau wie möglich ein. Es gibt mehrere Wege, diesen entscheidenden Punkt zu fokussieren. Der Automobilhersteller Volvo hatte sich durch die Konzentration auf den „großen Kombi" einen relativen Marktanteil gesichert, den das Unternehmen niemals mit Klein- oder Mittelklassewagen hätte erobern können. Sie tun sich immer am schwersten, wenn Sie sich genau auf die Sorte von Aufträgen oder die Sorte von Kunden kaprizieren, hinter denen auch die größten Mitbewerber Ihrer Branche her sind.

Nicht immer ist es einfach, die Spezialisierung auf ein bestimmtes Produkt in einer Palette vorzunehmen, wie es bei Volvo der Fall war. Eine andere Strategie wäre die Spezialisierung der Zielgruppe.

Ein Videoproduzent hatte sich auf eine Zielgruppe spezialisiert, die die meisten Videoproduktionsfirmen gar nicht als potenzielle Kunden wahrnehmen würden: Die Chirurgen. Er filmt ihre Operationen und die Chirurgen können diese Dokumentationen dann als prestigeträchtigen Beweis ihrer Fähigkeiten bei Fachkongressen den Kollegen präsentieren. Einer seiner Filme hatte bereits einen unter Chirurgen sehr anerkannten Preis gewonnen. Es stellte sich im Gespräch allerdings heraus, dass er mit der Spezialisierung auf dieses Marktsegment auch ein spezielles Problem dieser Zielgruppe auf der Platte hatte. Die Ärzte wollten schon gerne so ein Video haben, aber sie hatten in der Regel keine Erfahrung mit Video und daher große Schwierigkeiten, sich die realen Produktionskosten für so etwas vorzustellen. Immer seltener wollten die Krankenhäuser für diese Kosten aufkommen. Hier wiederum wusste der Produzent von einigen Erfahrungen zu berichten, die er bereits in Verhandlungen mit Sponsoren gemacht hatte – Hersteller von medizinisch-technischen Geräten zum Beispiel, deren Erzeugnisse dann in einem solchen Video wohlwollend der ganzen Zielgruppe (Chirurgen auf Kongressen) präsentiert werden konnten. Somit war der leichte Einstieg für die Neukundengewinnung nicht die Spezialisierung auf Chirurgen allein, sondern die spezielle Zielgruppe in Verbindung mit einem besonderen Versprechen: „Ich kann bei der Sponsorensuche behilflich sein!". Das war die Wahrheit, und es war der geeignete Einstieg.

Die *Art der Lieferung*, der Vertriebskanal, kann ebenfalls eine Spezialisierung ermöglichen. Das Konzept des Pizza-Heimlieferservice hat innerhalb von wenigen Jahren einen vollkommen neuen Geschäftszweig geschaffen, obwohl es bereits in jeder Stadt an jeder Ecke Italiener gab, dessen Pizzen man auch mitnehmen konnte. Nachdem der Pizzabäcker sich ausschließlich auf die „Couchpotatoes“[2] spezialisiert hat und nun seine Teigfrisbees mit eigenen Autos zum Kunden nach Hause liefert, braucht er gar kein Restaurant mehr. Inzwischen gibt es sogar den Sushi-Heimservice.

Sie sehen, wenn Sie die Listen unter den beiden ersten Frage sehr vollständig machen und dann Ihre Fantasie spielen lassen, ergeben sich vielleicht ganz plötzlich Möglichkeiten, die Sie bei oberflächlicher Betrachtung nicht wahrgenommen haben. Das allein ist schon ein Hinweis, dass Ihre Mitbewerber vielleicht auch noch nicht draufgekommen sind.

Nachfolgend ist der Schritt 1 mit den drei Fragen noch einmal dargestellt.

1. Definieren Sie Ihr Angebot

Beantworten Sie sich selbst die folgenden Fragen:

- **Was bin ich *derzeit tatsächlich* in der Lage, auf *kurzfristiger* Basis zu liefern?** (Machen Sie eine Liste!)
- **Was sind die Merkmale, Eigenschaften oder Begleiterscheinungen, die *meinem Kunden* dabei besonders wichtig sind?** (Machen Sie eine Liste!)
- **Wo liegt der „entscheidende Punkt“, an dem ein Marketing-Angriff am aussichtsreichsten wäre?**

---

[2] Couchpotatoes: zu deutsch „Sofa-Kartoffeln“; leicht abwertender Begriff für Leute, die Ihre Freizeit vorwiegend zu Hause vor dem Fernseher verbringen.

2. Definieren Sie Ihre Zielperson

Das sollte Ihnen nicht schwer fallen. Sie erinnern sich: Sie können nicht auf die Eingrenzung der Zielperson verzichten, weil Sie sonst nichts Gemeinsames über Ihre potenziellen Kunden sagen, mithin die Leute, die Ihre Ware brauchen, auch nicht finden können.

Ihre Zielperson ist die Person, die Ihr Produkt von Ihnen realistischerweise kaufen wird. Seien Sie dabei ehrlich und genau:

Es ist die Person (nicht eine Personengruppe oder Firma)**, ...**

Obwohl Sie im Stadium der Werbung nicht mit einzelnen Individuen, sondern mit einer Personensorte zu tun haben, dürfen Sie nicht den Fehler machen, Firmen oder Gruppen zusammenzufassen. Eine Kommunikation endet immer bei einer Person. Manchmal entscheiden Gremien oder gar Versammlungen über die Vergabe von Aufträgen. Ignorieren Sie das Gremium, auf dessen Entscheidung Sie ohnehin keinen Einfluss haben. Betrachten Sie jedes einzelne Mitglied als mögliche Zielperson. Derjenige, der an Ihrem Angebot interessiert ist, wird sich dann schon bei Ihnen melden. Den versorgen Sie dann mit genügend Munition für die anderen.

die Ihr Produkt (nicht ein anderes Produkt) **...**

Versuchen Sie, die tatsächlichen Marktchancen Ihres Produkts realistisch einzuschätzen. Wenn Sie ein neues EDV-Programm für Steuerberater auf den Markt bringen und damit gegen den allmächtigen Quasi-Monopolisten DATEV antreten wollen, dann ist Ihre Zielperson mit Sicherheit nicht „ein Steuerberater" (denn der kauft oder hat DATEV, da können Sie sich auf den Kopf stellen)[3]. Einen Marktführer frontal anzugreifen, wäre gleichzusetzen mit dem Versuch, als kleiner Guerillastoßtrupp gegen den Hauptstützpunkt der Regierungsarmee vorzugehen.

---

[3] Fußnote s. S. 160.

von Ihnen (nicht von jemand anderem) ...

Wenn Sie beispielsweise hauptsächlich für Werbeagenturen arbeiten, die wiederum für werbetreibende Hersteller von Produkten arbeiten, dann müssen Sie im Kopf behalten, dass Ihre Zielperson in einer Werbeagentur sitzt. Ein Hersteller, der seine Werbung auf jeden Fall von einer Agentur geliefert haben will, wird wahrscheinlich nicht bei Ihnen kaufen. Umgekehrt, wenn Sie sich einer Werbeagentur gegenüber als jemand zu erkennen geben, der hauptsächlich für werbetreibende Hersteller arbeitet, dann wird die Agentur nichts von Ihnen wissen wollen, denn sie möchte keinen Konkurrenten stark machen, der ihr später vielleicht auch noch ihre Kunden abwirbt.

realistischerweise (nicht vielleicht oder hoffentlich) ...

Denken Sie Ihre Strategie wirklich zu Ende. Es geht nicht nur darum, dass Sie einer Zielperson etwas angeboten haben, und diese das Angebot freundlich nickend entgegennimmt, sondern um die Vorhersage, ob auch wirklich die realistische Möglichkeit besteht, dass sie etwas kauft. In Werbeagenturen gibt es zum Beispiel die Position des „Artbuyers“. Ich kann mir nicht vorstellen, dass ein

---

[3] Die DATEV ist, nebenbei bemerkt, ein hervorragendes Beispiel für eine gelungene strategische Spezialisierung in der EDV-Branche – ein Überraschungsangriff, den dieses Unternehmen bereits zu einem Zeitpunkt gestartet hatte, zu dem noch niemand an die Notwendigkeit einer Spezialisierung glaubte, weil die Pionier-Branche EDV insgesamt von euphorischer Aufbruchsstimmung geprägt war. Außerdem war die stockkonservative Riege der Steuerberater so ziemlich das Letzte, was ein junges, aufstrebendes EDV-Unternehmen sich als Kunden gewünscht hätte. Die Besonderheit in der Vermarktung der DATEV-Dienstleistung war, dass ausschließlich Steuerberater sie erhalten konnten. Damit war auch für die Steuerberater selbst die Sicherheit gegeben, dass ihre Kunden nicht irgendwann einmal dazu übergehen würden, direkt bei der DATEV zu kaufen. Noch bevor die Konkurrenz aufwachte und in die Hufe kam, hatte die DATEV eine genügend große Anzahl von Steuerberatern unter ihre Alleinherrschaft gebracht, und heute erkundigt sich sogar jede Praktikantin nach der DATEV-Anbindung der Kanzlei, in der sie sich vorstellt, weil sie ohne ausreichende „DATEV-Erfahrung“ in der Steuerberaterbranche nicht leicht weiterkommt.

solcher Artbuyer wirklich etwas kauft (schon gar nicht „Art"). Er sollte besser „Angebotsverwalter" oder „Arbeitsproben-Archivierer" heißen. Überprüfen Sie genau, ob die Einkäufer der Firmen, die Sie als Kunden gewinnen möchten, sich nicht in einer ähnlich hilflosen Position befinden.

kaufen (nicht geschenkt oder aufgezwungen bekommen) ...

Manchmal gibt es Konstellationen, bei denen derjenige, der das Produkt erhält, eine völlig andere Person ist als die, die es bezahlt. Sie kennen das System vom Sozialstaat. Die Patienten bekommen die Leistung, die Krankenkasse bezahlt. So ein System führt immer dazu, dass der Zahlmeister etwas anderes kauft, als der Empfänger der Leistung wirklich braucht oder haben will. Das Publikum einer Firmengala bekommt die Unterhaltung, der Veranstalter berappt die Künstlergage. Wer kauft also hier? Die Krankenkasse, beziehungsweise der Veranstalter. Auf jeden Fall nicht der, der die Leistung bekommt. Es ist zu mühsam oder völlig unrealistisch, diejenigen, die die Leistung bekommen sollen, erst zu motivieren, damit sie beim tatsächlichen Einkäufer betteln gehen. Auch wenn es uns in der Seele weh tut, weil wir den eigentlichen Verbraucher unserer Ware nicht optimal beliefern können: die korrekte Zielperson für das Marketing ist immer derjenige, der *kauft*.

wird (nicht würde, wenn ..., sollte oder wollte).

Lassen Sie sich nicht von verschiedenen Arten von „Schein-Zielpersonen" ablenken. Ihre Zielperson ist nicht eine Person, die das, was Sie anbieten, gut findet (Eltern, Lebenspartner, Fans), gerne haben würde (Bewunderer, Schnorrer), möglicherweise vermitteln könnte (Manager, Agenten), weiterempfehlen würde (Wichtigtuer) oder Ihrer Meinung nach kaufen sollte („Wunschkunden").

Es ist die Person, die Ihr Produkt von Ihnen realistischerweise kaufen wird. Warum sollten wir uns mit jemandem anderen abgeben? Das entspricht etwa der Frage: Warum sollte ich meine Soldaten und meine Munition (= mein Werbebudget) in einem Gebiet verheizen, dessen Eroberung sich möglicherweise gar nicht lohnt?

Bitte beachten Sie bei der Definition Ihrer Zielpersonen, dass die sich daraus ergebende Gesamtzahl von möglichen Zielpersonen mit Ihrem Budget korrespondieren sollte. Wenn Sie ein multinationaler Konzern sind, könnten Sie vielleicht die Folgen einer (viel zu ungenauen) Definition wie „alle Deutschen zwischen 15 und 35 Jahren" überleben. Aber als kleine Firma oder One-man-Show sind Sie möglicherweise schon mit „alle Bäckermeister in Bayern" überfordert.

Noch ein wichtiger Erfahrungswert zum Thema Zielgruppe: Wenn Sie die Wahl haben, ob Sie sich an eine Art von „Vermittler" oder direkt an die Zielperson für Ihr Angebot wenden sollen, so ist es immer besser, direkt an die Zielperson heranzugehen. Beispiel: Ein Schreinermeister sagte mir, er wollte seine Möbel nicht direkt den Privatpersonen anbieten, weil da die Streuung so hoch sei, sondern lieber Architekten, die ja genau die richtigen Kunden dafür parat haben. Nun, diese Überlegung führt immer in eine Sackgasse. Denn der Architekt ist eben nur ein „Vermittler", von dessen Wohlwollen es letztlich abhängt, ob man mit einer Zielperson überhaupt reden darf. Eine solche Situation ist immer ungünstig für den Anbieter. Er kann nicht direkt auf die Zielperson zugreifen. In Summe war die direkte Methode trotz höherer Werbekosten immer erfolgreicher. Gerade kürzlich sprach ich mit einem Omnibusunternehmer, der auch Pauschalreisen anbietet. Seit vielen Jahrzehnten sendet er seinen Katalog an eine eigene Datei von 20.000 Kunden. Noch nie hat er sich die Mühe gemacht, Reisebüros für die Vermittlung seines Angebots zu gewinnen. Er verschickt die Kataloge massenweise an Privatpersonen und die Leute buchen – bei ihm. Mit dieser Methode fährt er wesentlich besser als alle seine Mitbewerber, und das in einer Branche, die insgesamt unter einem enormen Preisdruck leidet, so dass die meisten Unternehmer aus dem Jammern gar nicht mehr herauskommen.

Wenn Sie nun Ihr Angebot, Ihre Strategie und Ihre Zielperson vollständig definiert haben, dann können Sie mit dem nächsten Punkte beginnen:

3. Schreiben Sie der Zielperson einen persönlichen Brief

Damit ist gemeint, was da steht: *Sie* (eine Person) *schreiben* (nicht zeichnen oder gestalten) *der Zielperson* (auch eine Person, kein Versuchstier) *einen* (sie kann ohnehin nur einen gleichzeitig lesen) *persönlichen* (niemand kriegt gerne einen unpersönlichen) *Brief*. Kein Paket, keine Werbesendung, keinen Prospekt, keine Leistungsbeschreibung, kein Firmenprofil und schon gar keine „Image-Broschüre" (in so einer Image-Broschüre ist nämlich soviel Image drin, dass die Zielperson sich nicht mehr vorstellen kann, dass Sie auch Aufträge ausführen).

Persönlich sollte er sein, der Brief. Es ist vollkommen in Ordnung, wenn Sie den Brief dann tausendmal vervielfältigen und an tausend Leute schicken. Aber wenn Sie ihn schreiben, dann schreiben Sie ihn in dem Bewusstsein, dass immer eine einzelne Person diesen Brief lesen wird.

Beim Briefschreiben selbst sollten Sie niemals vergessen, was der Zweck Ihres Briefes ist. Wir erinnern uns: Die Zielperson soll Sie kontaktieren, weil sie sich für Ihr Angebot interessiert. Der Zweck des Briefes ist es also, *dass Sie eine Antwort in Ihrem Sinne erhalten*.

Was ist eine Antwort in Ihrem Sinne? Denken Sie auch hier wieder die ganze Sache realistisch zu Ende: Kaufen die Leute normalerweise bei Ihnen am Telefon? Oder wollen Sie sich vorher mit ihnen treffen? Bei allen Angeboten, bei denen Sie sich normalerweise mit Ihrem Neukunden treffen, bevor ein Abschluss zustande kommt, sollten Sie direkt auf dieses persönliche Treffen zusteuern. Denken Sie daran, dass Ihre Ware oder Dienstleistung in einem Markt des Überangebots zu 100 Prozent austauschbar ist. Selbst wenn Sie der Überzeugung sind, Sie haben etwas Einzigartiges zu bieten – die Zielperson wird das einfach nicht glauben. Deshalb kommt es auf Ihre Person an. Mit Ihrer Person sind Sie unverwechselbar und *un*-austauschbar.

Der Zweck des Briefes ist es also, dass Sie eine Antwort in Ihrem Sinne erhalten. Die meisten Werbebriefe verfolgen andere Zwecke. Der Zweck des Briefes ist insbesondere *nicht*:

- die Zielperson zu beeindrucken (Angeber),
- die Zielperson günstig zu stimmen (Bittsteller),
- unsere Philosophie zu erklären (Missionare),
- die Konkurrenz schlecht zu machen (Leute ohne Kinderstube),
- die Zielperson zu kritisieren (Tölpel ohne Kinderstube),
- der Zielperson zu erklären, dass wir besser sind oder ihr gar zu beweisen, dass wir Recht haben (Oberlehrer),
- die Zielperson zu manipulieren (Werbe-Psychologen),

Bei allen diesen Varianten wird nämlich der wahre Gesichtspunkt der Zielperson einfach ignoriert.

- die Zielperson zu einer Reaktion zu veranlassen, die wir gar nicht haben wollen (das ist was für Erben, die sich das leisten können),

Wenn Sie die Zielperson zu einer Reaktion auffordern, die Sie eigentlich gar nicht haben wollen, ignorieren Sie Ihren eigenen Gesichtspunkt! *„Fordern Sie unseren 16-seitigen kostenlosen Vierfarbkatalog an!“* trommelt so manches Werbemailing, dessen Absender sich mal wieder für die Vollbeschäftigung in der Druckindustrie eingesetzt hat. Wenn Sie so vorgehen, dann sind Sie bald nur noch ein Versandbüro für Ihre 16-seitige Vierfarbbroschüre. Sie wollen doch in Wahrheit, dass er sich dafür interessiert, bei Ihnen zu kaufen und nicht für Ihre kostenlose 16-seitige Vierfarbbroschüre.

- witzig zu sein (Clowns sind besser).

Natürlich dürfen Sie witzig sein, aber das ist nicht der Zweck Ihres Briefes. Achten Sie auch auf das tatsächliche Humorpotenzial in den Köpfen Ihrer Zielpersonen. Es kann von dem, was Sie selbst einfach „zum Brüllen“ finden, stark abweichen.

Und schließlich wollen wir auf keinen Fall ...

- unsere Botschaft an jene nicht existierende Zielperson verbreiten, deren Gesichtspunkt genau unserem eigenen entspricht, das sind nur unsere Konkurrenten (so etwas würden nur Leute machen, die Teil 1 dieses Buches gar nicht gelesen haben).

Der Zweck des Briefes ist es, eine Antwort in Ihrem Sinne zu erhalten. Das ist der Zweck, und nichts anderes. Weichen Sie nicht einen Millimeter davon ab.

Nun haben Sie – so hoffe ich – eine vollständige Stoffsammlung zu Ihrer persönlichen Biographie gemacht und Ihre nächste Aufgabe ist nun, auszuwählen, was Sie davon für Ihren Brief verwenden. Sie sollen jetzt aus der *exakten* Wahrheit eine *exakte akzeptable* Wahrheit machen. Schließlich wollen Sie nicht Recht bekommen, sondern eine Antwort erhalten.

Der wahre Gesichtspunkt des Empfängers ist somit die Brille, durch die Sie Ihr Werk beurteilen müssen.

Nehmen wir an, Sie sind erst seit zwei Jahren selbständig, haben aber einige hervorragende Leistungen für Ihren Arbeitgeber erbracht zu der Zeit, als Sie noch Angestellter waren. Wenn Sie das Gefühl haben, Ihre Zielperson empfindet die Zeit von zwei Jahren als zu kurz, dann berücksichtigen Sie diesen Gesichtspunkt und reiben Sie ihr eben Ihren Wechsel zur Selbständigkeit nicht extra in Großbuchstaben hin. Obwohl es vielleicht ein großer Schritt *für Sie* war, mit vielen wichtigen Veränderungen in Ihrem Leben, lassen Sie das für den Zweck Ihres Briefes eher unter den Tisch fallen. Beschreiben Sie, welchen Nutzen die Firma, für die Sie gearbeitet haben, durch Ihren Beitrag erzielte. Schreiben Sie über den Nutzen Ihrer Person. Schreiben Sie über Leute, die sich positiv über Sie oder Ihre Leistungen geäußert haben. Und die Tatsache, dass Sie zu dieser Zeit noch angestellt waren, lassen Sie einfach weg.

Das ist aber nur ein Beispiel. Dass wir uns hier ganz klar verstehen (und auch für alle meine Kritiker, die behaupten werden, ich fordere die Leute zum Lügen auf): Ich habe nicht gesagt, dass Sie irgendeine Unwahrheit in Ihren Brief hineinschreiben sollen! Das Gegenteil trifft zu. Sie müssen bei dem, *was* Sie schreiben, strikt bei der Wahrheit bleiben. Es muss stimmen. Sie berichten das Positive, den Nutzen Ihrer Person, was andere an Ihren Leistungen gut fanden, und das Negative lassen Sie weg. Kann Ihnen das jemand verdenken?

Und dann erzählen Sie auch noch etwas Nettes. Irgendetwas Menschliches. Etwas über sich. Sie, die Person, sind es, die der Empfänger kennen lernen soll. Wenn Sie ausschließlich aus Kompetenz oder aus Ehrungen bestehen, dann glaubt der andere nicht, dass Sie überhaupt mit ihm sprechen werden. Er ist vollkommen sicher, dass er Sie nicht anrufen kann. Er wird der Meinung sein, dass er für das Geld, was er Ihnen zahlen könnte, höchstens mal an Ihrem Rasierwasser bzw. Eau de Toilette riechen darf.

Seien Sie einfach nett. Normal, locker. Die Zielperson will normalerweise gerne einen netten Menschen kennen lernen. Wichtig ist nicht, was wir selbst als herausragend an uns finden, sondern: Was wird meine Zielperson besonders interessieren? Es sind nicht nur die beruflichen Dinge, für die sich Personen interessieren. Jeder gute Verkäufer weiß, dass ein persönliches Gespräch auch persönliche Themen beinhalten muss, damit er mit dem Kunden warm werden kann. Verwenden Sie diese Erkenntnis einfach im Personen-Marketing Ihrer Neukundenwerbung und erzählen Sie etwas über sich, Ihr Leben, Ihr Hobby – egal was, Hauptsache, die Zielperson kann sich etwas darunter vorstellen.

Ein Teilnehmer meines Seminars – Inhaber einer Werbeagentur – berichtete mir von einer Präsentation vor mehreren Vorstandsmitgliedern eines Kundenunternehmens, die sein Partner mit den folgenden Worten begann: „Mein Name ist Ernst Eisenberger, ich habe eine Frau, drei Kinder und im Keller haben wir sieben Igel. Die sind sehr putzig – im Frühling lassen wir sie in den Garten, im Winter holen wir sie wieder rein. Der erste heißt Abra, der zweite Bebra, der dritte Cebra, und so weiter. Und nun zum Thema meiner Präsentation ...“. Die anderen Mitglieder der Agentur schauten sich an und glaubten ihren Ohren nicht zu trauen. Der hatte wohl nicht mehr alle Gräten im Kakao. Sieben Igel??? Nun, die Präsentation verlief sehr zur Zufriedenheit der anwesenden Vorstände, und nachdem der Vortragende geendet hatte, ging einer auf den Redner zu und sagte: „Sehr interessant. Aber jetzt sagen Sie mal: Wie ist das nun mit Ihren Igeln ...?“.

Sehen Sie, was ich meine? Sie dürfen den Nutzen Ihrer Person ruhig so weit beschreiben, bis Sie so prominent oder kompetent sind, dass der andere sich nicht mehr traut, Sie anzurufen, obwohl er jetzt glaubt, dass Sie genau der richtige Mann oder die richtige Frau für ihn sind. Und dann erzählen Sie ihm etwas Menschliches. Völlig unerwartet. Sie können das Menschliche auch schon zwischenrein streuen. Es gibt hier kein Dogma oder irgendwelche Reihenfolge-Regeln. Sie erzählen etwas Menschliches über sich und teilen dem Empfänger dadurch mit: Sieh mal, ich bin auch so ein Mensch, ganz normal, ich koche auch nur mit Wasser und gehe auf die Toilette wie wir alle. Es ist alles o. k. keine Gefahr, kein Problem, mich mal anzurufen. Ich beiße nicht.

Bedenken Sie, was Sie der Zielperson antun: Sie haben ihr durch dieses Verfahren den schwarzen Peter des Telefonmarketing zugeschoben! Der Empfänger Ihres Briefes muss jetzt Sie, eine ihm unbekannte Person, anrufen. Das ist nicht leicht. Wenn Sie schon Kaltkontakte per Telefon gemacht haben, wissen Sie das.

Sie mögen vielleicht glauben, dass der Empfänger doch der Auftraggeber ist, der Zahlmeister, der es sich leisten kann, mit großer Geste zu winken – „Wirt! Fahr’ er auf, was Küche und Keller zu bieten hat!“ Oh nein. Ich erinnere mich, als ich selbst in der Position eines solch vermeintlichen Potentaten war. Ich hatte als Musikproduzent bei der Werbeagentur meine Aufträge erhalten und nun auch ein großzügiges Budget, um die Musiker in ein Tonstudio zu bestellen. Doch ich war selbst erstaunt, wie schwer es mir jedes Mal fiel, speziell wenn ich einen mir noch unbekannten Musiker oder Sprecher anrufen musste. Ich habe solche Anrufe oft hinausgeschoben, bis ich Gefahr lief, keinen von diesen Leuten mehr zu meinem Produktionstermin zu bekommen. Ich hatte einfach Angst, mit diesen unbekannten Super-Experten zu sprechen. Wenn ich auch die Noten schrieb, die sie zu spielen hatten, damit ich sie dafür bezahlte – niemals hätte ich ihnen auf der Trompete etwas vormachen können. Das machte mich unsicher und ich fühlte mich äußerst unwohl, wenn ich sie zum erstenmal kontaktieren musste.

Wie sehr Ihnen Ihr potenzieller Kunde auch überlegen erscheint: Er hat in jedem Fall mehr Angst vor Ihnen, als Sie vor ihm. Es ist gar nicht leicht für ihn, Sie anzurufen. Und wenn Sie *kein Mensch* sind, dann ist es unmöglich!

Machen Sie sich selbst das Briefeschreiben nicht zu schwer. Verwenden Sie die Heiratsantrags-Taktik! Verstehen Sie das bitte wörtlich und überlegen Sie sich, wie Sie einen solchen Heiratsantrag formulieren würden:

- Ihre Absicht – klar und deutlich!
- Ihre Vorzüge – aber nur die, die auch vom umworbenen Kandidaten als Vorzüge empfunden werden.
- Die entscheidende Frage oder Anweisung an den Empfänger, so dass er auch wirklich aus seinem Gesichtspunkt „ja" sagen kann!

Zur Erinnerung siehe Eckpfeiler Nr. 3, Heiratsantrags-Taktik: *„Die einzige Möglichkeit, ein klares ‚Ja' zu erhalten, ist, seine Absichten offen zu legen, seine Vorzüge zu demonstrieren und dann die Frage in aller Deutlichkeit zu stellen"*.

Und hier kommt meine Antwort an diejenigen, die glauben, dass alles, was länger ist als eine Seite, nicht gelesen wird. Ich behaupte: Wenn Sie alles, was es über Ihre Person zu sagen gibt, auf einer Seite unterbringen, dann kann Sie niemand beauftragen. Wie soll man auf einer Seite genügend über Sie erfahren, damit man sich anschließend traut, Sie anzurufen?

Schreiben Sie auf keinen Fall zu wenig. Schreiben Sie einen langen Brief. Sie haben natürlich gehört, dass „lange Briefe nicht gelesen werden". Nun, da ist den Verbreitern solcher Weisheiten ein kleines Versehen unterlaufen. Sie haben einfach drei Silben unterschlagen. Der Satz hieß ursprünglich: *Langweilige* Briefe werden nicht gelesen. In kurzen Briefen steht nicht genug drin, was man lesen könnte. Meine Antwort an die Leute, die glauben, dass alle Mitteilungen von Bedeutung auf eine Seite passen sollten, stammt vom Werbealtmeister Ogilvy: *„The more you tell, the more you sell."*[4]

Ich selbst bin weder in der Position, noch ist es die Aufgabe dieses Buches, Herrn Professor Vögele, dem sehr erfolgreichen Altmeister des deutschen Direktmarketing, zu widersprechen. Solange man kein Personen-Marketing macht, ist eine halbe Seite das Maximum, was ein Empfänger an bedeutungsüberfrachtetem Werbegesülze durchhält. Doch beim Personen-Marketing befriedigen Sie einen wichtigen Bedarf, der in der etablierten Werbewelt bislang völlig übersehen wurde: das Bedürfnis nach echten Personen, lebendigen Menschen, die etwas über sich erzählen. Und wenn Sie da zu knauserig sind, ist der Leser enttäuscht oder entmutigt und reagiert nicht.

Es ist vollkommen in Ordnung, wenn jemand Sie anruft, noch bevor er Ihren Brief zu Ende gelesen hat. Aber wie würden Sie sich über den Kunden ärgern, der *nicht* bei Ihnen anruft, weil er dem, was Sie ihm geschrieben haben, nicht genug Ermutigung entnimmt, um Sie tatsächlich zu kontaktieren?

Langweilige Briefe werden nicht gelesen. Davon gibt es natürlich jede Menge. Der Brief muss spannend sein. Ja, ich weiß, da gibt es wieder Einwände, dass das nicht geht und so weiter. Es tut mir leid, aber wenn der Brief nicht spannend ist, wird ihn niemand lesen wollen. Wenn er kurz ist und nicht spannend, gilt dasselbe. Man liest ihn vielleicht versehentlich, weil er so kurz ist, interessiert sich aber nicht für den Inhalt.

---

[4] David Ogilvy war unter anderem Verkäufer von Küchenherden gewesen, bevor er seine Werbeagentur gründete. Er erkannte, dass je mehr er der potenziellen Kundin über einen solchen neumodischen Herd erzählen konnte, desto eher kaufte sie.

Spannend heißt übrigens nicht „literarisch wertvoll" (was immer das bedeutet)! Oder sind die Heftchenromane von Jerry Cotton, die millionenfach gekauft und gelesen werden (alles ziemlich lange Texte) vielleicht „literarisch wertvoll"? Glauben Sie nicht den Leuten, die sagen, dass man nichts hinausschicken sollte, was nicht vollkommen perfekt ist. Es ist nur eine Ausrede, ein Grund, nichts aussenden zu müssen. Ein Brief ist keine Festschrift, welche die Jahrhunderte überdauern soll. Es ist eine Kommunikation von Person zu Person. In unserem Zeitalter des „Canned Entertainment"[5] und der vorgefertigten Textbausteine ist es schon spannend, wenn wirklich mal ein echter Mensch etwas sagt.

Stilistische Überlegungen sind also nebensächlich. Sie brauchen keinen Schriftstellerlehrgang und kein Texterseminar, um einen Brief zu schreiben, im Gegenteil. Nehmen Sie Ihr Leben als Stoffsammlung. Das Leben eines Menschen ist immer spannend.

Bleiben Sie Sie selbst, natürlich und locker. Die Zielperson will keine auswendig gelernte Wiederholung hören von geschraubten Wendungen, die sich irgendwelche Werbepsychologen ausgedacht haben. Ich wiederhole: die Zielperson ist einsam und gleichzeitig genervt von dem üblichen herablassenden Geschulmeistere, mit dem alle anderen Werbebriefe daherkommen. Sprechen Sie einfach zu ihr und muntern Sie sie ein bisschen auf. Sie werden sehen, es hilft.

Die Fragen, die Sie Ihrer Zielperson auf jeden Fall beantworten müssen

Wenn Sie den Brief schreiben, dann können Sie die Form anhand der nun folgenden Checkliste durchgehen.

Man kann an sich selbst überprüfen, dass ein Empfänger eines Briefes sich die folgenden Fragen in der angegebenen Reihenfolge

[5] Canned Entertainment: Vorgefertigte Unterhaltung „aus der Dose".

stellt. Je konsequenter diese Fragen im Brief beantwortet werden, umso sicherer erhält man eine qualifizierte Antwort:

„Wer schreibt mir da?"

Es gehört zur Kinderstube, dass man sich selbst vorstellt, wenn man etwas will. Erzählen Sie etwas über sich. Der Briefkopf allein ist dafür keinesfalls ausreichend. Im Gegenteil, ein übertrieben aufwendiger Briefkopf kann den Empfänger eher daran hindern, zu antworten. Das Gleiche gilt für einen sehr ausgefallenen „Designer"-Briefkopf. Denken Sie daran: Die Zielperson traut sich nicht, sich Ihrer von allgewaltiger Erlauchtheit durchdrungenen Erscheinung zu nähern.

„Was will die Person von mir?"

Wer nicht sagt, was er will, hat bestimmt etwas zu verbergen. Bitte klar und wahr – siehe Punkt 3: „Heiratsantrags-Taktik". Bei Business-to-Business-Kontakten ist es wichtig, dass Sie ziemlich schnell zum Punkt kommen.

„Ist das glaubwürdig?"

Glaubwürdig bedeutet: in sich stimmig und ohne übermäßigen Widerspruch zu Daten und Ansichten, die die Zielperson sonst noch haben mag.

In sich stimmig: Kein Spendenaufruf für hungernde Kinder auf goldgeprägtem Bütten. Kein Immobilienfonds, einzahlbar ab 100.000 Dollar, auf kopiertem Umweltpapier. Aber auch der Inhalt sollte irgendwie in sich stimmig sein.

Ohne übermäßigen Widerspruch: In Teil 1 habe ich ausführlich klargelegt, *dass Sie nicht wissen können, welche Daten und Ansichten die Zielperson sonst noch haben mag!* Treten Sie nicht auf diese Mine. Sie sind auf der sicheren Seite, solange Sie über sich selbst sprechen. Wenn sie eine Beobachtung mitteilen wollen, dann schreiben Sie: „Schon oft in meiner 16-jährigen Laufbahn als Gemüsegärtner habe ich erlebt, ... und dachte mir ...".

Hier ist eine Stolperstelle, wegen der Sie selbst bestimmt schon eine Menge Werbebriefe, die Sie erhielten, gar nicht zu Ende gelesen haben. Schon der erste Satz ist eine Behauptung. Und zack! Weg ist der Leser. Das Mailing tönt: *„Als Experte im Bereich Immobilien wissen Sie sicher ...“*. Nun, entweder ich weiß es nicht, dann frage ich mich, ob das wirklich stimmt, oder ich weiß es, dann frage ich mich, warum der Absender es mir dann schulmeistert. Keine der beiden Varianten ist günstig für den Absender und seine Zielsetzung.

Also Vorsicht. Mit einer Behauptung können Sie jederzeit auf Widerspruch stoßen. Die einfache Lösung: *Behaupten Sie nichts.*

„Welchen Nutzen könnte ich davon haben?“

Ein Handel ist nur gut, wenn er für beide Seiten gut ist. Niemand wird Zeit mit einem Werbebrief verschwenden, wenn nicht ein eindeutiger Nutzen daraus hervorgeht. Beschreiben Sie diesen Nutzen. Doch Vorsicht Falle: Verzetteln Sie sich nicht in der Produktpräsentation! Produkte sind austauschbar. Werbung ist unglaubwürdig. Versprechen Sie nichts (*„Lassen Sie sich von der hochwertigen Qualität überzeugen ...“*), berichten Sie einfach (*„Der Auftraggeber war sehr zufrieden mit der gelieferten Qualität“*)! Verbinden Sie den Nutzen immer mit Ihrer Person. Es gilt die Regel des Personen-Marketing: *Es ist viel wichtiger, dass das Produkt von Ihnen geliefert wird, als dass das Produkt überhaupt geliefert wird.*

„Was soll ich jetzt machen?“

Wenn man nicht eindeutig sagt, was die Zielperson jetzt machen soll, dann ist die Wahrscheinlichkeit hoch, dass sie nichts macht. Eindeutig ist nicht zweideutig oder sechsundzwanzigdeutig. Das höchste, was Sie sich an Zweideutigkeit erlauben können, ist: „Sie können mir das zurückschicken oder -faxen.“ Schon die Angabe von zwei verschiedenen Telefonnummern, unter der man Sie kontaktieren kann, ist ein Risiko.

Leute tun normalerweise, was man ihnen sagt. Aber *sagen* muss man es, und dann darf man nicht mehr von der eindeutigen Anweisung ablenken.

Ein Beispiel für teure Response-Verhinderung

An folgendem Beispiel konnte ich selbst beobachten, wie ein großer Konzern mich, die Zielperson, zweimal für teures Geld davon abgehalten hat, dass ich dem Unternehmen die Antwort gebe, die es eigentlich von mir haben wollte:

Eines Tages fand ich in der Post einen Brief eines großen Geldinstituts. Darin lag ein Formular, das ich wohl ausfüllen und – wahrscheinlich zusammen mit einem Scheck – zurückschicken sollte. Ein gewisser Herr Direktor Janssen[6], Geschäftsführer seines Zeichens, wandte sich da an mich. Ich kannte ihn nicht, und er stellte sich auch nicht weiter vor. Aber er wollte, dass ich mir etwas vorstelle: *„Sehr geehrter Herr Gebhardt-Seele,"* hieß es da, *„stellen Sie sich vor, Sie legen Ihr Geld noch attraktiver als auf einem Festgeldkonto an"*. Hm, dachte ich. Das geht ja schon gut los. Ich soll mir etwas vorstellen, wovon ich keine Ahnung habe. (Man muss dazusagen, ich bin die typische Zielperson für so eine Bank. Ich habe keine Ahnung von den Spielereien in den Sphären der Hochfinanz, mein Level im Fachbereich Vermögensverwaltung für meine eigenen Ersparnisse lässt sich so beschreiben, dass ich einmal im Monat zur Sparkasse gehe, alles Geld abhebe, es nachzähle – um nachzusehen, ob noch alles da ist – und es dann wieder einzahle.)

Der Rest des Briefes enthielt hauptsächlich den Produktnutzen und auch den Kundennutzen für diese neue Sparform. Wem das nicht reichte, der konnte unten noch ein viermal gefaltetes Superleicht-Papier auffalten (man nennt das Origami, daran soll

[6] Name vom Autor geändert.

man wohl die guten Verbindungen dieser Bank nach Japan erkennen).

Im letzten Absatz hieß es dann: *„Prüfen Sie die Vorteile des ...-Tagesgeldkontos und vergleichen Sie kritisch mit herkömmlichen Geldanlagen."* Oh je! Prüfen sollte ich jetzt und vergleichen. Soviel Arbeit. Und ich kenne mich nicht aus. Das konnte ich nicht tun. *„Verlangen Sie Ihr ausführliches und kostenloses Info-Paket. Rufen Sie uns an, wir sind immer für Sie da, zum Beispiel jetzt: Telefon ..."*. Ah, das war schon besser. Ein kostenloses ausführliches Infopaket – das ist gut. Das wird sicher Klarheit in die Sache bringen. Gesagt getan, ich rief an und verlangte mein kostenloses und ausführliches Info-Paket. Den Brief und das Formular warf ich in den Papierkorb, denn ich würde ja jetzt das kostenlose und ausführliche Info-Paket bekommen.

Keine eineinhalb Tage später erreichte mich ein weiterer Brief. Er enthielt wiederum das Formular zum Ausfüllen und ein weiteres Anschreiben. Hier schrieb ein gewisser Herr Jochen Warncke[7], Leiter Service und Information. „Da kannste mal sehen", dachte ich mir, „der Direktor Janssen ist schon zu vornehm geworden für mich, der ist wieder abgedampft in die Quarantäne seiner antiseptischen Managementetage und schickt jetzt seinen i. A. vor, um die eher unwichtigen Details mit mir zu besprechen". Ich erfuhr allerdings weiter nichts über die Leute, die da in diesem Geldinstitut arbeiteten. *„Herzlichen Dank für Ihr Interesse am Tagesgeldkonto der ...-Bank"*, wurde ich begrüßt. *„Mit unserem Tagesgeldkonto eröffnen Sie sich eine neue Dimension der kurzfristigen Geldanlage."* Wow!!! Welch beeindruckende Formulierung. Es handelte sich offenbar um eine grandiose Angelegenheit. *„Für jede Mark auf Ihrem Konto ..."* und so weiter und so fort, Produktnutzen 1, Produktnutzen 2, Kundennutzen 1 und 2, Ihr Vorteil, wir würden uns freuen ... – das Übliche. *„Prüfen Sie kritisch und entscheiden Sie sich am besten noch heute ...."* Oh weh. Schon wie-

[7] Name vom Autor geändert.

der prüfen. Das hatten wir doch schon. Entscheiden – das auch noch. Das war wohl ein bisschen viel verlangt. Aber ich hatte ja noch das kostenlose, umfangreiche Info-Paket! Ja, das würde bestimmt die große Erleuchtung bringen. Darum war es ja eigentlich gegangen. Ich öffnete ein kleines Büchlein im Lang-DIN-Format und – ja, ich hatte an anderer Stelle dieses Buches doch schon darüber berichtet:

Ich zog den Pappstreifen heraus und – *„Schnapp!"* Die eingehende Untersuchung des Würfels, den ich nun in der Hand hielt, zeigte, dass die Pappkonstruktion einen kleinen Gummiring enthielt, der dafür sorgte, dass das flachgedrückte Modell beim Herausziehen aus der Lasche mit einem vernehmlichen „Klack" zum dreidimensionalen Objekt aufsprang. Vor lauter Freude über diese Entdeckung vergaß ich, das beiliegende Heft zu lesen, das da titelte, *„Kann Ihre Bank da mithalten?"*.

Unnötig zu erwähnen, dass das Geld immer noch da liegt, wo es vorher schon war – auf der Sparkasse gleich gegenüber von meinem Zuhause. Daran konnte auch eine Telefonmarketing-Dame der ...-Bank nichts ändern, die mich einige Tage später anrief. Ich war einfach zu sehr davon abgelenkt worden, das zu tun, was eigentlich der Zweck der ganzen Aktion gewesen war.

Der Gerechtigkeit halber sei vermerkt: ich habe natürlich keinen Zugang zu den Werbeaktivitäten dieser Bank und kann deshalb auch nicht beurteilen, ob die Ergebnisse einer solchen Aktion dort intern als Erfolg betrachtet wurden oder nicht. Doch ich nehme mal an, dass wenn Sie mein Buch lesen, weil Sie sich nicht nur für den Inhalt, sondern auch für Neukunden interessieren, Sie möglicherweise nicht das Werbebudget zur Verfügung haben, das eine Großbank jährlich verballert.

Wenn Sie sagen, was Sie wirklich wollen, dann werden Sie genau das bekommen

Seien Sie mit Ihrer eindeutigen Anweisung an die Zielperson sehr genau. Kommen Sie exakt zu dem Punkt, auf dem Sie es haben wollen.

Machen Sie nicht mit bei dem Balztanz mit „wir würden uns freuen ..." oder gar schleimerischen Bücklingen wie „... selbstverständlich gerne, kostenlos und unverbindlich ...". Vermeiden Sie in diesem wichtigen Punkt auch gekünstelte Lockerheit in Form von „rufen Sie mich doch einfach mal an ...". Sie brauchen gar nicht erst den Versuch zu unternehmen, ihrer Zielperson zu suggerieren, dass es *einfach* sei, Sie anzurufen. Das ist es nicht! Die Zielperson hat genau dasselbe mulmige Gefühl im Magen, wenn sie Sie anrufen soll, wie Sie, wenn Sie einen Kaltkontakt machen müssen.

Verlassen Sie sich auf eine gerade und unmissverständliche Anweisung. Knüpfen Sie sogar die Bedingung der echten Qualifikation daran. „Wenn Sie sich für meine Arbeiten interessieren und mich beauftragen möchten, dann rufen Sie mich bitte an. Hier ist meine Telefonnummer: ..."

Sehen Sie, es ist doch auch ehrlich! Sie wollen, dass eine qualifizierte Zielperson Sie anruft, die ein ernsthaftes Interesse an Ihnen hat – das ist die Wahrheit daran. „Hier sind ein paar Informationen über mich, das tue ich, das hat es dem und dem Kunden gebracht. Ich möchte gerne für Sie arbeiten und mit Ihnen in Kontakt treten. Wenn Sie sich dafür interessieren, rufen Sie mich bitte an. Meine Telefonnummer lautet: ..." Peng. Ende.

Auf der folgenden Seite habe ich die fünf Fragen des Briefempfängers noch einmal übersichtlich aufgelistet.

Fragen, die Sie Ihrer Zielperson beantworten müssen

1 ✉ ***„Wer schreibt mir da?“***

Es gehört zur Kinderstube, dass man sich selbst vorstellt, wenn man etwas will. Erzählen Sie irgendetwas über sich. Ein Briefkopf allein ist dafür keinesfalls ausreichend.

2 ✉ ***„Was will die Person von mir?“***

Wer nicht sagt, was er will, hat bestimmt etwas zu verbergen. Bitte klar und wahr – siehe: „Heiratsantrags-Taktik“.

3 ✉ ***„Ist das glaubwürdig?“***

Glaubwürdig bedeutet: in sich stimmig und ohne übermäßigen Widerspruch zu Daten und Ansichten, die die Zielperson sonst noch haben mag. Mit einer Behauptung können Sie jederzeit auf Widerspruch stoßen. Die einfache Lösung: Behaupten Sie nichts.

4 ✉ ***„Welchen Nutzen könnte ich davon haben?“***

Ein Handel ist nur gut, wenn er für beide Seiten gut ist. Niemand wird Zeit mit einem Werbebrief verschwenden, wenn nicht ein eindeutiger Nutzen daraus hervorgeht. Beschreiben Sie diesen Nutzen. Doch Vorsicht Falle: Verzetteln Sie sich nicht in Produktpräsentation! Es gilt die Regel des Personen-Marketing: **Es ist viel wichtiger, dass das Produkt *von Ihnen* geliefert wird, als dass das Produkt überhaupt geliefert wird.**

5 ✉ ***„Was soll ich jetzt machen?“***

Wenn man nicht *ein*deutig sagt, was die Zielperson jetzt machen soll, dann ist die Wahrscheinlichkeit hoch, dass sie nichts macht.

Rausschmeißer – oder wie Sie auch als Nicht-Texter einen wirklich guten Text schreiben können

Nachdem mich häufig Leser dieses Buches anrufen, die mir daraufhin ihre Briefentwürfe schicken mit der Bitte, diese mit ihnen durchzusprechen (was ich gerne tue), möchte ich hier für den interessierten Leser einige Hinweise zum Texten generell einfügen. Diese Hinweise sind sehr leicht umzusetzen, haben jedoch eine entscheidende Wirkung auf den Text und die Reaktion beim Empfänger. Es handelt sich um das Phänomen des „Rausschmeißers". Ein Rausschmeißer ist, wie der Name schon sagt, ein Wort oder eine Textpassage, die den Leser rausschmeißt, ihn am Weiterlesen hindert, ihn ablenkt oder so verwirrt, dass er aussteigt.

Der Hintergrund: Lesen ist für die meisten Leute sehr, sehr anstrengend. Dies ist umso erstaunlicher, da das Funktionieren dieser Gesellschaft hauptsächlich von der Übermittlung schriftlicher Aufzeichnungen abhängt. Man darf sich jedoch keine Illusionen darüber machen: Auch Leute, die von Berufs wegen ständig lesen und schreiben müssen, haben damit nicht selten erhebliche Schwierigkeiten. Sie mögen vielleicht so tun, als würden sie das Gelesene verstehen. Tatsächlich aber verstehen sie häufig recht wenig von dem, was sie lesen.

Die Gründe, warum Lesen anstrengend werden kann, sind eben jene Rausschmeißer.

Ein Rausschmeißer ist alles, das den Leser davon abhalten kann, *gerne* und *freiwillig* weiterzulesen. Ein erster Rausschmeißer kann bewirken, dass die Konzentration des Lesers nachlässt. Ein zweiter Rausschmeißer lässt den Leser die Lust am Weiterlesen verlieren. Spätestens ein dritter Rausschmeißer bewirkt, dass der Leser die Lektüre abbricht. Der Leser wird übrigens den Grund, warum er die Lust verloren und nicht mehr weitergelesen hat, niemals bei diesen Rausschmeißern suchen. Er wird andere Gründe vorgeben. Das liegt daran, dass der Rausschmeißer sich wie so eine Art Virus in sein Hirn setzt und seine Konzentration erst nach einer gewissen „Inkubationszeit" (Zeit, die bis zum Wirksamwerden der Infektion verstreicht) negativ beeinflusst. So kann der Leser seine plötzliche Unlust der wahren Ursache (dem Rausschmeißer) nicht mehr zuordnen und wird daher ersatzweise andere (unter Umständen erfundene) Gründe bemühen.

Für das Schreiben von wirksamen Werbebriefen sollte man das Konzept des Rausschmeißers sehr gut verstanden haben. Man muss in der Lage sein, Rausschmeißer zu erkennen und einen Text ohne Rausschmeißer zu produzieren. Rausschmeißer in „professionellen" Texten entlarven den unerfahrenen Amateur und den aufgeblasenen Wichtigtuer. Ein Text ohne Rausschmeißer liest sich dagegen wie von selbst und ist somit ein Qualitätsmerkmal des echten Profis.

Tatsächlich haben mich manche Leute auf meine Werbebriefe nur deshalb angerufen, weil sie plötzlich verblüfft feststellten, dass sie gerade einen drei Seiten langen *Werbebrief* von Anfang bis Ende durchgelesen hatten. Eine solche Wirkung erziele ich – unabhängig vom Inhalt – allein damit, dass meine Werbebriefe keine Rausschmeißer enthalten.

Die typischen Rausschmeißer

- **Fremdwörter oder komplizierte Wörter**

Beispiel: „Die voluminöse Expansion subterraler Solonocken steht in reziproker Proportion zur spirituellen Kapazität des Agrarökonomen." (Übersetzung: Die dümmsten Bauern ernten die dicksten Kartoffeln.)

Wenn der Text immer wieder Worte enthält, die nur von wenigen Leuten verstanden werden – komplizierte Fremdwörter, ungewöhnliche oder selten verwendete Ausdrücke –, so wird der obige erste Punkt dazu führen, dass die meisten Leser diesen Text nicht zu Ende lesen können. Er wird, statt zuzugeben, dass er die Bedeutungen dieser Worte nicht kennt, den Autor für einen arroganten Angeber halten.

- **Behauptungen**

Beispiel: „Kartoffeln sind in den letzten Jahren immer dicker geworden. Landwirte sehen das gerne, weil Konsumenten dickere Kartoffeln bevorzugen. Schließlich benötigen dicke Kartoffeln weniger Schälarbeit und schmecken auch besser."

Alle Statements, die dem Leser ohne jede Quellenangabe und ohne Beleg einfach an den Kopf geworfen werden, sind geeignet, ihn zu verstimmen und ihn vom Weiterlesen abzuhalten. Dies trifft zu, unabhängig von deren tatsächlichem Wahrheitsgehalt.

Gilt der Autor eines Textes in den Augen der Zielgruppe als Autorität auf seinem Gebiet, so kann er sich Behauptungen leisten, weil die Leser Fans sind, ohnehin an seinen Lippen hängen und jede seiner Äußerungen aufsaugen wie ein trockener Schwamm das Wasser. Deswegen funktionieren Zitate. Ein Autor, der außerhalb seiner Fans zu fremden Personen spricht, der nur durch den Inhalt seiner Texte überzeugen kann, darf niemals den Fehler machen, seine Leser durch eigene Behauptungen zu schulmeistern und damit zu verstimmen.

- **Plattheiten, Allgemeinplätze**

Beispiel: „Die nationalen wie auch internationalen Märkte sind einem immer schneller werdenden Wandel unterworfen. Neue Branchen entstehen, alte verschwinden. Der Berufsalltag des Managers wird immer hektischer."

Es ist eine verbreitete schlechte Angewohnheit von Textern, ihre Texte mit platten Allgemeinplätzen zu beginnen. Sie tun dies in einer Anstrengung, vom Leser zu Beginn Übereinstimmung zu erhalten. Tatsächlich bewirken solch inhaltsleere Blasen eher das Gegenteil: der Leser, der spezifische und spannende Inhalte erwartet, muss sich erst durch dieses nichtssagende Geschwafel hindurchkämpfen, in der Hoffnung, später vielleicht eine echte Information zu finden. Die einfachere Lösung: der Papierkorb.

- **Beweihräucherung**

Beispiel: „Mit der bahnbrechenden Entdeckung von Prof. Dr. Raffelswald, einer bis ins Detail durchdachten Konstruktion und der innovativen Gestaltung ist ein Produkt entstanden, das am Markt seinesgleichen sucht."

Hier haben wir die typische Lobhudelei eingebildeter Hofberichterstattung aus Firmen, die sich und ihr Produkt für den Nabel der Welt halten. Selbstbeweihräucherung der angeberischsten Sorte. Kein Empfänger wird nach einem solchen Satz weitere Zeit verschwenden – Rundablage.

- **Werbephrasen**

Beispiel: „Großzügige Sportanlagen, High-Tech in der Küche und ein perfekter Service rund um die Uhr."

Solche Sprüche würde man höchstens in einem schlechten Werbeprospekt vorfinden. Wortgeklingel und Schnörkel ohne jeden konkreten Informationswert bringen den Leser dazu, innerlich wegzuzappen.

- **Inhaltsleere Worthülsen**

Beispiel: „Mit der Absicht, diese Kampagne als eine großangelegte Innovations-Offensive zu betreiben, deren Kernpunkt in erster Linie in der aktiven Kundenorientierung zu suchen ist, verfolgt das Unternehmen eine langfristige Expansions-Strategie."

Salbungsvolle, wenngleich nichtssagende Sätze dieser Art enthalten keinerlei verwertbare Information, es ist reines Phrasendreschen. Der Absender solcher Zeilen will niemanden informieren, zu niemandem wirklich sprechen, er will einfach nur beeindrucken und sich wichtig machen. Für einen interessierten Leser sind solche Sätze eine Beleidigung ohne jeden Nährwert.

- **Nicht-zu-Ende-Gedachtes, „Gedankenfransen"**

Beispiel: „Eine würfelförmige Melone zu züchten, war seit vielen Jahren sein Ziel. Schon in der Schulzeit hatte sich Raffelswald mit der Botanik befasst. Seine Eltern versuchten ihn davon abzubringen, denn der Vater war Beamter und hielt nichts von Grundlagenforschung. Außer seinen Botanikstudien interessierten Raffelswald auch die Reisen in ferne Länder. Trotz seines schmalen Budgets hatte er alle Kontinente der Erde bereist, bevor er das zwanzigste Lebensjahr vollendet hatte. Heute ist nicht nur die würfelförmige Melone das Ergebnis seines umfangreichen Lebenswerks, sondern auch viele andere Entwicklungen."

Dieses Beispiel demonstriert, was passiert, wenn Gedanken zwar angerissen, aber nicht wirklich zu Ende geführt werden, sondern neue Gedanken angefügt werden, die ihrerseits nicht zu einem den Leser befriedigenden Abschluss kommen. Ein unfertiger Gedanke, der einfach unmotiviert im Weltall hängenbleibt, ist eine Gedankenfranse. Solche Gedankenfransen halten die Aufmerksamkeit des Lesers fest, bis schließlich keine Aufmerksamkeit mehr übrig ist, um weiterzulesen. Und zack – weg ist der Text, im Papierkorb.

- **Ein „Pensch"**
  (Pensch: Mittelteil von „Lampenschirm" – der Anfang „Lam" und das Ende „irm" wurden weggelassen. Pensch steht für etwas, das man nicht verstehen kann, weil Zusatzinformationen fehlen, die nur dem Absender der Kommunikation bekannt sind.)

Beispiel: „Die Werbestrategie musste letztlich floppen – aus den selben Gründen wie schon vor Jahren die viel diskutierte ‚fraktale Markenführung' von Gerd Gerken. Von beiden hat man nie wieder etwas gehört."

Selbst wenn jemand noch weiß, was Gerd Gerkens „fraktale Markenführung" war, so wird doch nicht klar, was die hier beschriebene Werbestrategie letztlich zum Floppen gebracht hat. Ein klarer Pensch.

Ein Pensch überfordert die Vorstellungskraft des Lesers. Der Text ist somit im Papierkorb besser aufgehoben.

- **Etwas, das nicht ist, anstelle von etwas, das ist**

Beispiel: „Es ist nicht nachweisbar, dass wir heute in einer mehr gewaltbereiten Welt leben als noch vor einigen hundert Jahren."

Extrem nervig sind Texte, die zunächst etwas präsentieren, was „nicht" ist. Das ist eine Gedankenfranse übelster Sorte. Oh, so ist es also nicht. Na und? Es gibt so vieles, was nicht ist. Die Liste der Dinge, die nicht sind, könnte praktisch endlos sein. Der Mitteilungswert einer solchen Äußerung bewegt sich daher im homöopathischen Bereich.

Außerdem neigt ein unaufmerksamer Leser dazu, das „nicht" einfach zu übersehen und liest: „Es ist nachweisbar, dass wir heute in einer mehr gewaltbereiten Welt leben als noch vor einigen hundert Jahren."

Etwas breitzutreten, was „nicht" ist, verletzt das elementare Gesetz des Berichts. Ein Bericht vermittelt immer etwas, das *ist.* Langatmige Ausführungen über Dinge die nicht sind, sind überflüssige Schulmeistereien. Den Leser können solche „nicht"-Aussagen genügend verwirren, um ihn vom Weiterlesen abzuhalten.

- **Lange Sätze, Schachtelsätze**

Beispiel: „Dass der Analphabetismus auch in Deutschland immer mehr zunimmt, ist nicht nur eine Tatsache, sondern auch zunehmend Gesprächsthema in Elternbeiräten, Lehrer- und anderen Berufsverbänden, die sich nun, nach langer Zeit der Vogel-Strauß-Politik, ernsthaft mit einem Problem befassen, welches unsere Gesellschaft wie kein anders beeinträchtigt, wie erst kürzlich durch das unerwartet schlechte Abschneiden von Deutschland in der Pisa-Studie publik wurde und nun auch namhafte Politiker auf den Plan gerufen hat."

Nun, ein solcher Text braucht keine weitere Erläuterung. Hier war wohl ein Verrückter am Werk, der um jeden Preis verhindern wollte, dass irgendjemand ihn versteht.

- **Lehrbuch-Stil, Unterricht**

Beispiel: „Die Bedeutung und die Existenz einer Marketing-Kriegführung nimmt in dem Maße zu, wie Märkte gesättigt sind, stagnieren oder sogar schrumpfen. Wenn der ‚Kuchen' nicht mehr wächst, beginnt der Kampf um jedes Stück. Wachsen kann ein Unternehmen dann nur auf Kosten der Wettbewerber. Für viele Unternehmen beginnt damit der Kampf ums Überleben. Dies umso mehr, wenn permanente Überkapazitäten in der Produktion bestehen und sich technisches Know-how und Produktqualität angleichen."

Eine solche Abhandlung mag wahr sein oder nicht, bedeutungsvoll oder belanglos – jedenfalls könnte sie aus einem Lehrbuch stammen. Niemand liest freiwillig Lehrbücher, außer man wird später darüber abgefragt und will eine gute Note bekommen. Ein Text im Lehrbuchstil, der eine Behauptung nach der anderen bringt und das Ganze noch in einem oberlehrerhaften Stil des „Allgemeingültigen" schulmeistert, führt nach wenigen Sätzen zur Erschöpfung des Lesers. Texte im Lehrbuchstil sind langweilig, anmaßend und bieten keinen echten Service. Sie sind daher in gewisser Weise respektlos gegenüber dem Leser. Ein solcher Text killt sich selbst.

Ein guter Text ist kein Unterricht, sondern ein *Be*-richt. Die meisten Leser haben von der Schule die Schnauze gestrichen voll. Jeder Versuch, zu unterrichten, statt einfach zu *be*-richten, führt zur umweltgerechten Entsorgung des „Unterrichtsmaterials" ins Altpapier.

Zusammengefasst kann gesagt werden: Rausschmeißer sind oft der einzige Grund, warum ein Text nicht zu Ende gelesen wird. Schließlich hat der Leser den Text zu lesen begonnen, in der Hoffnung, etwas Unterhaltsames oder Interessantes zu finden oder schlicht zu erfahren, worum es geht. Rausschmeißer verderben ihm gründlich die Laune.

Es lohnt sich, die oben beschriebenen Rausschmeißer im eigenen Text sicher zu erkennen und sie konsequent zu eliminieren.

Die Anatomie eines Rausschmeißers

Beim Überprüfen der eigenen Arbeit muss man sich plastisch vorstellen können, wie ein Leser den Text liest. Man muss sich immer vor Augen halten, dass ein Leser den Text ohne zusätzliche Information liest. Er liest den Text zum ersten Mal. Der Test ist: Wird ein solcher Leser beim ersten Lesen leicht verstehen, worum es geht, wird er „bei der Stange bleiben"? Ergänzend zu der Liste der Rausschmeißer kann man als zusammenfassende Regel aufstellen:

Der Leser soll lesen und nicht denken.

Wenn der Leser zu viel an Zusatzinformation verarbeiten muss, die nicht direkt im Text steht oder viel früher oder später im Text auftaucht, dann muss er denken. Das Denken hält ihn vom Lesen ab und ist deshalb immer ein Rausschmeißer. Ein Leser, der zum Denken gezwungen wird, damit er den Text versteht, wird vom Lesen abgelenkt und verliert schnell die Lust.

Erinnern wir uns an Lektüren wie „Harry Potter" oder die Grisham-Romane. Das sind sehr lange Texte, die eine Menge Stoff zum Verstehen umfassen. Mitunter sind die geschilderten Zusammenhänge recht verwickelt. Und doch bereitet das Lesen dieser Romane einer Menge Leute viel Vergnügen, für das sie bereit sind, sogar Geld auszugeben. Sie kaufen das Buch und verschlingen es, fressen sich genüßlich durch Hunderte von Seiten und schwärmen anschließend über Spannung und Lesespaß. Warum? Weil diese Texte so geschrieben sind, dass ein Leser in erster Linie liest. Er muss nicht viel denken, er kann einfach lesen.

Wie Sie – trotz Sekretärin – zu Ihrer Zielperson vordringen

Nachzutragen ist hier noch eine Bemerkung über die Sekretärin, oder wer immer als Kommunikations-Abfangjäger im Unternehmen der Zielperson fungiert.

Dass Briefe personalisiert werden, ist heute allgemein üblich. Notwendig ist es allerdings erst bei Firmen ab etwa 50 Mitarbeiter. Ich selbst habe viele Jahre lang keine Extra-Arbeit investiert, um Briefe zu personalisieren, und dennoch gute Resonanz erzielt. Später habe ich dann – sozusagen als ein Akt der Anpassung an allgemeine Gepflogenheiten – auch personalisiert. Aber es hat nicht wirklich einen Unterschied gemacht. Die Personalisierung allein reicht keinesfalls aus, um zu der Person vorzudringen, wenn diese von einer Sekretärin abgeschirmt wird. Weil fast alle Absender von Mailings personalisieren, wird die Sekretärin auch personalisierte Werbebriefe als solche identifizieren.

Es gibt jedoch eine altmodische Einrichtung im kaufmännischen Schriftverkehr, die dieses Problem löst. Es handelt sich um die *Betreffzeile*. Es hat sich allerdings in der Zwischenzeit nicht nur eingebürgert, den Hinweis „Betreff“ oder „Betr.:“ wegzulassen, sondern es hat auch die Zeitgeist-Krankheit um sich gegriffen, dass in der Betreffzeile nicht mehr der Betreff steht, sondern irgendein Spruch. Die Idee stammt mal wieder von den sogenannten Werbekreativen, die viel lieber originelle Werbung machen als wirksame.

Die Sekretärin oder die Person, die die Post sortiert, hat hauptsächlich die Aufgabe, die eingehenden Briefe etc. an die richtigen Leute weiterzuleiten. Die gute alte Betreffzeile diente hier als Orientierungshilfe. Sie erspart Ihnen in den meisten Fällen sogar das mühsame Recherchieren der zuständigen Person. Sie schreiben in die Betreffzeile einfach ganz genau hinein, was Sie wirklich wollen – und siehe da, es wird an die entsprechend zuständige Person weitergeleitet. Sie erleichtern ganz einfach der Poststelle die Arbeit des richtigen Verteilens. In dem Augenblick jedoch, in dem man aus einer selbstbeweihräuchernden, missionarischen oder gewollt lassohaften Formulierung der Betreffzeile schließen kann, dass hier jemand auf „Kundenfang“ gegangen ist, wird die Lockwirkung der Betreffzeile sofort ins Gegenteil verkehrt.

Einmal schrieb mir jemand, der offenbar gestalterisch tätig war, einen Werbebrief mit der Betreffzeile: *„Sind Ihre Seminarunterlagen optimal?“* Wie würden Sie sich fühlen, wenn Ihnen jemand noch vor der Begrüßung sagen würde, dass mit Ihrem Produkt vielleicht etwas verkehrt ist? Würden Sie dann so richtig Lust bekommen, etwas von dieser Person zu kaufen? (Jeder Grafiker und auch ich selbst können natürlich bestätigen, dass meine Seminarunterlagen, erstellt in einem Textverarbeitungsprogramm einer ziemlich bekannten Softwarefirma, rein optisch mit Sicherheit verbessert werden könnten. Ich bin da nicht empfindlich, ich hatte vielmehr noch gar nicht darüber nachgedacht. Aber warum sollte ich das, nur weil jemand, den ich gar nicht kenne, an mir herumkritisiert, um seine Sachen zu verkaufen?).

Erinnern wir uns an den überformatigen Umschlag des Innenausstatters, den ich, ohne ihn angefordert zu haben, mit dem Kurier zugestellt bekam? Die Betreffzeile im Anschreiben lautete: *„Raumgestaltung ist Erfolgsplanung“*. Eine unverfrorene Behauptung. Missionar, kann ich da nur sagen. Noch bevor er mich überhaupt begrüßt, wirft er mir seine eigene Heilslehre an den Kopf. Davon abgesehen, dass ich jetzt nicht weiß, worum es geht, fordert er meinen Widerspruch geradezu heraus.

Eine Betreffzeile darf ruhig lang sein, bis zu drei Zeilen. Jemand, der versucht, herauszufinden, worum es hier geht, wird die Betreffzeile auf jeden Fall lesen.

Verwenden Sie die Betreffzeile, um den Empfänger oder die Postverteilstelle des Empfängers zu *orientieren*. Altmodisch, aber immer noch besser als der heute verbreitete „Kreativ“-Sülz.

Ein Beispiel für echtes „Unplugged"-Marketing

In einem meiner allerersten Seminare saß ein Mann, der zwei Jahre lang ausschließlich für einen einzigen Auftraggeber tätig gewesen war. Seine Branche: die Erstellung von Grafik und technischer Dokumentation. Weil er nun auch andere Kunden gewinnen wollte, hatte ihm sein ehemaliger Hauptauftraggeber keine weiteren Aufträge mehr erteilt. Im Klartext, er startete wieder bei Null, das hieß, mit null Aufträgen.

In der darauf folgenden Woche setzte er sich hin und schrieb seinen Akquisitionsbrief. Dann fing er an, mehrere hundert Briefe pro Woche auszusenden. Die Aufträge kamen herein, später strömten sie herein. Nach weniger als zwei Monaten war er mehr als ausgelastet, musste einen neuen Computer anschaffen und eine zusätzliche Kraft einsetzen, um die Aufträge zu bewältigen. Eine Weile schaffte er es gar nicht, weitere Briefe zu verschicken. Er zog in eine neue, größere Wohnung und schickte weitere Briefe aus. Weitere Aufträge, darunter auch größere, folgten. In den Tagen, da ich dieses Kapitel schreibe, rief er mich an und berichtete mir, dass er soeben die Zusage für einen Auftrag erhalten hatte, die dem Volumen seines bisherigen Halbjahresumsatzes entsprach. Das alles wäre nicht weiter bemerkenswert, denn das passiert ja auch anderen Leuten – wäre da nicht der Brief, sein Werbebrief, den er nach der Richtschnur des Personen-Marketing geschrieben hatte, und den er mir zu meiner Information zusandte. Ich las den Brief und musste zugeben, dass selbst ich ihn kaum so hinbekommen hätte. Dieser Mann hatte sich wirklich vollkommen von allen gängigen, längst ausgetretenen Pfaden der „Unternehmenskommunikation" verabschiedet und tatsächlich einen Brief geschrieben, für den jeder Werbetexter in hohem Bogen von seinem Brötchengeber gefeuert worden wäre.

Hier ist er:

BICHLER
Graphik und Dokumentation
Inhaber: Mathias Bichler
Xxxxxx Straße 0, 00000 Xxxxxx
Tel. 00 00 / 0 00 00 00

BICHLER Graphik und Dokumentation, Xxxxxx Straße 0, 00000 Xxxxxx

Firma Xxxxxxxxx
Xxxxxxxx und Xxxxxxx GmbH
Zu Händen Herrn Xxxxxxxx
Xxxxxxxx Straße 0

00000 Xxxxxxxxxx

01. August 1995

Bewerbung für einen Auftrag im Bereich technischer Grafiken, technischer Dokumentation

Sehr geehrter Herr Xxxxxxxx,

mein Name ist Mathias Bichler. Ich bin der Inhaber der Firma Bichler Graphik und Dokumentation. Ich schreibe Ihnen, weil ich gerne für Sie technische Graphiken oder Dokumentationen erstellen möchte.

Seit dem Ende meines Studiums war ich durchwegs als Freiberufler tätig, das sind nun genau sieben Jahre. Nach vielen verschiedenen Tätigkeiten habe ich vor zwei Jahren die Firma Eichler Graphik und Dokumentation ins Leben gerufen und habe nun einen festen und zwei freie Mitarbeiter.

Schon immer hatte ich eine besondere Gabe und Neigung, technische Zeichnungen und Illustrationen zu machen. In der Schule war es für mich normal, nichts anderes als eine 1 im Fach Technisches Zeichnen zu haben.

Zu meiner ersten techischen Dokumentation kam ich auf etwas ungewöhnliche Weise. Während meines Studiums war ich Mitglied in einem Segelflugverein. Eines Tages mußte ich dort für die ganze Mannschaft Spaghetti kochen. Also gab ich diese in einen riesigen Topf kochendes Wasser. Bald füllten die Spaghetti den Topf aus, das Wasser verdampfte. In dem Kampf, Wasser nachzufüllen vergaß ich die Soße, die leider anbrannte. Nach dem Austeilen des Spaghettibreis entdeckte ich eine 10 cm dicke schwarze Schicht im Spaghettitopf (Dies brachte mir den Beinamen "Kochnix" ein). Zur Strafe wurde ich dazu verdonnert, neue Hallenrangierwägelchen zu bauen. Ich erfand einen recht pfiffigen Mechanismus zum Aufschieben der Segelflugzeuge und erstellte meine erste Dokumentation (was mir leichter von der Hand ging als Kochen). Die Zeichnungen werden noch heute als Geheimtip von Verein zu Verein weitergereicht.

Die Dokumentation für die Hallenrangierwägelchen erstellte ich übrigens auf CAD. Ich war gerade bei MBB im Praktikum und erhielt einen CADAM-Kurs und durfte dort mein Werk zu Papier bringen. Mein Interesse am Computer zu zeichnen war geweckt.

BICHLER Graphik und Dokumentation, Bankverbindung: Xxxxxxxbank, BLZ 000 000 00, Kto.Nr. 0000000000, Tel. 00 00/0 00 00 00, FAX 00 00/0 00 00

Eine meiner ersten beruflichen Tätigkeiten war dann, bei einer mittelständischen Maschinenbaufirma das CAD System Autocad einzurichten. Ich zeichnete dann in einem Jahr über 400 teilweise sehr komplexe CAD-Zeichnungen für die Fertigung. In dieser Zeit schulte ich drei andere Mitarbeiter auf CAD und war für alle Computer dieser Firma verantwortlich.

Ich entwickelte mich weiter, schrieb meine ersten Betriebsanleitungen und fand mein räumliches Vorstellungsvermögen erst richtig genutzt bei der Erstellung von perspektifischer Illustration.

Schließlich spezialisierte ich mich auf den Bereich Graphik und Dokumentation, was mir seit zweieinhalb Jahren sehr viel Spaß macht.

Daher würde es mich sehr freuen, wenn Sie einen Auftrag für mich haben.

Die Zusammenarbeit mit mir ist sehr unkompliziert, meine Preise sind ganz normal. Was meine Kunden sehr schätzen, ist meine rasche Auffassungsgabe, ich brauche keine ellenlangen Erklärungen und finde mich in der Regel in neuen Dingen schnell zurecht.

Ich weiß, daß bei der Dokumentation nicht selten Termindruck herrscht. Für einen sehr guten Kunden von mir habe ich einmal sogar bis in die tiefe Nacht und das ganze Wochenende mit meinem Mitarbeiter durchgearbeitet, um diesen Termin (er war wirklich sehr knapp) zu halten. Und wir haben ihn gehalten, was auch den Auftraggeber erstaunte, er glaubte nämlich selbst nicht daran.

Vielleicht kommen Sie jetzt auf die Idee, daß bei solchen Aktionen die Qualität auf der Strecke bleibt. Nein, bei mir nicht. Ich habe ein System der Qualitätskontrolle eingeführt. Alle meine Produkte werden vor Auslieferung von mir persönlich nocheinmal geprüft. Einmal erhielt ich von einer Textilmaschinenbaufirma einen umfangreichen Erstauftrag. Ich wußte nicht, daß ich dabei im Wettbewerb mit anderen Firmen stand. Eine ortsansässige Firma erhielt dann die Folgeaufträge. Nach einem halben Jahr meldete sich die Textilmaschinenbaufirma wieder, weil sie sich daran erinnerte, daß meine Explosions- und Zusammenbauzeichnungen als einzige fehlerfrei waren, sowohl in technischer Hinsicht als auch in der Benummerung. So erhielt ich weitere Aufträge.

Damit Sie eine Vorstellung haben, was ich für Sie erstellen kann, hier eine Aufzählung:

* Betriebsanleitungen * Instandhaltungshandbücher * Wartungshandbücher *
* Ersatzteilkataloge * Zubehörkataloge * Einbauanleitungen * Montageanleitungen *
* nur die Grafiken zu einem der Vorgenannten als Strichzeichnungen *
* Explosionszeichnungen/Isometrie *

Wenn Sie einen Auftrag für mich haben, rufen Sie mich bitte an,
Telefon 00 00/0 00 00 00, und vereinbaren Sie mit mir einen Termin, um Ihren Auftrag zu besprechen.

Mit freundlichen Grüßen

M. Bichler

Mathias Bichler

Nicht zu fassen, oder? Inklusive Komma- und Rechtschreibfehler. Na und? Lassen Sie mich das kommentieren:

Erstens: „The more you tell the more you sell." Zwei Seiten Kleingedrucktes hätten wohl schon den meisten Marketingfachleuten die ersten abfälligen Bemerkungen entlockt.

Zweitens: Die äußere Aufmachung. Kein Aufwand. Schwarz-Weiß, Gestaltung bis auf den spartanischen Briefkopf: Null. Alle Grafikdesigner und Mailinggestalter dürfen jetzt genau dreißig Sekunden lang den Kopf schütteln.

Drittens: Betreffzeile – Orientierung mithilfe der Heiratsantrags-Taktik – Peng.

Viertens: Personen-Marketing – ist der Absender als Person real? Aber sicher.

Fünftens: Interessante Information – ist diese Person in ihrem Gebiet kompetent? Alle, die ich bisher nach dem Vorlesen gefragt habe, stimmten dem zu.

Sechstens: Glaubwürdigkeit – nehmen Sie ihm ab, was er geschrieben hat? Ich habe diesen Brief in jedem meiner Seminare vorgelesen. Bisher gab es auch hier keine Einwände.

Und schließlich *Siebtens und Wichtigstens: Kann man diese Person anrufen?* Oh ja, kein Problem! Es ist ein Mensch, nicht wahr?

Und es haben Leute bei ihm angerufen, ob Sie es glauben oder nicht. Natürlich haben sie angerufen und vielleicht auch gesagt: „Ja – ho-ho, Sie Spaghettikoch! Sie haben sich ja um einen Auftrag beworben!" „Stimmt", war seine Antwort. „Nun, dann kommen Sie halt mal vorbei, wir haben da was für Sie!"

Vergleichen Sie das mit der *„... neuen Dimension einer kurzfristigen Geldanlage"* des Herrn Warncke, Leiter für Service und Information in seinem deutschlandweit operierenden Institut: Perfekte gestalterische Arbeit, supergelacktes Werbetexterdeutsch mit Ralleystreifen und jedes Komma sitzt, verkaufspsychologisch getestet, an der richtigen Stelle. Aber kann man den anrufen? Oder gar den Direktor Janssen, der schon beim nächsten Brief wieder verschwunden war? Keine Ahnung. Ich konnte es nicht. Wer weiß, wer da ans Telefon geht? Und ich mit meinen rückständigen Kenntnissen über die Hochfinanz hätte doch gar keine Chance, in diesem geweihten Institut von irgendjemandem ernst genommen zu werden.

Lieber Leser, gönnen Sie sich jetzt eine Zigarette oder einen Kaffee, oder was Sie sonst zur Entspannung brauchen. Ich glaube Ihnen gerne, dass Sie etwas geschockt sind. Deshalb habe ich an dieser Stelle noch einige wichtige Hinweise für Sie:

Dieser Brief von Bichler Grafik und Dokumentation ist keine Gebrauchsanleitung, sondern ein anschauliches Beispiel. Wenn Sie ein Unternehmen mit 50 Mitarbeitern haben oder eine EDV-Beratung, die nur Großbanken bedient, oder ein Immobiliengeschäft – nun, ich bin sicher, Sie werden sich etwas anders präsentieren wollen. Und das sollen Sie auch. Es ist auch nicht Pflicht, Rechtschreibfehler zu machen oder Buchstaben auszulassen. Aber bitte lassen Sie um Himmels willen die Finger vom Akquisitions-Kauderwelsch aus den Werbetexterseminaren. Solch prätentiöser Mist bringt nur Ihre Person zum Verschwinden und dann sind Sie geliefert! Der Papierkorb wartet schon.

Dieser Beispielbrief zeigt Ihnen im Zusammenhang mit dem hervorragenden Erfolg, den der Verfasser damit erzielte, dass es in Wahrheit auf ganz andere Dinge ankommt. Und diese Dinge habe ich Ihnen in diesem Buch zusammengestellt.

Für alle diejenigen, die jedoch trotz meiner Vorrede an den Berufsskeptiker am Anfang des Buches immer noch das Universal-Allheilmittel suchen, bei dem man dann nur noch auf einen Knopf drücken muss, und dann kommt das Geld zum Fenster hereingeflogen, gibt es hier die folgende

WARNUNG: Glauben Sie nicht einen Augenblick daran, dass der Text oder die Formulierungen in diesem Brief einen Erfolg garantieren. Sie haben äußerst geringe Chancen, durch schlich-

tes Abschreiben bestimmter Sätze oder Wendungen einen ähnlichen Auftragsschub für sich zu erzielen. Warum?

Der Verfasser dieses Briefes ist weder ein Texter noch ein Kabarettist. Ich kenne ihn persönlich. Er ist einfach jemand, der sich gut mit technischer Grafik und Dokumentation auskennt und der an einem Seminar teilgenommen hat. *Er hat diesen Brief geschrieben, um auf seine Weise den Zielpersonen mitzuteilen, dass er gerne für sie arbeiten möchte. Er war völlig ehrlich dabei und hat es absolut ernst gemeint. Und es hat funktioniert. Leute haben den Brief gelesen, geantwortet und ihn beauftragt. Aber nicht wegen dem Text! Sondern, weil der Absender sich zu erkennen gab, sich selbst präsentierte, sich nicht hinter irgendwelchem Eindruck schindenden Geschwafel versteckte und weil er wirklich und ehrlich meinte, was er schrieb. Und das sind die Dinge, die Sie nachmachen müssen!*

In Teil 3 dieses Buches gibt es dann weitere, auch „gemäßigte" praktische Beispiele von Personen-Marketing im Einsatz.

Was Sie mit Kritikern machen sollten

Ich empfehle Ihnen, mit Kritikern nichts zu machen. Trotz aller „Mäßigung" werden Sie natürlich für den Fall, dass Sie tatsächlich einen Werbebrief nach dem Personen-Marketing-Konzept schreiben, ins Kreuzfeuer der Kritik geraten. Freunde werden Ihnen möglicherweise den gut gemeinten Rat geben, dass Sie so etwas doch nicht rausschicken können. Ich kann Ihnen hierzu einen sehr amüsanten Erfahrungswert mitteilen: Mehr als einmal bin ich sogar von Neukunden, die mich angerufen, zu sich geholt und *beauftragt* hatten, für meinen Brief kritisiert worden. Das ist kein Witz! Ein Neukunde rief an, weil er meinen Brief erhalten hatte, ich kam rein, man besprach den Auftrag, wurde handelseinig und dann: „... und übrigens, also Ihr Mailing – also ähem, nun, das ist schon ziemlich – äh, wie soll ich sagen – also, wenn Sie da mal Hilfe brauchen ..."

Ich bedankte mich für das Angebot und trug es mit Fassung. Hatte mein Neukunde denn nicht bemerkt, dass eben dieser Brief, der von ihm mit diplomatischen Worten in der Luft zerrissen wurde, *eben dieser Brief* dazu geführt hatte, dass ich überhaupt zu ihm gekommen war?

Eine Teilnehmerin meines Seminars berichtete mir, dass sie auf diese Veranstaltung aufmerksam geworden war durch eine Kollegin, die ihr meinen Brief mit den Worten überreicht hatte: „Da, lies dir das mal durch – ein typisches Beispiel, wie man es nicht machen soll!“ Sie las es sich durch und meldete sich daraufhin zum Seminar an.

Leute kritisieren einfach aus Gewohnheit. Es steckt überhaupt nichts dahinter. Sie sehen ja an den obigen Beispielen, dass sogar das logische Denken von der Macht der Gewohnheit abgestellt wird.

Machen Sie sich nichts daraus. Treffen Sie Ihre Entscheidung und dann *ziehen Sie Ihre Aktion einfach durch!*

Etwas problematischer kann es werden, wenn Sie als Vertriebsperson einen nach den Empfehlungen des Personen-Marketing geschriebenen Brief im eigenen Haus durchsetzen müssen. Ich hatte einmal das zweifelhafte Vergnügen, von einer Tochterfirma eines großen Konzerns engagiert zu werden. Dem verantwortlichen Marketingleiter hatte mein eigener Werbebrief, mit dem ich meine Dienste angeboten hatte, so gut gefallen, dass er ihn von seinem letzten Arbeitgeber mitgenommen und über ein Jahr aufgehoben hatte. Nun rief er mich an und wünschte, dass ich für seine neue Firma einen ebenso außergewöhnlichen Brief entwarf. Ich sagte zu, wurde gegen ordentliches Honorar und Reisespesen eingeflogen, machte meine Interviews und lieferte dann die fertige Arbeit ab. Der Entwurf kam bei meinem unmittelbaren Auftraggeber sehr gut an. Doch in der nachfolgenden Korrekturphase erfuhr ich, dass der Marketingleiter den Brief nicht nur seinem Geschäftsführer, sondern auch dem Geschäftsführer der Mutterfirma hatte vorlegen müssen. Beide hatten – wie sollte es anders sein –

alle Passagen, die den Brief tatsächlich erfolgreich hätten machen können, herausgestrichen und einen Ersatz im üblichen „Werbewatte"-Stil verlangt. Tatsächlich zur Versendung gelangte somit die „Light-Version" des ursprünglichen Entwurfs.

Wie sehr die Herren Geschäftsführer an den ausgelutschten Floskeln festhalten wollten, illustriert ein Beispiel: Gegen meinen ausdrücklichen Rat bestanden sie auf dem werbebrief-typischen Textbaustein: „Ich werde mir erlauben, Sie in den nächsten Tagen anzurufen". Dabei ist das doch der sicherste Weg, um zu verhindern, dass jemand auf das Mailing reagiert. Wozu auch? Der Absender hat schließlich ausdrücklich geschrieben, dass er selbst anrufen wird.

Falls Sie sich also in einer Situation befinden, in der Sie Ihre Vorgesetzten davon überzeugen müssen, dass qualifizierte Resonanz wichtiger ist als weichgespülte Worthülsen, die vor lauter Unverbindlichkeit in der allgemeinen Kommunikationsüberflutung untergehen, nun, dann müssen Sie sich möglicherweise etwas auf die Hinterbeine stellen und sich durchsetzen. Die Antwort auf Argumente wie: „das haben wir doch noch nie so gemacht ..." kann nur lauten: „Man kann niemanden überholen, indem man in seine Fußstapfen tritt."

6. Kapitel
Zur Praxis des Personen-Marketing

„Courage ist gut, aber Ausdauer ist besser."

Theodor Fontane (1819–1898), deutscher Erzähler

Theodor Fontane sagt's in einem Satz. Zum Erfolg gibt es keinen Lift. Man muss die Treppe benutzen. Lockere Sprüche allein werden Ihnen noch keine Aufträge bringen. Auch das Verfahren des Personen-Marketing ist mit etwas Arbeit verbunden. Ein wesentlicher Erfolgsfaktor bei der Anwendung von Personen-Marketing, wie ich es hier beschreibe, ist die *konsequente* Durchführung. In diesem Kapitel werde ich die Anwendung von Personen-Marketing in allen Phasen des Vertriebs beschreiben, und dabei neben Briefen auch auf die anderen Kommunikationsmedien wie Telefon, Telefax, E-Mail und Internetauftritt eingehen.

Schicken Sie diesen Brief an so viele Zielpersonen wie möglich

„So viele wie möglich" bedeutet: *An Alle!* Am häufigsten wird der Fehler gemacht, dass viel Geld ausgegeben wird, um die Anzahl der Zieladressen so weit wie möglich einzuschränken. Ich empfehle, zunächst die Zielgruppe so groß und umfangreich wie möglich zu definieren.

Business-to-Business

Sagen wir, eine Firma liefert ihr Produkt, eine teure Software, erfahrungsgemäß an andere Firmen ab einer gewissen Größe, nämlich ab 100 Mitarbeiter. Erweitern Sie die Zielgruppe zumindest aus Prinzip, indem Sie Unternehmen ab 50 Mitarbeiter über Ihr Angebot informieren.

Wenn Sie eine branchenbezogene Auswahl treffen, versuchen Sie ebenfalls, diese so weit wie möglich zu fassen.

Vergessen Sie die handverlesene Feinselektion Ihrer Wunschkunden. Es macht nur zusätzliche Arbeit. Vorhersagen darüber, *wo* die Aufträge genau herkommen werden, können Sie den Astrologen überlassen. Machen Sie sich nicht die Mühe! Denken Sie an den Wettbewerb und dessen maximal ungünstigen Ausgangsbedingungen. Laufen Sie nicht dahin, wo alle hinlaufen. Sie werden staunen, wo die Antworten herkommen!

Wenn Sie gerne Absagen sammeln, dann schicken Sie Ihre Briefe nur an große Firmen, an bekannte, namhafte, „interessante", „trendige" Zielpersonen, solche, die „in" sind oder solche, die durch irgendwelche Veröffentlichungen verlautbaren ließen, dass sie eventuell Aufträge vergeben.

So leid es mir tut: *Quantität geht vor Qualität.*

Die meisten Leute, die diesen Satz hören, machen ein Gesicht, als hätte ich gerade vor ihren Augen in eine Zitrone gebissen. Dieser Satz schmeckt nicht, und die meisten sind vom Gegenteil überzeugt. Ich war es auch. Sparen Sie sich das Lehrgeld für zusätzliche Farben, Lackierungen, Überformate, Sonderpapiersorten, Falzungen, Stanzungen, Prägungen, Pop-ups oder andere dreidimensionale „Visualisierungskonzepte", falls Sie es nicht ohnehin schon investiert haben. Den Druckern können Sie immer noch genug Arbeit geben, wenn Sie erst mal die Umsätze eines Großkonzerns haben. Egal, wie viele Provisionsjäger Ihnen das Gegenteil erzählen wollen: Auf den Inhalt kommt es an. Die Qualität Ihrer Werbesendungen sollte nicht mehr als einen Millimeter über dem gerade noch akzeptablen Minimum liegen, damit es mit dem begrenzten Budget möglich wird, so viele Personen wie möglich anzuschreiben. Auf eine klare Formel gebracht:

Für eine Zielperson, die noch keine Mark Umsatz gemacht hat, nicht mehr als das äußerste Minimum an Werbegeld investieren!

„So viele Zielpersonen wie möglich" bedeutet: So viele, wie es Ihr Budget zulässt.

Planen Sie ein Budget ein, welches Sie für die Werbekosten bereitlegen werden. Egal, wie niedrig – planen Sie es ein! Es ist ein Ausgabenposten, der regelmäßig anfällt und den Sie niemals vernachlässigen dürfen. Es ist die einzige Chance, für den Fall, dass Sie nicht warten wollen, bis Ihnen die gebratenen Tauben in den Mund fliegen (und das passiert erfahrungsgemäß nur sehr selten).

Mieten Sie keine Adressen, sondern *kaufen* Sie Adressen. Tatsächlich versuchen Adressverlage immer noch, nach uraltem Muster Adressen zu *vermieten*, die Sie nur einmal verwenden dürfen und für jede weitere Verwendung wieder bezahlen müssen. Mietadressen sind grundsätzlich zu teuer (die Praxis der Adressverlage stammt aus der Zeit, in der man ein Rechenzentrum für die Verwaltung solcher Datenmengen benötigte, und ist längst obsolet).

Aber Vorsicht: Kaufen Sie keine teuren Adressen, egal wie sehr der Anbieter Ihnen weiszumachen versucht, dass seine Adressen von „höherer Qualität" sind. Die Erfahrung hat gezeigt, dass das nicht stimmt. Kaufen Sie beim günstigsten Anbieter. Jeder Versuch, durch Arbeit oder Geld die Anzahl der „Irrläufer" zu vermindern, ist teurer als das Geld für die versandten Irrläufer.

Ich habe in den letzten sieben Jahren viele Hundertausend Briefe verschickt und verschiedene Adressquellen getestet. Mein Tipp: Kaufen Sie keine teuren Adressen, sondern preisgünstige. Viele Adressanbieter bieten ein Jahr Nutzungsdauer an (danach sind die Adressen ohnehin recht veraltet). Es gibt verschiedene Modelle für die Angebots- und Preisgestaltung bei Adresshändlern und auch immer mal wieder neue Anbieter. Es lohnt sich, im Internet zu recherchieren. Die großen Anbieter haben Anwendungen im Internet installiert, mit denen Sie als „Gast“ jede Adressrecherche (wie viele gibt es von welcher Sorte) online und kostenlos durchführen können. Und wenn Sie viele Adressen kaufen: Adresshändler brauchen auch Aufträge. Deren Standardpreislisten beruhen in der Regel auf der Abgabe homöopathischer Mengen. Handeln Sie mit dem Anbieter!

Verwenden Sie immer die günstigste Versandart mit dem niedrigsten Porto (Infopost oder Infobrief). Das Porto für einen Standardbrief ist doppelt so hoch und garantiert kein bisschen mehr Aufmerksamkeit oder Resonanz.

Spezialfall: Sehr kleine Zielgruppen

Für den Fall, dass Ihr Unternehmen so spezialisiert ist, dass trotz Ausschöpfung aller Möglichkeiten der Zielgruppenerweiterung nur ein paar hundert oder noch weniger Adressen als Zielgruppe übrig bleiben, muss man natürlich anders vorgehen. Zunächst sollten Sie in den Firmen der Zielgruppe so viele Ansprechpartner wie möglich ermitteln. Dann schicken Sie ihnen Briefe im Personen-Marketing-Stil. Damit Sie die Zielpersonen öfter anschreiben können als nur viermal im Jahr, müssen Sie sich Varianten ausdenken, die sich genügend unterscheiden oder auf eine Weise aktuell sind, dass die Zielperson sich beim Lesen nicht langweilt. Bei einer Zielgruppe, die nur zweihundert Adressen umfasst, ist auch die Arbeit, jede einzelne Zielperson anzurufen, überschaubar. Bei solchen Anrufen kommt es nicht darauf an, auf die Briefe Bezug zu nehmen. Der Angerufene wird sich vielmehr selbst an die Briefe erinnern. Tatsächlich ist die Anzahl der Kontakte immer wichtiger als das, was genau bei dem einzelnen Kontakt besprochen wird. Und auch hier gilt natürlich: steter Tropfen höhlt den Stein. Wenn es Ihnen darüber hinaus gelingt, recht genau herauszufinden, wo der einzelnen Zielperson „der Schuh drückt“, so haben Sie wieder bessere Karten. Wenn jemand merkt, dass ihm zugehört wird, dann öffnen sich plötzlich so manche Türen.

Business-to-Consumer

Wenn Sie sich zum Zweck der Neukundengewinnung an Privatpersonen (Konsumenten oder auch Endkunden) wenden, die Sie noch nicht kennen, so lohnt es sich in der Regel, eine Postwurfsendung ohne Adressierung zu machen. Sie können Postwurfsendungen sowohl als Flyer als auch im verschlossenen Umschlag versenden. Die Post bietet verschiedene Möglichkeiten der Selektion an, aber seien Sie auf der Hut! Für ein Geschäft, das sich an einem bestimmten Ort befindet, ist die beste Zielgruppe immer noch die Kundschaft, die in der Nähe wohnt. Halten Sie die Sache einfach! Widerstehen Sie der Versuchung, die Selektion kompliziert und teuer zu machen, schicken Sie lieber mehr Briefe aus.

Die Streuung bei Postwurfsendungen muss – das liegt in der Natur der Sache – entsprechend dem Porto etwa fünf- bis zehnmal so hoch angesetzt werden wie bei adressierten Briefen.

Manche Unternehmen rümpfen allerdings die Nase, wenn man ihnen rät, eine Postwurfsendung zu machen. Es klingt so billig. Nun, das ist es auch. Aber nach meinen Erfahrungen ist es eben sehr wirksam. Und für eine gute Wirkung steige ich gerne von meinem hohen Ross herunter und mache „Briefkastenwerbung“.

Zur visuellen Gestaltung des Werbebriefes

Ob adressierter Brief oder unadressierte Postwurfsendung, ob mit oder ohne Umschlag, Ihre Aussendung sollte immer wie ein *Brief* aussehen (nicht wie etwas Gedrucktes). Leute mögen keine Werbedrucksachen, sie mögen Briefe.

Verwenden Sie auf alle Fälle eine Schrift, die sich von der Schrift Ihres gedruckten Briefkopfes deutlich unterscheidet. Haben Sie in Ihrem Briefkopf z. B. eine serifenlose Schrift, so verwenden Sie für den Textteil des Briefes eine Schrift mit Serifen.

Dies ist eine Schrift ohne Serifen.
Dies ist eine Schrift mit Serifen.

Beide obigen Schriften sind Proportional-Schriften (Buchstaben sind schmaler oder breiter, je nach Buchstabe, ein i braucht weniger Platz als ein m).

```
Dies ist eine nicht-proportionale Schrift,
wie bei einer Schreibmaschine. Jeder Buchstabe
braucht gleichviel Platz.
```

Weil in heutiger Zeit Computer fast alle Schreibmaschinen abgelöst haben, ist es durchaus in Ordnung, eine Proportional-Schrift zu verwenden, obwohl auch die altmodische Schreibmaschinenschrift für manche Zwecke durchaus ihren Reiz hat. Unter Umständen kann sogar Handschriftliches (nur bei Konsumenten) gut ankommen, sofern es leicht lesbar ist.

Vermeiden Sie zu lange Zeilen, zu kleine Schriften; verwenden Sie keinen Blocksatz (wie in einem Buch), sondern linksbündigen Flattersatz, also wie bei einer Schreibmaschine. Der Leser soll vermittelt bekommen, dass hier jemand *schreibt*, und nicht, dass er eine „Werbedrucksache" erhält.

Lassen Sie Leerzeilen zwischen den Absätzen, es liest sich leichter.

Reduzieren Sie im Brieftext zusätzliche Hervorhebungen durch Fettdruck, Unterstreichungen oder ähnliches auf ein Minimum, wenn Sie es überhaupt verwenden. Es bringt in der Regel nichts, sondern verleitet den Empfänger nur zum Querlesen – und das ist nicht das, was Sie wollen.

Nummerieren Sie die Seiten ab der zweiten und beenden Sie jede Seite (außer der letzten) *mitten im Satz*. Viele Textprogramme machen den Seitenwechsel automatisch nur am Ende eines Absatzes. Deaktivieren Sie diese Funktion. Das Ende einer Seite (außer der letzten) muss mitten im Satz sein, damit der Leser gezwungen ist, umzublättern und weiterzulesen.

Verwenden Sie neutrale Fensterumschläge ohne jeden Aufdruck

Neben der Tatsache, dass neutrale Umschläge die kostengünstigsten sind, bedenken Sie bitte Folgendes:

Der Grund, warum ein Umschlag geöffnet wird, ist immer der, dass der Empfänger wissen will, was drin ist. Jeder Aufdruck, jegliche Gestaltung auf Ihrem Umschlag kostet nicht nur zusätzliches Geld, sondern gibt bereits einen Hinweis auf den Inhalt.

Verlassen Sie sich niemals auf die Wirkung von so genannten „Teasern" (Werbejargon für aufreißende, Neugier weckende Überschriften oder Gimmicks). Denn die erste Botschaft, die solche Schnörkel vor sich hertragen, ist: „Es handelt sich um irgendeine Werbung!" Und damit starten Sie das Match um die Aufmerksamkeit des Lesers eigentlich schon zwei Tore im Rückstand. Um die Beliebtheit von Werbebriefen generell zu untersuchen, brauchen Sie nur die „Bitte-keine-Werbung"-Aufkleber auf Briefkästen zu zählen.

Es ist unwahrscheinlich, dass jemand einen Brief ungeöffnet wegwirft, wenn von außen kein Hinweis auf den Inhalt schließen lässt. Ob die Zielperson selbst oder ein Sekretariat die Briefe öffnet, der Vorgang ist immer der: Ein Umschlag wird geöffnet, damit anhand des Inhalts über das weitere Vorgehen entschieden werden kann. Der Umschlag selbst erfüllt nur den Zweck der vollständigen Verhüllung. Auf den Inhalt kommt es an!

Ihren Absender sollten Sie in Form einer kleinen Absenderzeile über der Anschrift des Empfängers drucken. Streben Sie danach, dass der Absender möglichst wenig „firmenmäßig" aussieht. Am besten ist immer ein einzelner Name einer Person – der Person des Absenders.

Streuung bei Privatpersonen gegenüber Business-to-Business

Wenn Sie Privatpersonen (Konsumenten) als Zielpersonen haben, müssen Sie wahrscheinlich mehr Briefe aussenden, um dasselbe Ergebnis zu erzielen, als wenn Sie sich an eine Business-to-Business-Zielgruppe wenden. Warum?

Business-to-Business ist, wenn Sie als Besitzer einer Getreidemühle einem Bäcker Mehl anbieten. Sie sprechen den Bäcker auf seinem *Posten* als Bäcker an. Da ist er leicht ansprechbar, denn er ist ja hauptberuflich Bäcker.

Eine Privatperson ist sich normalerweise nicht so sehr bewusst, dass sie auf einem „Posten“ sitzt (z. B. als Verwalter des eigenen Vermögens). Und selbst wenn sie ein solches Bewusstsein hat (z. B. als Bauherr während dem Bau des eigenen Hauses), dann ist sie auf dem Posten in der Regel nicht sehr erfahren. Sie handelt immer noch wie eine Privatperson: intuitiv, emotional, zerstreut, leicht sprunghaft.

Als Faustregel gilt: Im Business-to-Business sollte man mindestens mit einer dreistelligen Anzahl von Briefen pro Woche arbeiten, bei Privatleuten mindestens mit einer vierstelligen Anzahl pro Woche.

Wiederholen Sie die Aktionen so oft wie möglich

Konzerne und deren Werbeagenturen haben häufig die Angewohnheit, dass eine Aktion, die funktioniert, sofort durch eine andere ersetzt wird. Es ist unverständlich, warum sie das tun, aber man muss den Fehler ja nicht nachmachen. Die Wiederholung ein und derselben Sache ist vielleicht nichts für Künstler, die lieber immer etwas Neues machen, wohl aber etwas für den Geschäftsmann, der eine einmal erfolgreiche Aktion so oft wie möglich wiederholen sollte.

Schicken Sie regelmäßig – möglichst jede Woche – Briefe aus

Regelmäßig – das ist der Kernpunkt. Machen Sie kein „Urknall-Marketing“, indem Sie in der ersten Woche 5000 Briefe aussenden und dann neun Wochen auf Antworten warten. Warum?

Nicht tote Materie, sondern lebendige Menschen bewegen Dinge in dieser Welt. Tote Materie ist immer Wirkung, lebende Menschen hingegen können Ursache sein. Wenn Sie in der ersten Woche 5000 Briefe ausschicken, dann sind Sie eine Woche lang Ursache. Wenn Sie dann neun Wochen auf die Antworten *warten*, dann sind Sie neun Wochen lang Wirkung.

Seien Sie lieber in der ersten Woche Ursache, indem Sie 500 Briefe aussenden, und in jeder folgenden Woche ebenfalls Ursache, indem Sie jede Woche weitere 500 Briefe aussenden.

Eine Verteilung über einen größeren Zeitraum ist auch aus Gründen der Statistik anzuraten: Stellen Sie sich vor, Sie schicken alle ihre Briefe in der ersten Woche, und ausgerechnet dann fällt dem Postmann der Sack mit Ihren Briefen vom Lastwagen in den Rhein-Main-Donau-Kanal. Oder die Postler streiken. Oder am Tag vorher hat Deutschland den Fußball-Weltmeistertitel knapp verfehlt, und alle Deutschen sind verstimmt ...

Der immer wieder gemachten Erfahrung nach ist das beste Vorgehen: Schicken Sie regelmäßig jede Woche Briefe aus.

Schicken Sie Ihren Brief an jede Adresse mindestens dreimal

Die zeitlichen Abstände zwischen wiederholten Zusendungen an gleiche Adressen sollte man nach Gefühl festlegen – je nach Zielgruppe und Angebot. Nicht weniger als vier Wochen, nicht mehr als vier Monate. Etwa viermal im Jahr. Aber:

Dreimal mindestens! Verlassen Sie sich niemals auf die „Ein-Schuss-ein-Treffer"-Philosophie der „Helden-Methode" aus den Märchenwäldern von Hollywood (in denen der Held immer trifft und die zahlenmäßig weit überlegenen Gegner immer nur Querschläger produzieren). Bauen Sie auf Kontinuität. Kontinuität wirkt.

Dieses Universum ist nach dem physikalischen Gesetz der Trägheit aufgebaut. Menschen neigen dazu, dieses Gesetz zu imitieren, indem sie mehrere „Anläufe" oder „Anstöße" benötigen, bis sie etwas tun.

Situationen in Firmen ändern sich. Leute kommen und gehen. Manche Posten sind nicht einmal ein einziges Jahr lang mit derselben Person besetzt. Die Kontinuität Ihrer Botschaft darf und soll jedoch ruhig für eine Zielperson erkennbar sein. Schicken Sie an *jede* Adresse *denselben Brief* mindestens dreimal.

Alle „saisonalen Konjunkturschwankungen" sollten ignoriert werden

„Sommerlöcher", Regenwetter, Urlaubszeiten, Wochen mit Feiertagen, Nebensaison, Oktoberfest, Pabstbesuch, Pilotenstreik, Fußballweltmeisterschaft, schlechte Stimmung der Wirtschaft, kurz: *alle Überlegungen*, die angeblich ein Grund dafür sein sollen, dass Ihre Briefe nicht, noch nicht oder nicht mehr ausgesendet werden sollen, empfehle ich Ihnen, standhaft zu ignorieren. Es gibt keinen „ungünstigeren" Zeitpunkt für Ihre Aussendung, der Ihnen mehr schaden könnte, als gar keine Aussendung.

Als ich Personen-Marketing zum ersten Mal für mich selbst anwandte, war ich sogar über die Weihnachtstage weitgehend ausgelastet (und ich hatte nicht etwa einen Lebkuchenstand, sondern ein Büro für Werbetexte).

Auch wenn es Ihnen auf den ersten Blick seltsam erscheint: ich habe die Erfahrung gemacht, dass man sich fast immer über solche „konjunktur-saisonale" Übereinstimmungen hinwegsetzen kann. Egal, wie viele daran glauben, dass in der Sowieso-Woche „sowieso nichts los ist" – man schickt einfach seine Briefe aus – und Leute antworten.

Messen Sie Reaktionen von Briefempfängern, die nicht in gerader Linie zu einem Auftrag führen, nur geringe Bedeutung bei

Lassen Sie sich nicht von einer Anzahl schriftlicher Absageschreiben mit den üblichen Textbausteinen beeindrucken. Betrachten Sie es als Reaktion, die besser ist als keine Reaktion. Der wahre Hintergrund von schriftlichen Absagen ist oft vollkommen banal und in der Regel bedeutungslos. Stellen Sie sich vor, dass es Büropraktikantinnen gibt, die auf dem PC „Word" üben müssen.

Ignorieren Sie alle „Kein-Bedarf"-Meldungen. Die Zielperson ist fast immer so im Tagesgeschäft fixiert, dass sie das gar nicht beurteilen kann. Schon eine Woche, nachdem auf teurem Firmen-Bütten „kein Bedarf“ gemeldet worden war, könnte sie sämtliche Ablagekörbe händeringend nach Ihrem Brief durchwühlen. Nehmen Sie diese Übereifrigen auf keinen Fall ernst oder gar aus der Datei, sondern schicken sie ihnen wieder Briefe.

Verschwenden Sie Ihre Zeit nicht mit dem Beantworten von „Nonsens-letters“, Kritik oder Anfeindungen wegen dem Inhalt Ihrer Briefe oder der Tatsache, dass Sie überhaupt geschrieben haben. Wahrscheinlich werden Sie, wenn Sie regelmäßig Briefe rausschicken, auch einige wenige „Blödmann-Meldungen“ erhalten. Lassen Sie sich weder zu einer Beantwortung, aber vor allem nicht zu irgendeiner Veränderung Ihrer Aussendungen hinreißen. Leute, die sich die Zeit nehmen, um eine sinnlose, kritische, feindselige oder gar unflätige Antwort auf einen Werbebrief zu schreiben, sind wirklich nicht mehr ernst zu nehmen.

Sollte jemand – egal in welchem Ton – ausdrücklich keine Post mehr von Ihnen wünschen, so nehmen Sie ihn aus der Datei. Neben den Leuten, die tatsächlich verstorben sind, gibt es immer wieder welche, die sich aufführen, als könnten ihnen drei Blatt Papier einen körperlichen Schmerz zufügen. Sie könnten sowieso nie Ihre Kunden werden, denn was würden sie erst sagen, wenn Ihre Rechnung käme.

Schicken Sie Arbeitsproben, wenn das in Ihrer Branche üblich ist, aber nur auf ausdrückliche Anforderung, und betrachten Sie es als reine Höflichkeitsgeste. Wer Arbeitsproben anfordert, hat entweder gar keinen konkreten Job oder will aus einer Anzahl von Bewerbern auswählen (= militärisch geringste Chance auf Sieg). Das mit den Arbeitsproben und aufwendigen Prospekten oder Firmenprofilen ist so eine Sache. Erstens ist es oft teuer, zweitens sind Arbeitsproben die reine Produktpräsentation. Versuchen Sie, ein persönliches Treffen zu vereinbaren, bei dem Sie Ihre Arbeitsproben mitbringen. Ihre Person ist viel wichtiger als Ihr Produkt.

Manche Leute sind derart fixiert auf Arbeitsproben, dass man sie nicht zu der Einsicht bringen kann, dass ein persönliches Treffen viel effizienter ist. Ich selbst habe in der Zeit, in der ich das Personen-Marketing auf mich selbst als freiberuflicher Dienstleister für Werbeagenturen anwandte, jedoch nur ein einziges Mal einen Auftrag bekommen von einer Firma, die „vorab“ Arbeitsproben angefordert hatte. Bei den persönlichen Treffen, die ich mit den Zielpersonen abhielt, hatte ich meine Arbeitsproben dabei. Ich habe viele Aufträge erhalten, aber nicht von den „Arbeitsproben-Sammlern“.

Messen Sie großen Firmen oder „prominenten“ Interessenten keinerlei prominente Bedeutung zu, solange nicht ein konkreter Auftrag auf dem Tisch liegt. Solche Leute wissen sehr wohl, wie gut ihr Name oder der ihres Arbeitgebers tönt, und nicht selten wollen sie die Lieferanten bloß „auschecken“.

Wenn Sie nicht ein totaler Anfänger in Ihrem Gebiet sind, so weisen Sie jedes Angebot einer kostenlosen „Probe-Arbeit“ zurück, auch wenn „bei Gefallen“ noch so viele oder attraktive Aufträge in Aussicht gestellt werden. Sie müssen nichts beweisen, und das weiß auch die Zielperson. So jemand will nur von der kostenlosen Leistung auftragshungriger Akquisiteure oder Einsteiger profitieren.

Es gibt Beispiele, die zeigen, dass nicht nur die „unorganisierten“ Freiberufler zur Gratis-Präsentation aufgefordert werden. In den Gazetten der Werbebranche ist immer mal wieder über dieses Thema zu lesen. Angeblich sollen auch manche große Agenturen auf diese Schmarotzertour eingehen. Ein Ingenieur erzählte mir von einer besonders haarsträubenden Begebenheit: Eine Angebots-Anfrage aus Singapur, die an alle vier deutschen Unternehmen geschickt worden war, die eine ganz spezielle Maschine herstellten, wurde in allen vier Fällen mit einem vollständigen Angebot beantwortet. Um das Angebot wie verlangt zu erstellen, war die Arbeit von hundert Ingenieurtagen erforderlich gewesen. Aus Singapur kam jedoch kein Lebenszeichen mehr. Nachforschungen ergaben, dass die Adresse, an die die Firmen die Angebote geschickt hatten, eine Studentenbude war, dessen Bewohner diese Offerten für seine Diplomarbeit benötigt hatte. Alle Firmen hatten, ohne genauere Erkundigungen einzuholen, brav ihre hundert Manntage investiert, um ihr Angebot einzureichen.

Seien Sie einfach ehrlich und verlangen Sie eindeutige Hinweise auf ein Interesse des anfragenden Unternehmens an Ihrer Firma und eine reale Idee über die konkrete Beauftragung, bevor Sie sich zu einer Reihe von kostenlosen Vorleistungen hinreißen lassen.

Trouble-Shooting

Auch wenn ich Ihnen nun ziemlich viel erzählt habe, so ist doch der Grundgedanke des Personen-Marketing, die Sache einfach zu lassen. Das Wesentliche der Methode sind vier Komponenten. Und sollten die von Ihnen verschickten Aussendungen immer noch nicht die gewünschte Resonanz bringen, so gibt es auch nur diese vier Punkte, an denen es liegen kann:

1. Sie nehmen Ihren eigenen Gesichtspunkt ein.

Das ist die Kernfrage. Stimmt Ihr eigener Gesichtspunkt? Transportiert der Brief diesen Gesichtspunkt wirklich oder haben Sie zu viele Kompromisse gemacht?

2. Sie bekommen irgendeine Idee vom tatsächlichen Gesichtspunkt der Zielperson.

Liegen Sie bei der Einschätzung des Gesichtspunkts der Zielperson so daneben, dass einfach niemand auf diesen Brief reagieren konnte? Im Zweifelsfall müssen Sie die Zielgruppe befragen.

3. Sie informieren Ihre Zielpersonen auf verständliche Art über Ihren eigenen Gesichtspunkt.

Wurden überhaupt Briefe in wahrnehmbarer Menge ausgeschickt? Dieser Punkt ist öfter anzutreffen, als man meinen würde. Für einen einzelnen Freiberufler sind 100 Briefe pro Woche das unterste, absolute Minimum. Eine Firma mit 10 Angestellten sollte mindestens 1000 Briefe pro Woche ausschicken.

4. Sie informieren Ihre Zielpersonen in Abständen *immer wieder* über Ihren eigenen Gesichtspunkt.

Dies ist erfahrungsgemäß der häufigste Schwachpunkt in Unternehmen. Unter Zuhilfenahme ihres inneren Schweinehunds neigen Leute dazu, die Wichtigkeit dieses *immer wieder* zu unterschätzen. Sie glauben, die Dinge sollten nach dem Muster einer Einwegspritze funktionieren und nach der ersten Injektion innerhalb von zehn Minuten ihre gesamte Karriere umkrempeln. Sie machen eine einzige Aussendung und harren der Dinge, die da kommen werden. Das ist das Urknall-Marketing. Ich kann es deshalb hier nur noch einmal wiederholen:

Sie müssen *immer wieder* Briefe ausschicken. Dadurch *bestehen* Sie einfach auf Ihrem Anliegen und Ihrem Gesichtspunkt. Das ist es, was wirkt.

Es kann Ihnen passieren, dass tatsächlich – auch auf wiederholte Aussendungen – keine oder zu wenig Antworten kommen. Dann müssen Sie Ihr Angebot und vor allem Ihre Annahmen über den wahren Gesichtspunkt der Zielperson überprüfen. Offensichtlich stimmt da etwas nicht. Egal, wie sehr Sie selbst davon überzeugt sind, dass Sie Recht haben und es richtig gemacht haben. Denken Sie an die Dinge, die ich im Kapitel 3 „Der Kunde, das unbekannte Wesen", beschrieben habe und informieren Sie sich über Ihre Zielpersonen.

Und dann schicken Sie wieder Briefe aus. Nach dem Grundsatz der Stärke ist die Anzahl der Briefe ein auf übergeordneter Weise entscheidender Faktor für einen Sieg. Lassen Sie sich nicht davon abbringen.

Telefonarbeit

Der erste Teil der Telefonarbeit, wenn Sie die Methode mit den Personen-Marketing-Briefen verwenden, besteht natürlich darin, mit den Interessenten zu sprechen – sei es, dass diese bei Ihnen anrufen, weil Sie sie im Brief dazu aufgefordert haben, oder dass sie sich per Fax melden, weil Sie ihnen ein Fax-Antwortblatt beigelegt haben.

In jedem Fall sind es genau die Reaktionen, die Sie sich bei der Aussendung des Briefes gewünscht haben. Bringen Sie ihnen also Aufmerksamkeit und Respekt entgegen.

Im Folgenden sind die wichtigsten Punkte zur professionellen Telefonarbeit im Nachgang zu den Briefaussendungen beschrieben.

1. Interne Information

Alle Personen, die in Ihrem Unternehmen das Telefon abnehmen, sollten über den Briefinhalt und den Zweck des Briefes informiert sein (Zweck des Briefes = dass qualifizierte Interessenten anrufen oder das Rückfax schicken).

Nichtübereinstimmungen mit der Briefaktion oder Proteste gegen den Inhalt unter den eigenen Leuten schaden der Resonanz schon im Vorfeld und sollten daher soweit möglich ausgeräumt werden.

Es erfordert bei Leuten, die viel aktive Akquisition betreiben, manchmal ein wenig Gewöhnung an das Konzept, das Interessenten freiwillig, also von sich aus, anrufen. Aber genau das ist der Zweck eines Personen-Marketing-Briefes.

2. Höflichkeit geht vor Gesprächsinhalt

Ich nenne das „die japanische Methode“.

Es hat bei einem ersten Kontakt *keinerlei* Bedeutung, was inhaltlich besprochen wird. Ein Anrufer, der zum ersten Mal bei einem Unternehmen anruft, weil er den Brief erhalten hat, kennt nur den Brief. Er hat noch nie mit jemandem gesprochen. Der erste Eindruck entscheidet, unabhängig vom Inhalt des Gespächs.

Die Erfahrung hat gezeigt, dass die Anrufer sich zwar auf den Brief beziehen, aber eigentlich vom Inhalt kaum noch etwas wissen. Weil der Inhalt des Briefes gemäß meinen Empfehlungen recht wenig über das Produkt enthält, haben die meisten Leser das Gefühl, sie müssten dazu nachfragen, was ja durchaus im Sinne des Absender ist. Das klingt etwa so: „Ja – Sie haben mir da ja einen Brief geschrieben. Also – worum geht es da überhaupt? Was machen Sie, was bieten Sie an?" Auch wenn in dem Brief schon viel erklärt war – die Anrufer wollen nicht selten alles noch mal mündlich besprechen. Es gibt keine Notwendigkeit, das wirklich zu tun, und es muss auch nicht sofort irgendein Spezialist ans Telefon geholt werden. Jede Sekretärin kann das professionell abwickeln, indem sie weniger auf die technischen Details eingeht, sondern einfach insgesamt sehr höflich ist. In nicht wenigen Unternehmen muss man das den Leuten aber erst beibringen.

Typisches Anti-Beispiel: Die Person, die der Anrufer sprechen möchte (in unserem Fall der Absender des Briefes), ist gerade verhindert. Der ungeübte Telefonist sagt: „Die Frau Dr. Raffelswald ist momentan nicht im Hause" – oder: „Frau Dr. Raffelswald spricht gerade". Peng. Und lässt den Anrufer einfach mit dem Problem sitzen, für das er gar nichts kann. Manche Telefonisten tun das sogar in einem Ton, der den Anrufer praktisch dafür ins Unrecht setzt, dass er überhaupt angerufen hat (nach dem Motto: „Das Einzige, was stört, ist der Kunde" – „wie können Sie nur erwarten, dass Frau Dr. Raffelswald sofort da ist, nur weil Sie gerade anrufen!"). So geht's natürlich nicht.

Viele Firmen versuchen diese Situation dadurch zu lösen, dass „Frau Dr. Raffelswald" eben immer da und überall erreichbar ist. Anrufweiterschalter, Beeper und Mobiltelefone haben das geradezu zur Marotte werden lassen. Das ist aber völlig unsinnig, unnötig und würde auch von keinem Anrufer wirklich erwartet, speziell wenn die Person, die tatsächlich am Telefon ist, einfach grundsätzlich freundlich und hilfsbereit ist.

Also, erste Regel: Nett sein. Nicht übertrieben wie ein trinkgeldberechnender Wiener Oberkellner, aber auch nicht kurz angebunden wie die Auskunft oder gar barsch wie bei der Behörde. Einfach nur aufgeschlossen und verbindlich. Professionell!

Der Zweck des Akquise-Briefes ist, dass Leute anrufen! Wenn also jemand anruft, dann hat die Person ja genau das getan, was im Brief verlangt war und verdient daher die volle Aufmerksamkeit des Absender-Unternehmens. Wenn der Absender gerade nicht persönlich ans Telefon kann, muss derjenige, der den Anruf entgegennimmt, höflich sagen:

„Oh! Frau Dr. Raffelswald ist gerade nicht verfügbar. Aber wahrscheinlich kann ich Ihnen weiterhelfen, wenn Sie mir etwas mehr über Ihr Anliegen sagen.“

In der Regel wird der Anrufer dann sein Anliegen nennen. Man notiert Anrufer, Telefonnummer und fragt, wann dem Anrufer ein Rückruf am besten passen würde.

Ungeeignet ist die Floskel: „Worum geht es denn bitte?“, weil das den Anrufer an Abwimmelungsversuche bei eigenen Akquisitionsanrufen erinnern könnte.

Wenn der Anrufer darauf besteht, nur mit Frau Dr. Raffelswald zu sprechen, dann fragt man, ob der Brief des Absenders der Anlass des Anrufs ist. Dann bietet man den Rückruf an.

Rückrufe sollten natürlich, wenn sie versprochen wurden, immer zuverlässig erledigt werden. Schließlich hat man den anderen jetzt wieder in eine Wirkungsposition gebracht, wo er warten muss, bis der Rückruf kommt. Ein zuverlässiger Rückruf zur vereinbarten Zeit erhöht das Vertrauen, er signalisiert Vorhersagbarkeit. Und das ist genau, was ein potenzieller Kunde sich wünscht: keine Überraschungen.

Warum nenne ich das die „japanische Methode“? Weil das Feeling, wenn jemand anruft, sein sollte: „Es freut mich, dass Sie anrufen, ich werde mich sofort persönlich darum bemühen, Ihnen weiterzuhelfen. Vielen Dank für Ihren Anruf und dass Sie mit mir gesprochen haben“. Genau so sollte das Feeling sein.

Auch wenn der Verkäufer oder dessen Sekretärin selbst anruft und der Interessent der Angerufene ist, sollte der sachliche Teil des

Gesprächs möglichst in genug „Nettsein" verpackt werden. Telefonpartner sehen sich nicht, es gibt keine Körpersprache, keine nonverbalen Zusatzsignale. Umso wichtiger ist, dass der Interessent sich mit dem anderen Gesprächsteilnehmer wohl fühlt und weiteren Kontakten positiv entgegensieht.

3. Möglichst nicht das ganze Thema diskutieren

Die Sache, um die es im Brief geht, sollte möglichst nicht schon beim ersten Anruf des Anrufers breitgetreten werden. Es findet *kein* Verkauf statt (es sei denn, der Anrufer verlangt ausdrücklich, sofort etwas zu kaufen)!

Es gibt Leute, die wollen schon beim ersten Anruf alles ganz genau wissen. Der größte Fehler, den man hier machen kann, ist es, alles genau zu erklären. Das führt fast immer dazu, dass der andere dann sagt: „Vielen Dank, jetzt weiß ich erstmal Bescheid. Ich melde mich wieder. Auf Wiederhören."

Es gilt die Regel: *Die Anzahl der Kontakte mit einer Zielperson ist wichtiger als die Menge des Inhalts pro Kontakt.* Dass mehrere Kontakte stattfinden, ist also wichtiger, als dass der ganze zu besprechende Inhalt schon beim ersten Kontakt vollständig ausgetauscht wird.

Eine Methode, mehrere Kontakte zu erzwingen, ist, dass der namentliche Absender des Briefes beim ersten Anruf *grundsätzlich* nicht da ist. Das hat sich als gut funktionierend erwiesen. Auf diese Weise kann man schon mal zwei Kontakte machen, ohne das es besonders auffällt.

So manche Sekretärin, die ich in diesen Punkten trainiert habe, hatte das Gefühl gehabt, dass sie sofort mit allen technischen Details auf die Fachfragen des Anrufers antworten muss und sich daher Sorgen machte, dass sie der Anrufer unter Umständen nicht ernst nehmen könnte. Das ist aber nicht der Fall. Es ist vollkommen in Ordnung, wenn für die technischen Detailfragen auf einen Spezialisten verwiesen wird. Der braucht deshalb aber nicht sofort ans Telefon kommen. Wenn die Telefonarbeit höflich und professionell abgewickelt wird, hat der Anrufer das Gefühl, in einer gut organisierten und damit kompetenten Firma gelandet zu sein. Und dann sagt man ihm, dass der Super-Fachmann selbstverständlich gerne zurückrufen wird, wenn der Anrufer eine Zeit nennt, in der er zu erreichen ist. Solche Vorbereitungen können dem Fachverkäufer die Arbeit sehr erleichtern.

Ich nenne diesen Punkt „Kaffee". Viele Sekretärinnen oder Telefonisten meinen, sie müssten alles maximal effizient machen, also die Kommunikation mit einem Minimum an Konversation und so sachlich wie möglich zu irgendeinem Ergebnis bringen. Dadurch entsteht eigentlich nur Hektik, der Interessent ist nervös, weil diese ungeheure Effizienz ihn glauben lässt, er selbst ist zu langsam. Es bringt ihn in eine unangenehme Effektposition. „Kaffee" bedeutet, dass man ruhig mal eine überflüssige Bemerkung macht, Small talk betreibt, irgendeine Ablenkung aufgreift, und seien es nur Füllsel wie „Moment, da muss ich mir mal meinen Kalender herholen – ah, da haben wir ihn ja. Gut. Wann können wir uns am besten treffen? Dienstagnachmittag?".

Wenn der andere darauf eingeht, umso besser. Man ratscht. Es ist dem Verkaufsabschluss sehr förderlich, wenn vorher über unwichtige Dinge geratscht wurde.

4. Durch Fragen qualifizieren

Man muss den Anrufer etwas fragen. Irgendetwas! Hauptsache, der andere erzählt etwas. Wir brauchen Daten.

- In welcher Branche ist das Unternehmen tätig?
- Hat der Anrufer einen ganz bestimmten Wunsch oder wollte er sich nur allgemein mal erkundigen?
- Welche Position hat der Anrufer im Unternehmen?
- ...

Es ist auch hier wieder wichtig, dass man es von der leichten Seite nimmt. Keine theatralische Akquisition! Locker bleiben. Der andere kauft ohnehin entweder freiwillig oder gar nicht.

Leichter geht es, wenn man eine Alternativ-Frage stellt: *„Haben Sie eher regelmäßig Bedarf oder eher sporadisch?"*

Eine wichtige Frage gilt auch der Position des Anrufers in seinem Unternehmen. Das funktionierende Verfahren geht so: Man lässt sich den Namen geben (*„Darf ich mir noch mal Ihren Namen notieren bitte?"*) und sagt dann: *„Ok. Und Sie sind dann der ... Geschäftsführer ..."*

Man fragt nicht, sondern nennt mit leichtem Zögern eine Position, die möglicherweise etwas über der Position liegt, die der Anrufer tatsächlich hat. Entweder bejaht er (und freut sich, dass jemand seine Großartigkeit gleich erkannt hat) oder er berichtigt es freiwillig, indem er bescheiden seine tatsächliche Position nennt. Auf diese Weise erfährt man auf völlig unaufdringliche Weise, wie man seinen Gesprächspartner einordnen muss.

Es empfiehlt sich, eine Liste mit möglichen, für die Branche passenden Fragen zurechtzulegen, damit man leicht mit dem Anrufer ins Gespräch kommt.

5. Wenn der Anrufer etwas erzählt: Zuhören

Grundkurs, gehört eigentlich zur Kinderstube. Der Anrufer erzählt, was er auf dem Herzen hat. Manch einen Anrufer hat es große Überwindung gekostet, die Initiative zu ergreifen und den Kontakt aufzunehmen (wie im Brief gefordert) und jetzt möchte er irgendetwas loswerden.

Die Person, die den Anruf entgegennimmt, sollte ruhig und professionell sein und zuhören, wenn der Anrufer etwas sagen will. Sie muss ja nicht auf alles eingehen, was der Anrufer sagt. Einfach nur notieren und den Anruf dann weiterleiten oder den Anrufer durch Fragen qualifizieren (siehe Punkt 4).

Wenn der Anrufer dann diese Fragen beantwortet, gilt wieder: zuhören und notieren.

Gutes Zuhören kann schon den halben Verkauf besorgen. Der Interessent hat das Gefühl, dass er ernst genommen wurde, weil er etwas sagen durfte und ihn nicht immer irgendein Oberlehrer oder Missionar mit einer weiteren Produkt-Predigt unterbrochen hat.

6. Wenn der Anrufer Unterlagen will

Nicht wenige Leute tun sich wahnsinnig schwer, mit Personen zu kommunizieren, die sie nicht kennen. Hinter jeder Freundlichkeit, so fürchten sie, lauert Betrug, oder zumindest eine Verkaufsabsicht, die man sich lieber vom Leibe halten will. Die leichteste Akquisitions-Abwehrkanone ist es immer, Unterlagen anzufordern. Papier kann man leichter wegwerfen als eine Person.

Wichtig ist, dass folgende drei Dinge gut verstanden werden:

Erstens: Dass jemand Unterlagen anfordert, sagt *nichts, aber auch gar nichts* über seine Qualifikation als Kunde aus!

Zweitens: Wenn jemand Unterlagen will (falls es in der Branche üblich ist, dass man so etwas hat), dann bekommt er natürlich welche! Eine Alternative ist, dem Anrufer zu sagen, dass man das, was normalerweise in solchen Unterlagen steht, alles auf seiner Website hinterlegt hat. Dies wird heute üblicherweise akzeptiert.

Drittens: Es hat wenig Sinn, diesen Unterlagen-Anforderern „nachzutelefonieren"! Entweder die Unterlagen überzeugen, und jemand hat Interesse, dann ruft der Interessent von sich aus an. Oder die Unterlagen überzeugen nicht bzw. der Interessent ist eben kein Interessent, weil er keinen Auftrag hat oder kein Interesse oder keins von beiden – dann nützt auch das Nachtelefonieren nichts.

Daraus folgt: Jemand der Unterlagen will, kriegt sie – aus Nettigkeit, man misst der Sache jedoch keinerlei Bedeutung bei. Die Akquisition läuft wie sonst auch völlig unabhängig weiter. Man fragt ihn etwas, versucht einen Termin zu bekommen. Man geht überhaupt nicht auf die Unterlagen ein.

7. Verwaltungsarbeit nicht improvisieren

Interessenten, die auf den Brief anrufen, sollten in ein vorgefertigtes Formular eingetragen werden. Das dient für denjenigen, der den Anruf annimmt, zur Orientierung, damit er alles erfragt, was wichtig ist (Firmenname, Telefonnummer, Branche, Ansprechpartner, Position, die Nachricht selbst).

Das Formular sollte eine große, von weithin sichtbare Überschrift tragen, etwa:

Neuer Interessent!

und möglicherweise auf andersfarbigem Papier gedruckt sein, so dass dieser Vorgang die entsprechende Aufmerksamkeit erhält.

Nicht zu empfehlen sind kleine Zettel mit formlosen Notizen, bei denen alles handschriftlich vermerkt ist. Die Gefahr ist zu groß, dass es untergeht oder die Daten unvollständig notiert oder gar nicht weitergegeben werden.

Jeder, der auf den Brief hin anruft, sollte in eine Liste eingetragen werden, die auch zeigt, was mit dem neuen Kontakt gemacht wurde. Diese Liste sollte wöchentlich geführt werden, zusammen mit Aufzeichnungen darüber, wie viele Briefe in einer bestimmten Woche an welche Adressen geschickt wurden.

Gute Telefonarbeit ist „die halbe Miete“

Der Ton macht die Musik. Die Art und Weise, *wie* ein Interessent am Telefon behandelt wird, ist von wesentlich größerer Bedeutung als der Inhalt. Inhaltlich kann man fast alles besprechen, sogar dass man etwas vergessen oder einen Fehler gemacht hat. Wenn der andere das Gefühl hat, da war eine ausgesprochen nette Person am Apparat, dann ist seine Bereitschaft hoch, wieder einen Kontakt zu machen oder zu erlauben. Unter Umständen freut er sich sogar richtig auf den ausgemachten Termin. Und was gibt es Schöneres für einen Verkäufer, wenn der Interessent sich auf den Termin freut?

Dass die Telefonarbeit von jemand anderem als dem Verkäufer selbst gemacht wird, erfordert, dass diese Person wirklich gut darin ist. Eine unprofessionelle oder unfreundliche Person in der telefonischen Vorbereitung kann alles kaputtmachen und den Verkäufer beim Termin gegen eine unsichtbare Wand laufen lassen. Wenn die Telefonarbeit aber auf professionelle und wirklich freundliche Art ausgeführt wird, dann erhöht es den Wert des Verkäufers in den Augen des Interessenten, besonders wenn die telefonische Anbahnung durch eine andere Person gemacht wurde.

Es ist wichtig zu wissen, dass die andere Person, zum Beispiel eine Sekretärin, sich überhaupt nicht schlecht oder minderwertig fühlen muss, nur weil sie zum Beispiel nicht so viel über das Produkt weiß wie der Verkäufer selbst. Ich selbst habe meinen Sekretärinnen immer beigebracht, dass sie nicht viel zum Produkt selbst sagen, *obwohl* sie einiges darüber wissen.

Das Prinzip ist immer dasselbe: Der eigentliche Verkauf findet erst später statt, also kommt es bei der Anbahnung hauptsächlich auf das Schaffen von Vertrauen an. Vertrauen entsteht in erster Linie durch Professionalität in der Kommunikation und Freundlichkeit, nicht durch Demonstration von Produktkompetenz.

Und außerdem (für die Controller): Nett sein kostet nichts, vielleicht nur ein bisschen Überwindung.

7. Kapitel
Das Internet als Akquisitions-Instrument

Dies ist kein Buch über das Internet, sondern über Neukundengewinnung mit der Methode des Personen-Marketing. Personen-Marketing, wie in diesem Buch beschrieben, lässt sich in jedem Kommunikations- und Werbemedium anwenden, also auch im Internet. Allerdings muss man sich – wie bei jedem anderen Medium auch – mit dessen spezifischen Eigenheiten und der Art, wie Zielgruppen das Medium betrachten und nutzen, auseinandersetzen.

Wir schreiben das Jahr 2009. Das Internet in der Geschäftswelt ist ein bisschen „erwachsen" geworden. Zum Vergleich: Als dieses Buch vor sieben Jahren zum ersten Mal erschien, waren die Spekulationsblasen der Neuen Märkte gerade frisch geplatzt und das Internet selbst befand sich in einer schmerzhaften Umbruchphase, sozusagen in der Pubertät – technisch wie auch ökonomisch. Die Hoffnungen vieler Unternehmen, dass mit der Anbindung ans „World Wide Web" Neukunden nun praktisch von selbst herbeigeflogen kommen würden, hatten bereits irritierende Dämpfer erhalten.

Heute gehören ausführliche Unternehmensdarstellungen unter der eigenen Internetadresse, Informationsübermittlung per E-Mail, über Kommunikations-Portale, in Foren, Communities, Online-Shops und andere Anwendungen – ebenso wie Briefpost, Faxe und Telefonate – nun zum ganz selbstverständlichen Instrumentarium geschäftlicher Kommunikation. Vor diesem Hintergrund habe ich alle Passagen zum Thema Internet komplett überarbeitet und dem Ganzen hier ein eigenes Kapitel gewidmet.

Beginnen wir mit einer naheliegenden Frage.

E-Mails statt Briefe?

Der Unterschied bei den Porto- bzw. Übermittlungskosten lässt immer wieder die Frage aufkommen, ob man denn die Briefe auch durch E-Mails (oder auch Serienfaxe) ersetzen könnte. Zunächst zur aktuellen Rechtslage:

Unverlangt eingehende Faxwerbesendungen kommentiert man im Schwabenland typischerweise mit: „Da druckt wieder jemand seine Werbung auf meinem Papier." Das trifft es ziemlich genau. Laut aktueller Rechtsprechung gelten in Deutschland Werbesendungen (Massensendungen) dann als unlauterer, somit unerlaubter Wettbewerb, wenn der Empfänger genötigt wird, seine eigenen Ressourcen bereits für den Empfang der Sendung einzusetzen. Im Fall von Werbefaxen ist es das Papier, bei E-Mail sind es die Verbindungs- bzw. Downloadkosten, die beim Empfänger anfallen, ohne dass er vorher beurteilen kann, ob er die Zusendung überhaupt haben möchte. Daher reagieren Empfänger von unverlangten Werbefaxen zum Teil recht abweisend – wesentlich öfter und im Ton deutlich schroffer, als dies etwa bei Werbebriefen der Fall ist.

Unverlangte Werbe-E-Mail heißt „Spam" und war im Jahr 2004 ebenfalls Gegenstand von Gerichtsurteilen. Wenngleich es Absender gibt, die auf diese Weise anderer Leute Server verstopfen: Es ist per aktueller Rechtsprechung nicht erlaubt, und unabhängig davon tut es dem Image eines Absenders von Spam-Mails nicht gut, zum Zweck der Akquisition zu „spammen". E-Mails, die sich jedoch nicht mehr wahllos an eine Liste unbekannter Empfänger richten, sondern deren Individualität ersichtlich ist oder glaubhaft gemacht werden kann, können dagegen unter bestimmten Umständen sehr wohl ein legitimes Akquisitionsinstrument sein.

Ein gutes Beispiel dafür wäre eine hochspezialisierte Neuentwicklung einer Maschine, die einem begrenzten Kreis ebenfalls hochspezialisierter potenzieller Anwender angeboten wird. Der Absender kann davon ausgehen, dass sein Angebot allein aufgrund des exakten Zuschnitts auf die Zielgruppe nicht als „Spam" empfunden wird.

Man muss dabei jedoch berücksichtigen, dass die Zusammenstellung einer entsprechend spezialisierten E-Mail-Adress- bzw. Faxnummernliste einiges an Aufwand bedeuten kann.

Ein anderes Beispiel ist eine E-Mail an einen Ansprechpartner, den man schon kennt oder auf einer Homepage eines Unternehmens gefunden hat. Der Absender hat sich die Site angesehen und schickt nun einer der darin genannten Personen eine E-Mail mit seinem Angebot. Dies ist eine individuelle Aktion und kein Spam, auch wenn es mit einer größeren Anzahl von Adressaten gemacht wird.

Man könnte die Regel aufstellen: Je spezialisierter Angebot und Zielgruppe und je besser die beiden zusammenpassen, umso weniger Risiko geht der Absender ein, wenn er E-Mail oder Faxmailings verwendet, und desto höher ist die Chance auf Resonanz. Je weniger spezialisiert das Angebot und je breiter die Zielgruppe, umso eher riskiert der Absender solcher Massenfaxe oder -mails eine kostenpflichtige Abmahnung, vor allem aber jede Menge Proteste und zum Teil unflätige Antworten anstelle von brauchbaren Interessenten.

Meine aktuellen Erfahrungswerte mit Kaltakquise per E-Mail sind gemischt. Es kostet einiges an Zeit, beispielsweise die Internetseiten von Ausstellern einer Messe einzeln aufzurufen, einen Ansprechpartner zu ermitteln und diesem dann eine E-Mail zu schicken, selbst wenn es sich um einen vorbereiteten Text aus dem Zwischenspeicher handelt.

Die allgemeine Akzeptanz von E-Mail als Kommunikationsmedium hat sich zu einer breiten Übereinstimmung, also positiv entwickelt. Response-Quoten auf E-Mails haben sich erhöht, allerdings nur und wirklich nur dann, wenn ein konkreter Anlass, ein wirklich interessantes Thema und ein existierender Ansprechpartner zusammenkommen. E-Mails, die nicht eindeutig einer Person als Empfänger zugeordnet werden können, und auch solche, deren reiner „Werbecharakter“ offensichtlich ist, bleiben unbeantwortet.

Insofern verbleibt als Nachteil von E-Mails, dass sich, wenn man die Informationen in den obigen Absätzen berücksichtigt, nur begrenzte Mengen verschicken lassen, weil die Erzeugung der einzelnen E-Mail jedesmal individuelle Arbeit bedeutet. Dagegen können Werbebriefe per Post mechanisch erzeugt, somit theoretisch in unbegrenzter Anzahl vervielfältigt und verschickt werden.

Texte für E-Mails

Meine Empfehlungen, wie E-Mails zum Zweck der Akquisition abgefasst werden sollten, weichen ab von der in diesem Buch enthaltenen Anleitung für die Erstellung von Brieftexten. Zusammengefasst lautet die übergeordnete Regel diesmal wirklich:

In der Kürze liegt die Würze.

Bei Briefen auf Papier ist mein Rat nach wie vor: Lange (vollständige) Betreffzeilen, lange Texte. E-Mail-Texte sollen zwar lesbar (also nicht im Telegrammstil), aber kurz und prägnant sein und sehr schnell auf den Punkt kommen.

Um sich die Wirkung einer E-Mail auf den Empfänger vorzustellen, muss man sich die tatsächliche Situation eines E-Mail-Empfängers vergegenwärtigen. Die Person sitzt am Computer und hat eine Anzahl von E-Mails erhalten, die im E-Mail-Eingang als „ungelesen“ markiert sind. Die meisten Personen erhalten deutlich mehr E-Mails, als ihnen eigentlich lieb ist. Als erstes wird der Empfänger versuchen, alle Werbebotschaften, unwichtige „Newsletter“ und Spam zu markieren und zu löschen. Als Anhaltspunkt dient die Betreffzeile. Leider würde auch eine überlange Betreffzeile auf eine unverlangte Werbebotschaft hinweisen, also muss eine prägnante Aussage gefunden werden, die den Empfänger dazu bringt, die E-Mail zu öffnen.

Hinweis: Keinesfalls sollen bei unverlangten Akquisitions-E-Mails Anhänge mitgeschickt werden! Es gilt als bekannt, dass das Öffnen von Anhängen unbekannter Absender das Risiko birgt, sich Computerviren und Trojaner einzufangen. Keine Person, die bei Verstand ist, wird das tun.

Ebenfalls dringend abraten würde ich von grafischen Gestaltungselementen in der E-Mail selbst, weil das die Mail augenblicklich als Werbung kenntlich macht. Es geht nur um den Inhalt. Eine E-Mail soll nicht „gefallen“, sondern ausschließlich informieren und zur Antwort auffordern.

Eine E-Mail kann viel leichter gelöscht werden, als ein Blatt Papier weggeworfen werden kann. Allerdings kann sie auch leichter beantwortet werden. Beide Aktionen sind nur zwei Mausklicks.

Also muss der Text einer E-Mail sehr schnell auf den Punkt kommen und um eine Antwort per Mail ersuchen. Wenn das Thema für den Empfänger im Augenblick des ersten Sichtens wirklich interessant erscheint, wird er die E-Mail möglicherweise lesen. Und wenn ihn die Sache dann immer noch interessiert, wird er unter Umständen antworten.

Während man in einem Personen-Marketing-Brief ausführlich oder sogar launig werden kann, kommt es beim Schreiben von E-Mails auf Direktheit und Präzision an. Leute, die am Bildschirm lesen, haben eine wesentlich kürzere Aufmerksamkeitsspanne als „Papier-Leser“, wie auch einschlägige Studien bestätigt haben.

Für größtmögliche Prägnanz bei der E-Mail-Korrespondenz hier meine Empfehlungen:

Regel 1: Bewerte nicht den Empfänger!

Eine Bewertung des Empfängers ist alles, was ihm sagt, was oder wie er ist, was oder wie er sein sollte, was er getan hat, was er tut, was er tun sollte, was er denkt oder denken sollte, was er weiß oder wissen sollte.

Beispiel: *„Ich bin überzeugt, dass Ihnen unser Vorschlag gefallen wird.“* Falsch, weil Bewertung. Entweder der Vorschlag gefällt dem Empfänger, dann brauche ich es ihm nicht extra zu sagen, weil er selber darauf kommt. Oder der Vorschlag gefällt ihm nicht, dann hilft es auch nicht, wenn ich „sicher bin“, dass ihm der Vorschlag gefallen wird. So etwas wird als dümmliche Werbe-Anmache empfunden. Richtig: *„Bitte lassen Sie mich wissen, wie Sie über meinen Vorschlag denken."*

Beispiel: „Als Geschäftsführer ist Ihnen sicherlich bekannt ..." Falsch, weil Bewertung. Entweder es ist ihm bekannt, dann brauche ich ihn als Absender nicht so zu schulmeistern. Oder es ist ihm nicht bekannt, dann riskiere ich einen Protest aufgrund meines belehrenden Geschwätzes.

Alles in der Art von „Sie haben ...", „Sie sind ...", „Sie wissen sicherlich ...", „Sie sollten ..." ist eine Bewertung und wird vom Empfänger innerlich spontan zurückgewiesen. Es ist fast immer sehr unhöflich, in schriftlicher Kommunikation *über* den Empfänger zu sprechen.

Regel 2: Behaupte nicht, sondern berichte!

Eine Behauptung ist etwas, dessen Belegbarkeit angezweifelt werden kann. Aber auch Allgemeinplätze wie „Die Zeiten haben sich gewandelt ..." sind Behauptungen, die dem Leser keinen echten Dienst erweisen, sondern ihn nur unnötig schulmeistern. Eine Behauptung fordert leicht den Protest des Empfängers heraus, unabhängig davon, ob die Behauptung wahr ist oder nicht.

Beispiel: *„Motivation der Mitarbeiter ist in den letzten Jahren für Unternehmen immer wichtiger geworden."* Falsch, weil Allgemeinplatz und unbewiesene Behauptung, über deren Wahrheitsgehalt man streiten kann. Richtig: *„Viele Unternehmer haben mir in letzter Zeit berichtet, dass die Motivation ihrer Mitarbeiter an Bedeutung zugenommen hat."* Hier stelle ich keinen allgemeinen Lehrsatz auf, sondern ich spreche von mir, von meiner eigenen Erfahrung, daher wird mir der Empfänger zunächst schwerlich widersprechen.

Es gilt: Nicht behaupten, sondern berichten.

Regel 3: Vermeide Angeberei und Werbegesülze!

Wenn irgendetwas tatsächlich großartig ist, dann muss der Empfänger schon selbst darauf kommen, damit er übereinstimmt.

Wenn ich ihm eine solche Erkenntnis aufzwinge, wird er sogar Vorzüge anzweifeln, die offensichtlich sind.

Beispiel: „*Gerne können Sie sich die phantastischen Angebote auf unserer Website ansehen.*“ Falsch, weil Angeberei. Entweder der Empfänger glaubt, dass die Angebote attraktiv sein könnten, dann brauche ich es ihm nicht extra zu sagen. Oder er glaubt es nicht, dann hilft es auch nichts, wenn ich versuche, sie als „phantastisch“ zu beweihräuchern. Richtig: „*Wenn Sie sich für unsere Angebote interessieren, dann besuchen Sie bitte unsere Website, auf der weitere davon zu finden sind.*“

Regel 4: Gib dem Empfänger niemals eine Anweisung, die er nicht sofort ausführen kann!

Typische Werbetexte sind voll von nichtssagenden Worthülsen wie „Nutzen Sie dieses, profitieren Sie von jenem, genießen Sie die Vorteile von bla!“

Ganz abgesehen von der unglaublich herablassenden Angeberei in solch grässlichen Phrasen darf nicht übersehen werden, dass auch ein Satz wie „Genießen Sie die herrliche Ruhe auf unserer Sonnenterrasse“ eigentlich eine Anweisung darstellt. So etwas liest man in einem Prospekt für ein Ferienhotel. Nun, kann der Leser eines solchen Prospekts diese Anweisung ausführen? Nein! Er hat ja noch gar nicht gebucht! Er sitzt zuhause und ist viele Kilometer von diesem Hotel entfernt. Er kann dieser Anweisung jetzt beim besten Willen nicht Folge leisten.

Tatsächlich erreicht man mit solchen Ablenkungsmanövern, dass der Empfänger die eigentliche Anweisung, auf die es ankommen würde, sicherlich *nicht* ausführt, nämlich: „Buchen Sie einen Urlaub in unserem Hotel!“

Wenn man einem Empfänger in einer Korrespondenz eine Anweisung erteilen möchte, dann sollte man sich idealerweise auf eine einzige Anweisung beschränken, die man ganz am Schluss bringt. Beispiel: „Bitte geben Sie mir Bescheid, wenn Sie weitere Informationen erhalten möchten.“

Regel 5: Vermeide Begründungen, Verteidigungen und Rechtfertigungen!

Dinge, die übertrieben begründet, verteidigt oder gerechtfertigt werden, drängen dem Empfänger die Idee geradezu auf, dass damit möglicherweise etwas nicht stimmt.

Man sagt, was man zu sagen hat, Ende. Wenn das, was man zu sagen hat, für den Empfänger nicht akzeptabel ist, nun, dann wird es auch durch eine Begründung, Verteidigung oder Rechtfertigung nicht akzeptabler. Wenn das, was man zu sagen hat, für den Empfänger akzeptabel ist, dann braucht man auch keine Begründung, Rechtfertigung oder Verteidigung.

Zusammenfassung

Schriftliche Kommunikation hat etwas Endgültiges, Abschließendes. Man muss das berücksichtigen. Es gibt keine Möglichkeit, etwas in einem Schriftsatz zu korrigieren, den man einmal abgeschickt hat. Und der Empfänger hat einen schriftlichen Beleg der Geschicklichkeit, Einfühlsamkeit oder der Arroganz und Dämlichkeit des Absenders – je nachdem.

Als übergeordnete Regel gilt schließlich: Schriftliche Kommunikation muss immer ausgesucht höflich sein. Höflichkeit ist nicht Schleimerei oder zu dick aufgetragene Unterwürfigkeit. Aber jede auch nur leicht angedeutete Form von Geringschätzung muss vermieden werden.

Der einfache Test ist: Wie würde ich mich fühlen, wenn ich die E-Mail, die ich gerade dabei bin zu verschicken, selbst erhalten würde?

Personen-Marketing im eigenen Internetauftritt

Es ist schon erstaunlich. Obwohl der Internetauftritt eines Unternehmens ja wohl kein anderes Ziel haben kann, als dass sich Kaufinteressenten, Stellenbewerber oder Kooperationspartner melden, das Unternehmen kontaktieren und irgendetwas wollen, findet man auf vielen Internet-„Präsenzen" keinen einzigen Ansprechpartner. Als wären die Produktionshallen und Büros komplett entseelte Robo-Fabriken. Irgendwo ganz klein in der Fußleiste kann man das Impressum anklicken, wo dann ganz verschämt ein Geschäftsführer namentlich genannt wird.

Wen soll man also ansprechen, wenn man zum Beispiel von diesem allgewaltigen Unternehmen etwas kaufen will? info@unternehmen.de? Wer ist dieser „info"? Mit einem derart ent-personifizierten Auftritt teilt man dem Interessenten indirekt mit, dass im Unternehmen eigentlich niemand Bestimmter mit ihm reden will. Das ist mindestens unhöflich, im Sinne von Neukundengewinnung könnte man sagen: grob fahrlässig.

In der Papierbriefwerbung habe ich für die meisten Anwendungen davon abgeraten, Bilder in den Brief zu integrieren, auch Portraitbilder. Brieflesen ist „Kino im Kopf". Im Internet gilt das nicht. Internet-User sind „Bildchen-Gucker". Lesen am Bildschirm ist anstrengend. Die Aufmerksamkeitsspanne von Leuten ist viel kürzer. Besonders, wo das Internet doch voll mit Bildern und Videos ist. Internetnutzer greifen reflexartig nach Bildern und Videos. Schließlich ist ja ein Bildschirm auch dazu gemacht, Bilder und bewegte Bilder zu übertragen.

Unternehmen haben allerdings die schlechte Angewohnheit entwickelt, das Verlangen des Nutzers nach Bildchen mit sogenannten „Image-Fotos" aus einer gekauften Bilderdatenbank befriedigen zu wollen. Das ist ein schales Surrogat, bestenfalls eine Hinhaltetaktik. Im Fernsehen mag das angehen, weil sich ein Fernsehzuschauer passiv berieseln lässt. Wer jedoch im Internet recherchiert, also eigentlich arbeitet, will nicht abgelenkt und nicht verführt werden, sondern etwas erfahren. Authentizität ist demnach das, was zieht.

Keine händeschüttelnden oder gegelt in Konferenzen sitzenden Models, sondern die tatsächlichen Mitarbeiter des Unternehmens sollten abgebildet werden. Das Internet ist kein statischer Prospekt und keine „Imagebroschüre". Bilder, Zitate und – noch besser – Videos könnten die tatsächlichen Gesprächspartner zu Wort kommen lassen. Und als der Königsweg: zufriedene Kunden. Der eigene Internetauftritt ist eine perfekte Auslaufstrecke für Personen-Marketing. Wenden Sie sich persönlich an Ihre Zielgruppe. Erzählen Sie etwas über sich. Lassen Sie Ihre Mitarbeiter und Ihre Kunden zu Wort kommen. Sie werden staunen, was passiert.

Das Internet in der Akquise – eine Zwischenbilanz

Das Internet hat, darin wird wohl jeder übereinstimmen, die Welt tiefgreifend verändert. Allerdings überhaupt nicht so, wie sich das viele Leute vorgestellt haben. Das Internet hat – neben all seinen Vorzügen und Erleichterungen, die es uns bringt – Hoffnungen geweckt, die so wenig realistisch sind wie die Idee, dass man sich eine Pizza online nicht nur bestellen, sondern auch downloaden und direkt über seinen Computeranschluss aufessen kann.

Warum ist das so? Die Antwort ist einfach: Weil das Internet nur Symbole, nicht aber die Realität übertragen kann. Aus Symbolen könnte zwar sehr wohl eine Realität werden. Aber damit wir wirklich etwas davon haben, müssen wir selbst in Aktion treten. Das Internet wird das nicht ersetzen. Wir können im Internet eine Pizza bestellen. Aber Pizza backen, Pizza liefern oder abholen und last not least Pizza essen muss nach wie vor irgendjemand höchstselbst.

Sogar die Idee, dass Internetnutzer hauptsächlich nach Information suchen, ist nicht wahr, wie die Allensbacher Meinungsforscher in ihrer Computer- und Technik-Analyse (ACTA) kürzlich herausfanden. Selbstverständlich gibt es nach wie vor einen Anstieg der Internetnutzung, 76 Prozent der 14- bis 64-Jährigen sind inzwischen online. Doch nur ein kleiner Kreis informiert sich regelmäßig im Netz über gesellschaftspolitische Themen. Magere sieben Prozent lesen häufiger Wirtschaftsnachrichten, gerade mal 13 Prozent suchen nach Neuigkeiten aus der Politik. Die wichtigste Informationsquelle über das aktuelle Geschehen bleiben nach wie vor Fernsehen und Zeitungen – auch für Internetnutzer. Insgesamt beobachten die Allensbacher Meinungsforscher ein sinkendes Bedürfnis nach Information. Noch geringer ist das Interesse bei den unter 30-Jährigen.

Viel wichtiger als Informationen sind für die jungen User Multimedia-Inhalte wie Videos und „User-generated Content“, also selbst erstellte Inhalte. Sie wollen im Internet eigene Beiträge schreiben und Fotos ins Netz stellen. Allensbach hat für diese Aktionen drei unterschiedliche Motivstrukturen festgestellt: Die Nutzer suchen eine Gemeinschaft, sie möchten sich mit ihrem eigenen Profil in sozialen Netzwerken präsentieren und sie wollen über Inhalte wie Musik oder Filme im Netz ihre Meinung abgeben. Die Instrumente sind hierfür die Communitys. 47 Prozent der 14- bis 19-Jährigen sind Mitglied in einem sozialen Netzwerk, bei den 20- bis 29-Jährigen sind es 40 Prozent.

„Digital Natives“, also die nach 1980 Geborenen, gehen ganz selbstverständlich und routiniert mit den neuen Technologien und Medien um. Sie sind deutlich häufiger im Netz als der Rest der Bevölkerung – wenngleich ihre Kommunikation dabei oft nur aus trivialen Mitteilungen wie „Ich bin jetzt wieder zu Hause und sitze am Computer“ besteht. Und wollen wir mal nicht aus den Augen verlieren: Mit jedem Jahr sitzen mehr von dieser Art von Leuten auf Entscheiderpositionen.

Das Überwältigungspotential der unerschöpflichen Informationsfülle führt bei vielen Internetnutzern zu einer stärkeren Fixierung auf das eigene Leben. Es geht nicht mehr um Lesen, Erfahren und Wahrnehmen, sondern vielmehr darum, gelesen und wahrgenommen zu werden. Für diese Leute ist es wichtig, wie viele Freunde sie auf ihren Profilseiten bei StudiVZ, SchuelerVZ oder bei den Lokalisten haben. Je mehr Kontakte, desto beliebter. Kontakte zu generieren und zu pflegen ist recht zeitaufwendig. Für Informationen aus Politik, Wirtschaft und Kultur ist da keine Kapazität mehr.

Mit ihrer Suche nach Nähe zu Anderen, verbunden mit der Abkehr von weiteren Informationen, kapitulieren vor allem die jungen Nutzer vor der gigantischen Menge an Inhalten, die das Internet heute bereithält. Konsequent wird ausgeblendet, was nicht unmittelbar interessiert. Sicher ließe sich im Internet jeder denkbare Aspekt aus dem gesamten Wissen der Welt mit ein paar Mausklicks finden. Doch wie die Marktstudien ergeben haben – die meisten suchen gar nicht danach.

Warum Briefe besser sind als elektronische Inhalte

Was bedeutet das für die Akquisition? Das Internet ist kein Nachfolger für das Fernsehen oder die Zeitungen, sondern eher ein Nachfolger des Branchenbuchs. Das liegt auch so lange ungenutzt herum, bis jemand etwas sehr Konkretes sucht – einen Glaser oder einen Privatdetektiv, eine ganz bestimmte Zigarrensorte oder eine Abhilfe gegen das Schnarchen.

Werbung hingegen ist eine Methode, einer Zielgruppe etwas anzubieten, die nicht aktiv sucht. Und diese Methode funktioniert bis heute. Man muss sie nur konsequent anwenden. Werbung ist eine Methode, die einen Bedarf *erschafft*, noch bevor sie einen etwa bestehenden Bedarf befriedigt.

Erinnern wir uns an das Kapitel mit der Marketing-K.o.-Formel Nr. 3: Das Leben besteht nicht nur aus Wettbewerb. Man geht nicht immer nur da hin, wo schon alle wissen, dass da ein Auftrag zu holen ist. Man wirbt vielmehr „einfach so" und *erschafft* auf diese Weise Bedarf, der vorher gar nicht da war. Und in diesem kurzen Augenblick ist man mit seinem frisch geschaffenen Bedarf und dem neuen Interessenten ganz allein (und damit zahlenmäßig überlegen), denn es gibt an dieser Stelle noch keine Konkurrenz.

Wir leben in einer Zeit, in der die elektronischen Inhalte zu überwiegen scheinen. Physikalisch gesehen wiegen elektronische Inhalte viel weniger als Papier. Papier mag altmodisch anmuten, aber es hat – rein physikalisch – ein deutlich höheres Gewicht als elektronische Inhalte. Eine Gesellschaft, die sich zunehmend daran gewöhnt, hauptsächlich mit elektronischem Content umzugehen, wird gegenüber Papier eine gewisse Trägheit entwickeln.

Praktisch ausgedrückt: E-Mails kann ich mit einem minimalen Aufwand vaporisieren. Klick – und weg sind sie. Ein Stück Papier dagegen muss ich erst einmal in die Hand nehmen und es mit einer Armbewegung über eine gewisse Distanz befördern, um es aus meinem Gesichtskreis zu kriegen – zum Beispiel in den Papierkorb (und da liegt es dann immer noch eine geraume Weile drin). Je mehr sich Menschen daran gewöhnen, alles „elektronisch" zu erledigen, desto träger werden sie in der Handhabung von Papier. Also ist Papier im Vorteil. Es kann nicht so schnell bewegt werden und „verhakelt" sich auf diese Weise länger im Bewusstsein dieser „elektronisch verwöhnten", somit physikalisch atrophierten (mangelernährten), untrainierten Zielperson.

Und deshalb erfüllen die altmodischen Briefe den Zweck der Werbung heute viel besser als elektronische Inhalte. Papier hat keinen „Cancel"-Button. Es gibt keine Taste, mit der man einen richtigen Brief einfach „abbrechen" kann.

8. Kapitel
Zur aktuellen Situation im Akquisitionsgeschäft

Der sensationelle Aufstieg und Erfolg von Ebay auch nach dem Platzen der „New Economy"-Blase hat klargemacht: Leute haben nicht nur schon alles, sondern sogar um einiges mehr, als sie tatsächlich brauchen. Speicher, Keller, aber auch Stauräume in Wohnungen und Büros quellen über von Dingen, die man irgendwann einmal irrsinnig dringend brauchte oder unbedingt haben wollte und die jetzt einfach nur noch Platz wegnehmen. Das *Verkaufen* – man könnte sagen, das *Loswerden* von Dingen, hat im Verhältnis zum Kaufen einen wesentlich höheren Stellenwert erhalten. *Ent*sorgung entpuppt sich als mindestens ebenso bedeutsam wie *Ver*sorgung.

Die Veränderungen in der Marketinglandschaft mit den größten Auswirkungen seit der Jahrtausendwende könnte man mit drei gesellschaftlichen Verhaltensmustern beschreiben (die Marktforscher sagen „Paradigmen" dazu).

Erstens: Während die Empfänger von Werbebotschaften schon seit Jahrzehnten über die Zunahme von Massenwerbung klagen, ist mit dem Ausbau von Internet, Mobilfunknetzen sowie der rasanten Akzeptanz von E-Mails, SMS und ständigem Handygeklingel eine weitere Flut hinzugekommen – die rasch ansteigende Zahl individualisierter und pseudo-individualisierter Kommunikation.

Zweitens: Die unglaubliche Zunahme an individueller Kommunikation hat nicht automatisch eine Erhöhung von Konsum und Kaufwilligkeit mit sich gebracht. Tatsächlich wirkt sich die immer umfang- und detailreichere Individualkommunikation eher als aufmerksamkeitsraubende, weil zum großen Teil sinnentleerte Ablenkung aus.

Drittens: Seit dem spektakulären Platzen der Blase um die „New Economy“ hat bei Unternehmen wie auch bei Konsumenten die Angst vor dem Risiko einen viel höheren Stellenwert erhalten. Privatpersonen verhalten sich in Kaufentscheidungs-Situationen zerstreuter, unschlüssiger und sprunghafter. Entscheidungsprozesse in Unternehmen sind geprägt von immer umfangreicheren „Abstimmungsprozessen“ und ziehen sich wesentlich länger hin als früher – dies alles hat auf die Wirtschaft insgesamt eine lähmende Auswirkung.

Zusammengefasst kann man sagen: Trotz – oder gerade wegen – immer schneller und weitreichender werdenden Kommunikationsmöglichkeiten dreht sich das Rad der realen Welt langsamer. Salopp ausgedrückt: Es wird mehr gequatscht und weniger gekauft.

Auf diese Veränderungen muss sich der Vertrieb von heute einstellen. Doch was bedeutet das konkret? Und welche Ergänzung muss demnach das Personen-Marketing erfahren?

Betreffzeile, Problem und Angebot

Dazu eine schlechte und eine gute Nachricht. Die gute: Personen-Marketing kann immer noch als zentraler Stützpfeiler gelten, denn es sind nach wie vor Personen, die die Dinge am Laufen halten.

In den Neunziger Jahren, als dieses Buch das erste Mal herauskam, konnte man mit reinem Personen-Marketing allein (ausschließliches Vorstellen seiner Person und vielleicht eine vage Beschreibung des Angebots) erstaunlich viele qualifizierte Reaktionen erzielen. Leute waren aufgrund der anonymen Produkt- und Hochglanzmassenwerbung so ausgetrocknet und dürsteten nach einer authentischen Person, die sich ohne viel Brimborium zu erkennen gibt, dass sie das Angebot zu einem persönlichen Kontakt mit einem richtigen Menschen sofort aufgriffen. In manchen Branchen funktioniert das bis heute (Malermeister, Einzelhandel, leicht begreifbare Dienstleistungen). Es sind speziell die Branchen, bei denen die Produkte sehr bekannt, allgemeinverständlich und dementsprechend austauschbar sind, so dass eine echte, freundliche Person (als seltene Ausnahme in der großen und oft beklagten „Servicewüste“) den Ausschlag geben wird.

Die Schlechte Nachricht: Oft ist Personen-Marketing allein nicht mehr genug. Man muss das (für den Empfänger) richtige Angebot genau zur richtigen Zeit bringen. Nun, das erscheint nicht gerade neu. Aber dieser Punkt – der mit Personen-Marketing der Neunziger Jahre weniger wichtig war, erhält im laufenden Jahrzehnt große Bedeutung. Doch was ist für den Empfänger das Richtige (wir haben in früheren Kapiteln gelesen, dass man hier keine Annahmen machen darf)?

Häufig versuchen Anbieter einer unbekannten oder erklärungsbedürftigen Sache (z. B. Beratung, Coaching, aber auch ein völlig neuartiges Produkt) vergeblich, ihr Angebot auf verständliche Weise zu beschreiben. Da hilft auch die nette Person nichts mehr. Warum? Weil der Empfänger das Angebot nicht versteht oder nicht richtig einordnen kann. Und somit weiß er auch nicht, auf was genau er da antworten soll.

Der Totstellreflex einer kommunikationsüberfütterten Gesellschaft

Die Überflutung mit individueller und pseudo-individueller Kommunikation per Internet, E-Mail, Mobilfunk und SMS hat die differenzierte Wahrnehmungs*fähigkeit* ebenso wie die *Bereitschaft* zur Wahrnehmung in der Gesellschaft stark abgestumpft. Die Produkt- und Angebotsvielfalt, bei der sich für jeden Euro der Zielperson eine überwältigende Anzahl verschiedenster Anbieter „bewerben“, hat die Leute bis zur absoluten Untätigkeit träge werden lassen.

Aufgrund der Menge an Kommunikation auf allen vorhandenen Kanälen werden die Leute inzwischen permanent so überfüttert, dass Kommunikation selbst als Störfaktor, als Ablenkung und als Stress verstanden wird. Im Klartext: noch mehr als früher wollen die Leute einfach in Ruhe gelassen werden.

Dazu ein kleiner marketinghistorischer Rückblick: In den Siebziger Jahren war die Werbewelt noch in Ordnung. „Mehr Werbung" war das funktionierende Allheilmittel für Umsatzsteigerungen. In den Achtziger Jahren musste man sich schon etwas sehr Schlaues einfallen lassen, weil die Überflutung der Empfänger mit zu viel Massenwerbung bereits deutlich ihre Wirkung zeigte. Die Telefonmarketing-Manie der Achtziger Jahre verdeutlicht den Versuch, Massenwerbung durch individuelle Kommunikation zu ergänzen oder zu ersetzen.

Das Werbeproblem der Neunziger Jahre konnte man demnach sehr einfach beschreiben mit: „Überhaupt durchdringen!" Wer tatsächlich zur Zielperson durchdrang, hatte in der Regel auch einen qualifizierten Kontakt. Personen-Marketing drang durch und erwies sich in vielen Anwendungen als jeder herkömmlichen Werbung überlegen.

Der Erfahrung nach dringen Personen-Marketing-Briefe auch heute noch durch. In der Präsentation einer echten Person liegt nach wie vor eine verblüffend große Kraft und damit kann man definitiv zum Empfänger durchdringen. Aber: Der total überreizte Empfänger reagiert nicht mehr. Ich nenne das den „Totstellreflex einer kommunikationsüberfütterten Gesellschaft".

Demgegenüber lautet das Werbeproblem und damit das Motto im ersten Jahrzehnt des dritten Jahrtausends, also den Millennium-Jahren: *„Eine Reaktion erzielen!"*

Der Empfänger gibt sich immun und hat sich angewöhnt, nur noch auf etwas zu reagieren, das ihm zum scheinbar genau richtigen Zeitpunkt das genau Richtige anbietet. Kommunikationen, die auch nur ein klein wenig an dem exakten Zeit- und Bedarfsfenster vorbeizielen, werden wohl empfangen und auch wahrgenommen, bleiben jedoch ohne Reaktion.

Aufhänger, Betreffzeile und „Buttons“

Daher tritt für das Verfassen von erfolgreichen Werbebriefen neben dem Personen-Marketing ein weiterer Punkt sehr in den Vordergrund: Der Aufhänger.

Der Aufhänger ist ein Gedanke, der bereits in der Betreffzeile und im Einstieg eines Briefes vermittelt werden sollte. Es ist der Gedanke, aufgrund dessen der Empfänger den Brief lesen wird.

Dieser Grund muss nicht unbedingt das Produkt oder das Angebot des Absenders enthalten. Tatsächlich stellt das Produkt oder das Angebot eigentlich den zweiten Schritt dar, der oft erst im konkreten Verkaufsgespräch besprochen werden kann. Zur Kontaktaufnahme ist die Beschreibung des Problems von größerer Bedeutung als die Lösung.

Mit „Buttons“, zu deutsch „Knöpfe“ sind einzelne Gedanken gemeint, die beim Empfänger eine Reaktion auslösen. Die Werbung verwendet Buttons schon sehr lange, wenn auch in der Regel wenig zielgerichtet. Ein typischer Button, der in der deutschen Werbung geradezu zwanghaft verwendet wird, ist Sex. Ein Button dieser Art hat oft überhaupt nichts mit der „Lösung“ zu tun, sondern dient als reines Lockmittel. Nicht nur Dessous, sondern auch Autos, Bier, Spirituosen und sogar Baumarktartikel werden mit einer mehr oder weniger deutlichen Anspielung auf Sex verkauft. Für die Kombination mit Personen-Marketing ist Sex als Button ziemlich ungeeignet, es sei denn, jemand arbeitet im horizontalen Gewerbe.

Nichtsdestotrotz kann die Verwendung der richtigen Buttons die Aufgabe lösen, wie der Absender einer Werbung eine Reaktion erzielt.

Beispiele für den richtigen „Button"

Wenn ich mich mit Leuten über ihr Angebot und über ihren Werbebrief unterhalte, stelle ich immer folgende Frage: *„Was haben Ihnen neue Interessenten, die Sie zum ersten Mal trafen, über ihr Problem erzählt?"* Wie haben sie sich genau – also wortwörtlich – ausgedrückt, noch bevor Sie (als Experte) ihnen etwas über die wahren Hintergründe oder möglichen Lösungen erzählt haben?

Aus der richtigen Antwort auf diese Fragen ergibt sich oft schon der richtige Button.

Relativ oft bekomme ich Anrufe von Anbietern aus der Versicherungs- und Finanzdienstleistungsbranche. In den Werbebriefen, die sie entworfen haben, berichten sie über ihr Wissen und ihre Kompetenz in den verwickelten Verästelungen von Kapitalanlagen, Altersvorsorge in Form von Lebensversicherungen, Fonds oder Immobilien. Sie sprechen von Renditen und von dem vielen Geld, von Luxus, Traumhaus und Weltreisen. Aber was ist der eigentliche Button einer typischen, zerstreut-verwirrten Zielperson?

Fast alle Versicherungsvertreter haben mir nach einigem Nachbohren immer wieder gesagt: „Der Interessent hat seine vorhandenen schriftlichen Unterlagen in einer ziemlichen Unordnung und kommt mit mit dem Bürokratismus der Abwicklung bei Versicherungen nicht zurecht."

Ein guter Button könnte daher lauten:

„Probleme mit einem Versicherungsfall? Ich, Hugo Raffelswald, habe schon vielen Leuten geholfen, ihre Unterlagen zu ordnen und die Angelegenheit unbürokratisch zu regeln."

Der richtige Button muss daher in der Betreffzeile und im Einstieg des Briefes getroffen werden.

Für einen Werbebrief eines kleinen Modegeschäfts in einem entlegenen Dorf entwarf ich zum Beispiel die folgende Headline:

„Nette Gespräche bei gutem Kaffee, freundliche Beratung und Auswahl auch für ungewöhnliche Größen – ein kleiner Laden in Hutzelweiler gilt als Oase in der Servicewüste."

Kein Wort aus dem in der Modebranche üblichen Lifestyle-Sülz oder gar von Preisreduktionen.

Die Inhaberin verschickte den Brief in alle umliegenden Dörfer und erhielt die liebenswürdigsten Reaktionen in Form von kaufwilligen Kunden, die ihr Geschäft aufsuchten.

Eine andere Betreffzeile (ebenfalls für ein Einzelhandelsgeschäft) lautete:

„Barbara Quaß, die freundliche Augenoptikerin in der Balanstr. 178: ‚Es gibt heute so gute Gläser und Brillen, sie müssen nur fachlich richtig angepasst werden, und dafür muss ein Optiker sich halt ein bisschen Zeit nehmen.'"

Auch hier kamen Leute mit dem Brief in der Hand in das Geschäft.

„Fachlich richtig angepasst", „der Optiker muss sich Zeit nehmen" lauteten die Buttons der Leute, wie ich zuvor bei der Inhaberin erfragt hatte. Nicht etwa Dinge wie „Mode, Lifestyle, kostet nix" aus der typischen, sattsam bekannten Sprüchesammlung.

Ein Dekorateur berichtete mir, dass Büros am häufigsten nach Sicht- und Sonnenschutz oder nach Bodenbelägen fragten und nannte mir die folgenden Buttons: „Termineinhaltung, die Arbeit im Büro soll nicht unterbrochen werden" – die ihm seine Business-Kunden immer wieder gesagt hatten, und die ich in folgende Betreffzeile einarbeitete:

„Sicht- und Sonnenschutz für Büros, Bodenbeläge und Gardinen: Kurze Lieferzeiten, Termine werden immer eingehalten. Montagen in Büros auch übers Wochenende"

Kein Wort von Einrichtungstrends, Lifestyle, modischen Designs oder gar von Sonderangeboten.

Später erfuhr ich, dass der von mir entworfene Brief die erfolgreichste Werbeaktion gewesen war, die der Dekorateur je unternommen hatte.

Gerade für äußerst komplizierte und beratungsintensive Produkte ist es von größter Bedeutung, den richtigen Button zu treffen, selbst wenn der gar nichts mit den direkten Vorzügen des Produkts zu tun hat.

Der Marketingleiter einer Softwarefirma wollte sich an die Zielgruppe der Zollabwickler in Firmen wenden. Die Situation war, wie ich durch eingehende Befragung feststellte, die folgende: In fast jeder Zollabteilung einer Firma gab es nur eine Person, die sich wirklich mit dem ganzen Bürokratismus auskannte, und die als „wandelndes Lexikon" in solchen Fragen praktisch unersetzbar war. Das größte Problem dieser Person war es daher, dass sie nie in Urlaub gehen konnte. Das Problem der Zollabteilung bestand in dem schier endlosen Papierkram. Somit lautete meine Empfehlung für die Betreffzeile:

„Michael Picco, Leiter Vertrieb Marketing,
bietet Ihnen eine echte Arbeitserleichterung in der Zollabwicklung an:

‚Mein Brief richtet sich
1.) an denjenigen in der Zollabteilung,
der sich am meisten über den endlosen Papierkram aufregt,
2.) an denjenigen, der endlich einmal in Ruhe in Urlaub gehen können möchte.'"

Die Aussicht auf: „Endlich mal Urlaub machen dürfen, ohne dass im Betrieb alles zusammenbricht" – was für ein göttlicher Button, welch Balsam für diese spezielle, gemarterte Zielperson.

Der Inhaber eines Klimaanalagenbetriebs wollte Ladengeschäften Klimaanlagen verkaufen. Nach eingehender Befragung, was die Kunden denn als erstes so sagen und im Zusammenhang mit dem, was ich aus langjähriger Erfahrung über die Einzelhändler weiß

(Umsatz, Umsatz, klingelnde Kassen, Umsatz), legte ich den Button auf folgende Botschaft fest:

„Kunden machen mehr Umsatz, wenn's nicht so heiß ist:
Jan Schultz, Meister im Kälte-/Klimaanlagenbau mit 5 Mitarbeitern, bringt Ihren Kunden und Ihnen selbst im Sommer die ersehnte Kühlung."

Kein Wort von „modernsten" Anlagen, günstigen Preisen oder dem sonst üblichen Technik-Wirr-Warr.

Das Telefon stand nicht mehr still.

Der selbe Klimaanlagenmeister wollte aber auch Klimaanlagen an Firmen mit Büros verkaufen. Hier lautet der Haupt-Button völlig anders: „Die EDV fängt immer zu spinnen an, wenn es zu heiß wird."

Daraus folgte diese Betreffzeile:

„Menschen schwitzen, Rechner steigen aus:
Jan Schultz, Meister im Kälte-/Klimaanlagenbau mit 5 Mitarbeitern, kühlt Mensch und Maschine und bringt Ihren Computern, Ihren elektronischen Anlagen und Ihnen selbst die ersehnte Erfrischung."

Das Leben kann manchmal so einfach sein! Der richtige Button ist nicht etwa die tolle Klimaanlage, die vollendete Technik oder gar der Dumping-Preis, sondern die Hitze!

Vielmehr als in der Lösung liegt der wirksamste Button beim Problem – dem wahren Problem der Zielperson. Problem erkannt – Gefahr gebannt, heißt es. Der richtige Button erzielt eine Reaktion.

PR ist die bessere Werbung

PR ist die Abkürzung für „Public Relations". Relations – zu deutsch Beziehung, Verbindung; Public – zu deutsch Öffentlichkeit, aber auch (und häufig übersehen) Zielgruppe. Es ist nicht die „allgemeine Öffentlichkeit", sondern eine spezielle Zielgruppe.

Welche Art von Publikum spreche ich an? Welche Verbindungen gibt es zu dieser speziellen Art von Publikum?

Während ich in den Neunziger Jahren vielen Unternehmen mit ihren Werbebriefen geholfen hatte, rief ich 1999 das Geschäftsfeld Public Relations ins Leben. Nachdem ich mich eingehend mit den Methoden der Öffentlichkeitsarbeit, insbesondere der Pressearbeit, Kontakte mit Redakteuren und Medien befasst hatte, konnte ich sehen, dass die Methode, die Personen-Marketing-Briefe so erfolgreich werden ließ, sich auch so beschreiben lässt: Personen-Marketing, wie in diesem Buch erklärt, ist im Wesentlichen eine auf Werbung angewandte PR-Technik.

Der Hauptunterschied: Werbung (bezahlte Anzeigen) macht Versprechungen, PR (redaktionelle Artikel und Reportagen) *berichtet*. Werbung richtet sich auf eine (mögliche) Zukunft, PR schaut in die Vergangenheit. Werbung sagt etwas über das Angebot einer Firma, PR berichet über die Anwender, die dieses Angebot angenommen haben und zufrieden damit waren. Diese beiden Faktoren – Bericht statt Versprechen, Anwendergesichtspunkt statt Produkt – machen PR glaubwürdiger als Werbung. Etwas Vergangenes ist schließlich bereits geschehen, Fakten sind geschaffen, und man kann weniger leicht widersprechen. Ein Versprechen, das etwas über die Zukunft aussagen soll, kann man leicht ins Reich der Fabel, des Wunschdenkens oder gar des leeren Wortgeklingels verweisen. Ein Anwender ist eine „unparteiische", dritte Person, die eine glaubwürdige Empfehlung abgeben kann.

Auch bemerkenswert: wer schon einmal mit Medienredakteuren gearbeitet hat, weiß, dass Medienredakteure nicht gerne „Reklame" in Form von Hofberichterstattung über die Großartigkeit einer Firma machen und somit auch den Bericht über Personen gegenüber Unternehmen bevorzugen. Eine Firma kann man zum Beispiel nicht gut zitieren, eine Person sehr wohl, selbst wenn diese in ihrer Funktion als Unternehmenssprecher auftritt. Aussagen müssen laut traditioneller Journalistenschule immer einem konkreten Absender zugeordnet werden. Formulierungen wie „... hieß es aus Unternehmenskreisen" oder Ähnliches zeigen nur, dass ein bestimmter Absender zwar Auskunft gegeben hat, aber nicht persönlich genannt werden wollte. Der Journalist hat die Information also nur erhalten im Gegenzug gegen das Versprechen, den Absender nicht zu verraten.

Schwammige, allgemein formulierte, werbliche Statements oder gar im typischen „Corporate wording“ jubilierende „Hurra“-Meldungen mögen Medienleute überhaupt nicht.

PR-Techniken für die Werbung

Während man bei der Pressearbeit erst einmal einen Redakteur einer Zeitung für sein Thema gewinnen muss, es gibt es eine originelle Abkürzung, wie man PR in seiner Briefwerbung verwenden kann. Dies ist allerdings in den Augen von studierten Kommunikationswissenschaftlern und Werbekreativen ein so derber Trick, dass ich ihn hier nur aus Freundschaft zu meinen Lesern verrate, ohne jede Hoffnung, dass ihn wirklich jemand verwendet.

Ein positiver Zeitungsartikel ist wie eine Empfehlung von dritter Seite. Im Kapitel „Wie man sich selbst lobt, ohne zu stinken“, siehe S. 149, habe ich ausgeführt, dass man seine Vorzüge aus der Sicht derjenigen beschreiben muss, die den Nutzen davon hatten.

Manchmal bekomme ich Aufträge für die Entwicklung von Werbebriefen, in denen das Angebot doch recht erklärungsbedürftig ist. Dann teile ich den Brief in zwei Teile. Ein Teil ist der Brief selbst, das Anschreiben. Der zweite Teil ist eine Reportage, ein Artikel. Ich schreibe den Artikel selbst, gestalte ihn optisch wie einen Zeitungsartikel. Er wurde nie irgendwo veröffentlicht. Er wurde nur zur Verwendung in Verbindung mit dem Werbebrief geschrieben. In einem solchen Artikel kann ich – aus der Sicht eines dritten, unparteiisch-parteiischen Berichterstatters – leichter „lobhudeln“, „missionieren“ und etwas ausführlicher erklären, alles Dinge, die ich im Brief nicht so gut machen kann.

Dazu folgendes Beispiel (Henrik Hammerschmidt, das ist mein Pseudonym für diesen Artikel):

Auch Fußballvereine müssen sparen: im Anschreiben integrierte Dünnplastikkarten werden immer beliebter

Eine trotz hochwertiger Optik kostengünstige Lösung für die Versorgung von vielen Mitgliedern mit personalisierten Karten ist der von der Münchener Firma dataplan angebotene Brief mit integrierter Kunststoffkarte, bei dem sich Brief und Karte in einem Arbeitsgang mit einem handelsüblichen Bürolaserdrucker bedrucken lassen.

Von Henrik Hammerschmidt

Die Krankenkassen müssen sparen. Deshalb verschicken viele Kassen den personalisierten Ausweis zur Befreiung von Zuzahlungen an ihre Mitglieder auf einer im Brief integrierten Plastikkarte. Der Kostenspareffekt und Nutzen dieser Idee war auch Bernd Ingerling aufgefallen, und der ist immerhin IT-Manager beim Münchener Fußballverein TSV 1860.

Ebenso wie der TSV 1860 verschicken auch Vereine wie z.B. Rot-Weiß Essen, Eintracht Braunschweig und Herta BSC ihre Mitgliedsausweise oder Dauerkarten im Brief integriert.

„Die Idee ist im Prinzip ganz einfach, wenn es auch einiges an Entwicklungsarbeit gebraucht hatte, bis die Sache perfekt war", berichtet Werner Christmann von dataplan München. Das im Brief als ablösbare Plastikkarte eingebaute Material lässt sich in einem einzigen Arbeitsgang mit jedem Bürolaserdrucker abrieb- und kratzfest bedrucken. Der Empfänger kann die Karte durch Umknicken des Briefblatts herauslösen und hat eine unzerreißbare, personalisierte Kunststoffkarte.

Der Gestaltung von Brief und Karte sind keine Grenzen gesetzt. Alles, was sich im Offsetdruck machbar ist, lässt sich auch für den Brief und die Karte realisieren. Einige Firmen bestellen sogar Hologramme.

Die Personalsierung schließt auch die Möglichkeit mit ein, Barcodes aufzudrucken.

Der ADAC setzt den Kartenbrief ein, um seinen Mitgliedern die sogenannte „Camping Card International" zur Verfügung zu stellen, mit der es an den entsprechenden Campingplätzen Rabatte gibt. Auch das Deutsche Rote Kreuz, der Landesverband Bayern der Grünen versenden ihre Mitgliedsausweise mit dem integrierten Kartenbrief von dataplan.

Allein der VDI verschickt jährlich 130.000 Kartenbriefe an seine Mitglieder. Doch der besondere Vorzug liegt im leichten Handling der Neuzugänge oder Adressändernungen. Denn hier fallen regelmäßig jede Woche eine gewisse Anzahl an Aussendungen an, die mit der normalen Bürodruckerausrüstung leicht abgearbeitet werden können.

„Und schließlich sind die Dünnplastikkarten auch bei den Empfängern sehr beliebt", sagt Christmann, „denn eine Anzahl dicker Karten lassen die Geldbörse unhandlich aufquillen. Da wird die Dünnplastikkarte als sehr kundenfreundliche Einrichtung empfunden."

Natürlich könnten Redakteure einer echten Zeitung diesen Artikel als „zu werbelastig" empfinden. Aber in diesem Fall macht das nichts. Die Redakteure sind hier nicht gefragt. Sie sind nicht die Zielpersonen und nicht die Empfänger. Der Artikel wurde nicht geschrieben, damit er Redakteuren gefällt. Er wird vielmehr an den Brief angehängt und geht an die tatsächlichen Zielpersonen des Unternehmens. Auf diese Weise genügt die optische Anmutung und die Berichtsform, gewürzt mit populären Namen und Dingen, die auch in einer Zeitung stehen könnten, um die Atmosphäre eines echten Zeitungsartikels zu erzeugen.

Für den Brief selbst hatte ich ausnahmsweise die Vorgabe, dass er nur eine Seite lang sein durfte (wegen der integrierten Plastikkarte, die mit dem Brief gleich eine Demonstration des ansonsten schwer erklärbaren Produkts darstellte).

Die verwendeten Buttons waren hier: Kostensenkung in Verbindung mit klangvollen Namen mächtiger Institutionen wie das Deutsche Rote Kreuz, der ADAC und der Verband Deutscher Ingenieure (VDI) als Referenzkunden. Das Ergebnis sehen Sie auf der nächsten Seite.

das Kompetenzzentrum
für Kartensysteme, Formulare & Mailings

dataplan

Gebhardt-Seele & Gebhardt-Seele
zH. Herrn Stephan Gebhardt-Seele
Nymphenburger Strasse 14
80639 München

München, 03.09.2004

Kostensenkung bei Fussballvereinen, Krankenkassen, beim VDI und ADAC:
Immer mehr Firmen und Institutionen verwenden die im Anschreiben integrierte, laserpersonalisierbare OfficeCard von Dataplan

Sehr geehrter Herr Gebhardt-Seele,

die in diesem Brief integrierte OfficeCard kann mit jedem Laserdrucker in einem einzigen Arbeitsgang (gleichzeitig mit dem Brief selbst) individuell personalisiert werden.

Der Verein Deutscher Ingenieure (VDI) z. B. verschickt seit Jahren an seine ca. 130.000 Mitglieder personalisierte Mitgliedsausweise, mit denen diverse Vorteile für das Mitglied verbunden sind. Der Fussballverein TSV 1860 München setzt dieses System für seine 15.000 Dauerkarten ein, ebenso auch Hertha BSC, der SC Freiburg und viele andere Vereine.

Bei grösseren Mengen ergibt sich - selbstredend - eine spürbare Kostensenkung. Doch auch bei Kleinmengen, wie bei wöchentlichen Neuzugängen erweist sich die im Brief integrierte OfficeCard als ebenso preisgünstiges, wie auch leicht zu verarbeitendes Medium.

Der Brief läuft durch jeden handelsüblichen Laserdrucker - und zack!: in einem einzigen Arbeitsgang ist das Anschreiben gedruckt und die integrierte OfficeCard kratz- und abriebfest personalisiert! Natürlich kann der Kartenbrief auch maschinell gefalzt und kuvertiert werden.

Einige Firmen drucken Barcodes auf, andere möchten ein Sicherheits-Hologramm oder bei Einladungen zu Messen und Kongressen eine Stanzung, damit man die Karte als Namensschild tragen kann.

Interesse? Gerne schicke ich Ihnen Testmuster und informiere Sie über die Preise.

Bitte kontaktieren Sie mich unter Telefon:
(089) 26 40 22 oder per eMail:
info@dataplan-muc.de

Mit freundlichen Grüssen

Werner Christmann
Dataplan Vertriebsges. mbH

Bitte schauen Sie mal auf die Rückseite!

Briefbogen hier nach hinten umknicken, unter die Karte fassen und vorsichtig nach vorne herauslösen.

Dataplan Vertriebsges. mbH
Herzog-Wilhelm-Straße 21
D-80331 München
Datafon: (0 89) 26 40 22
Datafax: (0 89) 260 42 64
www.dataplan-muc.de
info@dataplan-muc.de
infoline: 0700 DATAPLAN
Sitz der Gesellschaft München
Amtsgericht HRB 72 963
Geschäftsführer Werner Christmann

Die Behauptung in der Betreffzeile konnte ich mir leisten, weil der beigelegte Artikel diese ja zu beweisen schien. Der Brief selbst enthält hauptsächlich Berichte, keine Versprechungen.

Wenn man bedenkt, dass Journalisten und Redakteure in ihren Zeitungen nicht selten knallharte Lügen und sensationslüstern aufgemotzte oder verdrehte „Wahrheiten" als Tatsachen verkaufen, so erscheint mir dieser Kunstkniff eines „nachgemachten" Zeitungsartikels, in dem doch alles, was da steht, wirklich der Wahrheit entspricht, eine durchaus legitime Anwendung von PR-Technik.

Teil 3

Drei Beispiele für erfolgreiches Personen-Marketing

Drei Anwendungs-Beispiele

Beispiel 1:
Personen-Marketing an die Zielgruppe der Top-Entscheider

Ein Headhunter wendet sich in erster Linie an Entscheider aus der ersten Führungsebene – Geschäftsführer und Vorstände von Unternehmen. Bevor Udo Lütgenbruch, Personalberater, seine Neukunden-Akquisition auf Personen-Marketing-Briefe umstellte, hatte er eine Person ausschließlich mit dem Kaltkontaktieren per Telefon beschäftigt. Das war mit den schon weiter oben im Buch ausgeführten Mängeln behaftet: Zum einen war es sehr aufwändig, die Top-Leute eines Unternehmens überhaupt ans Telefon zu bekommen, zum anderen stellten sich viele Gesprächspartner beim Termin selbst dann als nicht besonders qualifizierte Interessenten heraus – sie hatten zwar netterweise einen Termin gemacht, aber nicht notwendigerweise Bedarf für die angebotene Dienstleistung.

Nach einem ausführlichen Interview entwarf ich für Herrn Lütgenbruch den auf den folgenden Seiten abgebildeten Brief.

Der Button, den wir im Gespräch ermittelt hatten, lag darin, dass der Bedarf an seinen Diensten den Unternehmen erst dann richtig klar wurde, wenn sie schon viel Geld und Zeit mit der Suche nach dem richtigen Kandidaten verbrannt hatten, ohne jedoch eine geeignete Person gefunden zu haben. Geschäftsführer und Personalleiter gedachten natürlich im ersten Anlauf, sich die teuren Honorare eines Headhunters zu sparen, weil sie das ja selber machen könnten. Mehrere Zehntausend Euro Anzeigenschaltungen spä-

Lütgenbruch & Partner
Executive Search

Berliner Allee 52
40212 Düsseldorf
Tel.: 0211-327337

Lütgenbruch & Partner · Berliner Allee 52 · 40212 Düsseldorf

Düsseldorf, 15.5.1998

Udo Lütgenbruch, erfahrener Headhunter und Personalbeschaffer, beschafft Ihnen die *richtigen* Leute, auch wenn Sie schon lange nach diesen gesucht haben.

Sehr geehrte Damen und Herren der Geschäftsleitung,

kurz vor dem Termin, bei dem ich die ersten Kandidaten präsentieren sollte, nahm mich der Personalchef beiseite. Er führte mich in sein Büro - und dort machte er mich erst einmal richtig "zur Sau".

Leise, bestimmt und sehr wütend sagte er zu mir: "Herr Lütgenbruch - für *diese* Anzeige hätte ich *niemals* mein O.K. gegeben. (... !!!)."

Ich schluckte. Er war zwei Wochen in Urlaub gewesen, und ich hatte die Annonce mit jemand anderem abgestimmt. Der Hintergrund meines Auftrags: schon viele Monate lang hatte diese Firma einen Nachfolger für den Technischen Leiter und einen Spezial-Architekten gesucht. In allen möglichen Zeitungen waren Anzeigen geschaltet worden. Viele Bewerbungen waren eingegangen, aber keiner der Bewerber war der Richtige.

Deshalb war schließlich ich engagiert worden. Und nun dieser Anpfiff! Die Woche geht ja schon gut los, dachte ich wie ein Gefangener, der am Montag gehängt werden sollte. Mit unbewegtem Gesicht marschierte der Personalchef in den Besprechungsraum, um sich den ersten Kandidaten anzusehen.

Um es kurz zu machen: gleich nach dem Gespräch mit diesem Bewerber sagte der Personalchef zu mir: "Herr Lütgenbruch, ich möchte mich bei Ihnen entschuldigen. Seit zwei Jahren suchen wir den richtigen Mann, und hier sitzt er. Wie haben Sie das gemacht?"

Man kann sich vorstellen, daß ich erleichtert war. Ich war nämlich

./.2

der Meinung, daß das noch der schwächste aus der Reihe der Kandidaten war, die ich für meinen Auftraggeber gefunden hatte.

Mein Name ist Udo Lütgenbruch. Ich bin 44 Jahre alt, gelernter Industriekaufmann, habe Betriebswirtschaft studiert und bin seit 1989, also seit neun Jahren in Headhunting und Personalberatung tätig.

Zusammen mit meiner Sekretärin und zwei Research-Assistentinnen finde ich für meine Auftraggeber die richtigen Leute - mit Hilfe eines speziellen Ansprachekonzepts. Dieses hat sich für meine bisherigen Auftraggeber sehr bewährt.

Schon 1991 schrieb mir der Geschäftsführer von CompuServe einen Referenzbrief mit folgendem Wortlaut:

> **"Sehr geehrter Herr Lütgenbruch, herzlichen Dank für die gute Zusammenarbeit bei der Suche nach den ersten Mitarbeitern für unser neues Büro in München.**
>
> **Die Auswahl des Office Managers, des Kundendienst-verantwortlichen und einer Inhouse-Verkaufsperson als erste Mitarbeiter beim Aufbau des neuen Büros waren uns ein zentrales Anliegen, welches den Erfolg in der Startphase maßgeblich beeinflußt.**
>
> **Wir waren beeindruckt, von der großen Auswahl an hervorragenden Kandidaten, welche Sie uns in doch sehr kurzer Zeit präsentieren konnten.**
>
> **Alle 3 aufgrund Ihrer Bemühungen eingestellte Mitarbeiter haben ihre neue Tätigkeit erfolgreich begonnen und versprechen wertvolle Teammitglieder zu werden."**

Nachzutragen wäre in diesem Fall, daß der von mir empfohlene Office Manager eine Dame war, die ganz offensichtlich einige zusätzliche Qualifikationen mitbrachte, so daß der Geschäftsführer sie später (lange nach dem Abfassen des obigen Briefes und ohne mein weiteres Zutun) heiratete.

Außerdem erhielt ich aufgrund der erfolgreichen Arbeit alle drei Monate Folgeaufträge für die Besetzung von insgesamt 25 Positionen.

Viele meiner Auftraggeber haben mir beim ersten Gespräch berichtet, daß trotz vieler Anzeigen und Research-Aktivitäten nicht die richtigen Kandidaten gefunden worden waren. Deshalb waren sie zuerst sehr zurückhaltend, doch konnte ich mit meinem speziellen Vorgehen einen Weg finden, der schließlich auch die Skeptiker überzeugte.

> *"Von uns geschaltete Personalanzeigen wie auch die Einschaltung*

./.3

> *einer sehr bekannten Headhunting-Agentur brachten uns nicht den gewünschten Erfolg. Aufgrund unserer Erfahrungen sahen wir der Zusammenarbeit ... mit entsprechender Skepsis entgegen",*

schrieb mir der Geschäftsführer eines Verlags ganz offen und ohne Beschönigung in seinem Referenzbrief. Und weiter:

> *"Heute sind wir über unsere gemeinsamen Aktivitäten sehr froh und zufrieden, denn mit Ihrer Unterstützung konnten wir in kurzer Zeit wichtige Positionen besetzen.*
>
> *Besonders zufrieden sind wir mit Ihrem guten Händchen in der Beurteilung der Kandidaten. Sie fanden für uns gute und sehr gute Mitarbeiter. Schon in Kürze werden wir wieder auf Sie zukommen..."*

Ich nehme meinen Job ernst und habe wirklich etwas Spezielles zu bieten. Wenn Sie sich dafür interessieren, die richtige Person für eine Position zu finden, dann sehen Sie sich bitte die Sache bei einem persönlichen Gespräch mit mir selbst an und lernen Sie mich kennen.

Ich möchte mich mit meinem ganzen Know-How für Sie einsetzen und Ihnen die Person bringen, die Sie suchen. Wenn Sie das wollen, dann rufen Sie mich bitte an.

Meine Telefonnummer lautet: 0211 - 32 73 37.

Mit freundlichen Grüßen,

Udo Lütgenbruch

ter hatten sie die Stelle immer noch nicht besetzt. Jetzt setzte der Schmerz ein, den ein Druck auf diesen Button verstärkte und die Leute zum Antworten auf den Brief brachte. Der entscheidende Button lautet: „*...auch wenn Sie schon lange nach diesen gesucht haben*". Ich konnte die Empfänger vor meinem geistigen Auge sehen, wie sie schluckten und zustimmend nickend weiterlasen.

Tatsächlich hat Herr Lütgenbruch, seit er diesen Brief verschickt, nie wieder Telefonakquise machen müssen. Es war einfach nicht mehr nötig. Er schrieb mir etwas später ein handschriftliches Fax, in dem es unter anderem hieß:

„Anbei ein Zwischenbericht in Form einer Statistik. Unsere Aktion begann im Juni. Seit drei Wochen telefoniere ich schon keinem Interessenten mehr hinterher, weil ich voll damit beschäftigt bin, die Lieferung so zu organisieren, dass ich alles wirklich liefern kann, was ich verkauft habe. Ein völlig neues ‚Problem'. Alles läuft ohne Anstrengung, der Laden expandiert."

Beigelegt waren seine Verkaufsstatistiken, die raketenartig in den Himmel geschossen waren.

Beispiel 2: Nicht die Lösung, sondern das Problem ist der Button

Wie schon in Kapitel 7 über die Buttons berichtet, war der Aufhänger für den Brief der Firma Klima Schultz nicht etwa die Lösung in Form von tollen Klimaanlagen, sondern das Problem – die Hitze. Dieser Button wird nicht nur in der Betreffzeile, sondern auch im Briefeinstieg kräftig bearbeitet, um die Leser fachgerecht zu fesseln:

Jan Schultz, Grottenstr. 9, 82239 Alling

Der Sonnenstrahl GmbH
Treibhauschaussee Fünf vor 12

00815 Wärmedorf

Kunden machen mehr Umsatz, wenn's nicht so heiß ist:

Jan Schultz, Meister im Kälte-/Klimaanlagenbau mit 5 Mitarbeitern, bringt Ihren Kunden und Ihnen selbst im Sommer die ersehnte Kühlung

Sehr geehrte Damen und Herren,

nicht nur von Starfriseur Vidal Sassoon am Münchener Odeonsplatz, sondern auch vom Inhaber eines kleinen Käseladens am Willibaldplatz wurde ich gerufen. Wenn's zu heiß ist: Jan Schultz kommt und kühlt (Aaahh).

Viele Ladeninhaber haben mir berichtet: Wenn's draußen heiß ist, aber im Geschäft angenehm kühl – trotz Schaufenster- und Innenbeleuchtung – dann bleiben die Kunden gerne im Laden, und machen mehr Umsatz.

Die Inhaberin einer Boutique in Denning (große Schaufenster, wattstarke Beleuchtung) rief mich an: „Mei, is des warm hier herin... i hob's nimmer ausg'hoitn..." Und natürlich dachte sie auch an ihre Kunden, die in glühender Sommerhitze die aktuellen Herbstpullover ausprobieren sollten...

Mein Name ist Jan Schultz, ich bin Meister im Kälteanlagenbau. Mit meiner Klimatechnik-Firma kühle ich einige wichtige lebenserhaltende Systeme in München: Die Schaltkästen für die Spatenbrauerei zum Beispiel („Hopfen und Malz, Gott erhalt's" heißt es zwar, aber zur Erhaltung der beiden Gewächse läßt der liebe Gott die Sonne manchmal ganz schön scheinen, und ein Produktionsausfall durch Überhitzung der Schaltkästen käme teurer als die ganze Kühlanlage, sagt der Betriebsleiter).

Im Münchener Rathaus müssen die Stadtväter ihr Gemüt zwar noch selber kühlen, aber die von mir eingebaute Kühlanlage bewahrt dort

↳ Seite 2

immerhin den Hauptrechner vor der Überhitzung, damit die Anzahl der Schläge des OB beim nächsten Oktoberfest-Anzapfen in jedem Fall richtig berechnet wird.

Zusammen mit einem weiteren Meister, zwei Gesellen und einem Azubi sorge ich in vielen Unternehmen im Raum München für die Kühlung von Mensch und Maschinen. Unser Betrieb liegt passenderweise in der Grottenstraße (da ist es ohnehin schon ziemlich kalt).

Die Firma war vor 23 Jahren von meinem Vater gegründet worden, seit 1996 habe ich die Firma übernommen. Wir sind ein bodenständiger Handwerksbetrieb, und bisher sind alle unsere Kunden auf Empfehlung zu uns gekommen.

Seit über 20 Jahren installieren und warten wir zum Beispiel die Klimaanlagen in rund 50 Filialen der Deutschen Bank in ganz Oberbayern. Der verantwortliche Bereichsleiter ist sehr zufrieden mit dem Service.

Es gefällt den Kunden, dass für den Fall einer Reparatur immer sehr schnell jemand von uns kommt, der die Anlage kennt.

Schuh Tretter, die Theatiner Apotheke und viele andere Geschäftsinhaber haben Klimaanalagen von mir einbauen lassen und sind sehr zufrieden.

Wenn Sie sich also für eine angenehme Klimatisierung Ihres Geschäfts interessieren, dann rufen Sie mich bitte an. Ich werde Ihnen ein gutes Angebot machen.

Mit freundlichen Grüßen,

Ihr Jan Schultz
Kälteanlagenbaumeister

Die Telefonnummer lautet: 08141-38 63 38
E-Mail: info@klimaschultz.com

Beispiel 3:
Personen-Marketing im Einzelhandel

Mit einer Beratung über Telefon hatte ich dem Inhaber eines altehrwürdigen Hamburger Tresorgeschäftes geholfen, einen Personen-Marketing-Brief zu entwickeln. Auch hier wurden die typischen Kunden-Buttons, die ich im Gespräch mit dem Inhaber ermittelt hatte, in die Betreffzeile eingearbeitet.

Dieser Brief illustriert wieder einmal die „klassische“ Art des Personen-Marketing, wie sie funktioniert, wenn das Produkt praktisch sich selbst erklärt. Was ein Tresor ist und wozu man einen braucht, weiß eigentlich jeder. Der Briefinhalt selbst ist freundlich, auch mit Witz und Geist über die eigene Person, aber in keiner Weise übertrieben, also sympathisch und in sich stimmig. Er beschreibt auf absolut glaubwürdige Art den erfahrenen Inhaber eines traditionsreichen Familienbetriebs, der redlich und mit voller Bodenhaftung seine Kunden beliefert. Was will man mehr?

Für Einzelhandel und jedes Geschäft mit Kundenparteiverkehr ist hier wichtig: Der kleine schematische Stadtplan. Selbst wenn jemand die Straße kennt, so bewirkt laut einschlägigen Marktforschungen ein Plan immer, dass mehr Leute den Weg zu dem Ort finden.

HAMBURGER STAHLTRESOR
GmbH
Ihr Tresorfachgeschäft in der Hamburger Innenstadt
Steindamm 97 · 20099 Hamburg · ☏ (040) 24 97 28
Fax (040) 24 54 34

Hamburger Stahltresor GmbH * Steindamm 97 * 20099 Hamburg

An die Firma
Stephan Gebhardt-Seele
Heimeranstr. 68

80339 München

Hamburg, den 27. Februar 2004
Thies Hartmann

Thies Hartmann, 49, Tresor-Experte und Inhaber des Tresor-Fachgeschäfts in zweiter Generation, möchte Ihnen ein gutes Angebot machen und Sie als Kunden gewinnen.

- Ein Tresor bietet Sicherheit bei Feuer und Einbruch/Diebstahl
- Ein Tresor garantiert den Versicherungsschutz
- Ein Tresor schützt EDV-Datensicherung

Sehr geehrter Herr Gebhardt-Seele,

mein Name ist Thies Hartmann. Zusammen mit meiner Frau Michaela leite ich als Geschäftsführer unser Tresor-Fachgeschäft in der Hamburger Innenstadt. Ich schreibe Ihnen, weil ich Sie als Kunden gewinnen möchte.

„Ich, Eure Firma übernehmen? Nee, - niemals." Nach meinem Abitur hatte ich mich entschlossen, ein Jura-Studium aufzunehmen. Das alteingesessene Tresor-Fachgeschäft meiner Eltern zu übernehmen, fiel mir gar nicht ein.

Den Eltern auf der Tasche liegen? Nein. das wollte ich auch nicht. Da war es gut, dass ich mir mein Geld verdienen konnte, indem ich zusammen mit Studentenfreunden für meine Eltern die Tresore auslieferte und bei unseren Kunden aufstellte. Mit meinen fast zwei Metern Körpergröße und 100 kg Gewicht bringe ich für solche Arbeiten nicht die schlechtesten Voraussetzungen mit.

Außerdem macht es richtig Spaß, mit guten Leuten einen 600 kg schweren Tresor über eine Marmor-Wendeltreppe in das erste Stockwerk zu bringen, ohne einen Kratzer an der Treppe, an der Wand oder an dem Tresor zu hinterlassen.

Die Tresortechnik, die Zahlenschlösser, das zerstörungsfreie „Knacken" von Tresoren fand ich schon immer faszinierend. Es kommt immer mal vor, dass ein Tresor-Besitzer seinen Schlüssel verloren oder die Zahlenkombination vergessen hat. Dann schaute ich unserem

>>2

Hamburger Stahltresor
Handelsgesellschaft mbH
Steindamm 97
20099 Hamburg

Geschäftsführer: Thies Hartmann
Telefon: 040 / 24 97 28
Telefax: 040 / 24 54 34
Email: info@Hamburger-Stahltresor.de

altgedienten Techniker, einem gelernten Tresorbauer, über die Schulter und war häufig mit ihm unterwegs, wenn er einen Assistenten bei diesen Notöffnungen brauchte. Auch heute noch geht es mir richtig gut, wenn es heißt: „Er ist offen."

Irgendwann war mir klar: Es ist nicht spießig, in die Fußstapfen der Eltern zu treten. Das Studium habe ich natürlich zu Ende geführt. Aber nach dem erfolgreichen Examen trat ich in die Firma ein. Das ist mittlerweile über 20 Jahre her. Ich habe diese Entscheidung nie bereut.

Seitdem führe ich zusammen mit meiner Frau unser schönes Fachgeschäft mitten in Hamburg. Ich kenne also viele meiner Kunden schon seit „-zig" Jahren. Auch meine technischen Mitarbeiter im Transport und Service sind echte Fachleute. Sie sind alle viele Jahre bei uns beschäftigt. Tresorkauf ist schließlich Vertrauenssache.

In mittlerweile über 200 Häusern einer bedeutenden Textil-Kaufhauskette steht z. B. ein schwerer Tresor von uns. Viele überregionale Filialbetriebe wie z.B. Großbäckereien, Hotel- und Restaurantketten zählen zu unseren langjährigen Kunden.

Die meisten Kunden kommen aufgrund von Empfehlungen zu uns. Warum? Die Preise sind in Ordnung, Lieferung und Service funktionieren. Besonders wichtig ist aber für meine Kunden, dass ich - persönlich - für alle, die einen Tresor von uns haben, immer erreichbar bin. Unsere Kunden sind zufrieden.

Deshalb würde ich mich freuen, wenn auch Sie unser Kunde werden.

Wir bieten Ihnen:
Neu und gebraucht • Wand- und Möbeltresore • Kassenschränke • feuersichere Dokumenten - und Datenträger-Safes • Depot- und Einwurf-Tresore • Waffentresore • Kassen • Zerstörungsfreie Notöffnungen • Dienstleistungen und Service rund um den Tresor.

In unserem Geschäft am Steindamm 97 können Sie mehr als 100 Tresormodelle besichtigen. Selbstverständlich werde ich Sie auch vorab telefonisch beraten. Wenn Sie sich für einen Tresor interessieren, dann rufen Sie mich bitte an.

Die Telefonnummer lautet 040 / 24 97 28.

Mit freundlichen Grüßen

Thies Hartmann
Geschäftsführer Hamburger Stahltresor

Öffnungszeiten:
Mo – Fr.: von 9.00 h - 18.00 h
Sa.: von 10.00 h - 13.00 h

Internet: www.hamburger-stahltresor.de
Email: info@hamburger-stahltresor.de

Der Brief war, wie mir der Inhaber später berichtete, als Werbemaßnahme von Anfang an außerordentlich erfolgreich. Unaufgefordert schickte mir der Inhaber eine geraume Weile nach unserer Beratung den folgenden Brief:

HAMBURGER STAHLTRESOR
GmbH
Steindamm 97 · 20099 Hamburg
☏ (040) 24 97 28 · Fax (040) 24 54 34
www.Hamburger-Stahltresor.de
info@Hamburger-Stahltresor.de

Hamburger Stahltresor GmbH * Steindamm 97 * 20099 Hamburg

An die Firma
Stephan Gebhardt-Seele
Heimeranstr. 68

80339 München

EINGEGANGEN
01. MÄRZ 2004
Erled. ....

Hamburg , den 27. Februar 2004
Thies Hartmann

Unser Werbeschreiben

Sehr geehrte Frau Gebhardt-Seele, sehr geehrter Herr Gebhardt-Seele,

Ich möchte Ihnen mit diesem Schreiben für die Hilfestellung danken, die Sie unserer Firma mit Ihren Ideen gegeben haben.

Wir verschicken wöchentlich 1000 Briefe. Im Großraum Hamburg gibt es schließlich genügend Firmen. Private Kundenadressen haben wir bisher gar nicht angefasst. Hier gibt es aber sicher auch ein breites Betätigungsfeld.

Unser Werbeschreiben ist ausgesprochen erfolgreich. Es schafft die angenehmsten Kundenkontakte. Die Leute bewahren das Schreiben über Monate auf: „Sie haben mir letzten April einen sehr netten Brief geschrieben und nun ist es soweit". Der Brief landet auf Schreibtischen, auf denen ich es nicht für möglich gehalten habe. Wir verkaufen eigentlich jede Woche über das Mailing. Auch Transporte, Reparaturen an alten Tresoren und dergl. werden nachgefragt und gerne erledigt.

Aber besonders wichtig ist: Wir wissen jetzt was wir zu tun haben, um Kunden zu gewinnen. Wir haben das Gefühl, dass wir es richtig machen. Und wir glauben allmählich selbst, was wir über uns im Brief schreiben!

Mit freundlichen Grüßen

HAMBURGER STAHLTRESOR GmbH
Ihr Tresor-Fachgeschäft in der Hamburger Innenstadt

Thies Hartmann

www.Hamburger-Stahltresor.de
info@Hamburger-Stahltresor.de

Das sind sie also, die Beispiele. Es gibt natürlich noch etliche mehr davon in meinem Archiv. Ich habe für beinahe alle Branchen und alle Arten von Zielgruppen gearbeitet. Auch Einzelhändler, die ein schlichtes Ladengeschäft betrieben, waren darunter, aber auch exklusive Beratungsfirmen, die nur Großkonzerne als Kunden haben wollten. Innerhalb von wenigen Jahren habe ich rund 500 solcher Personen-Marketing-Briefe verfasst. Natürlich verwende ich die von mir empfohlenen Verfahren auch in meiner eigenen Firma. Seit sieben Jahren haben wir kontinuierlich neue Kunden gewonnen und niemals einen einzigen Kaltanruf machen müssen. Die Reaktionen auf unsere Briefe waren immer ausreichend, und durch die hohe Qualifikation war es auch sehr angenehm, mit den Interessenten zu arbeiten.

Zusammenfassung

Selbst auf die Gefahr hin, den Leser, der längst verstanden hat, worum es geht, zu langweilen – ich möchte meine Warnung wiederholen: Die hier abgedruckten Briefe haben für die Person des jeweiligen Absenders funktioniert. Sie werden deshalb noch lange nicht für Sie funktionieren. Deshalb:

Schreiben Sie nicht ab!

Personen-Marketing ist keine „Masche"! Nicht die Worte, nicht die Formulierungen, nicht die Sätze sind es, die den hier gezeigten Werbeerfolg ausmachen. Auch wenn Ihnen die Briefe in gewisser Weise ähnlich vorkommen, weil sie alle von meinen Seminarteilnehmern, teilweise mit meiner unmittelbaren Unterstützung geschrieben worden waren – das Geheimnis des Erfolgs im Personen-Marketing *für Sie* liegt nicht in diesen Briefen.

Es liegt *in Ihnen*!

Sie sind es, die zentrale Säule, auf die Sie Ihr Marketing und Ihre Werbebriefe aufbauen müssen. So wie Sie sind, so wie Sie denken und so wie Sie sich ausdrücken. Wenn Sie auch gut daran tun, den wahren Gesichtspunkt der Zielperson so genau wie möglich zu erforschen und so weit wie möglich zu berücksichtigen – noch unerlässlicher ist die Klarheit und Wahrheit Ihres eigenen Gesichtspunkts.

Schreiben Sie also nicht ab (um dann zu behaupten, es würde nicht funktionieren). Sie können es nämlich besser. Es ist *Ihr* Leben, das Ihre Person ausmacht, und das kennen Sie selbst am besten.

Ihr Brief muss besser, persönlicher und ehrlicher werden, als alle hier abgedruckten. Dazu brauchen Sie weder ein Germanistikstudium noch ein Praktikum als Werbetexter. Im Gegenteil.

Testen Sie einen Entwurf für Ihren Akquisitionsbrief an Ihrer Großmutter oder Ihrer 12-jährigen Nichte, auf jeden Fall an einem Nicht-Fachmann. Wenn diese Personen ihn verstehen und glauben, dass man Sie nach der Lektüre des Briefes gefahrlos anrufen kann, dann liegen Sie genau richtig.

Geben Sie nichts auf die Urteile von Leuten, die „mit Werbung Erfahrung haben“. Ignorieren Sie alle Meinungen und guten Ratschläge von Personen, die niemals Ihr Produkt *kaufen* werden (zur Erinnerung: „kaufen werden“ heißt nicht etwa gut finden, haben wollen, geschenkt oder aufgezwungen bekommen). Ich will damit nicht sagen, dass diese Leute dumm sind, aber es sind einfach nicht die richtigen Leute, um Ihren Werbebrief zu beurteilen.

Sogar Ihre tatsächlichen Zielpersonen sind nicht die richtigen! Sie sollen nämlich Ihren Werbebrief gar nicht *beurteilen*. Das tun sie aber, wenn man sie fragt, oder sogar ungefragt. Zur Erinnerung: Leute kritisieren aus Gewohnheit. Machen Sie sich nichts draus. Entscheidend ist, dass diese Personen Sie nach Erhalt des Briefes anrufen.

Wenn Sie tatsächlich keine ausreichende Resonanz in Ihrem Sinne auf Ihren Brief bekommen, dann müssen Sie die Zielpersonen etwas besser kennen lernen. Machen Sie eine Umfrage. Laden Sie jemanden zum Essen ein und befragen Sie ihn zu seinem Beruf. Finden Sie soviel wie möglich über die gemeinsamen Nenner in den Ansichten der Zielpersonen heraus. Und dann schreiben Sie ihnen wieder.

Seien Sie so ehrlich wie möglich. Seien Sie ehrlich zu sich selbst, was den wahren Gesichtspunkt der Zielperson betrifft. Schicken Sie so viele Briefe aus wie möglich. Schicken Sie immer wieder Briefe an dieselben Zielpersonen. Lassen Sie sich nicht durch die Kritik von einzelnen Beschwerdeführern oder Besserwissern davon abbringen.

Zur Erinnerung ebenso wie als Zusammenfassung hier noch einmal die vier einfachen Schritte des Personen-Marketing:

1. **Sie nehmen Ihren eigenen Gesichtspunkt ein.**

2. **Sie bekommen irgendeine Idee vom tatsächlichen Gesichtspunkt der Zielperson.**

3. **Sie informieren Ihre Zielpersonen auf verständliche Art über Ihren eigenen Gesichtspunkt.**

4. **Sie informieren Ihre Zielpersonen in Abständen *immer wieder* über Ihren eigenen Gesichtspunkt.**

Jetzt sind Sie am Zug.

Literaturhinweise

Al Ries und Jack Trout, zwei altgediente New Yorker Marketingexperten, schrieben mehrere Bücher über Marketing. Sie sind alle hochinteressant, lehrreich und unterhaltsam zugleich und seien hiermit wärmstens empfohlen.

„*Marketing generalstabsmäßig*" (leider vergriffen, da Titel und Inhalt offensichtlich missverstanden wurden): eine plastische Beschreibung der Zusammenhänge im Marketing auf der Grundlage der Kriegführungsgesetze, formuliert im militärischen Standardwerk „Vom Kriege" von Carl von Clausewitz. McGraw-Hill, Hamburg 1986

„*Positioning*": eine anschauliche Abhandlung über die Positioning-Theorie im Marketing, mit vielen Beispielen über die Entwicklung bekannter Unternehmen und Marken (inzwischen leider ebenfalls vergriffen), McGraw-Hill, Hamburg 1986

„*Die 22 unumstößlichen Gebote im Marketing*", eine nicht minder unterhaltsame wie lehrreiche Zusammenfassung der Erkenntnisse der Autoren, inklusive einer Reihe anschaulicher Beispiele von Unternehmen, die diesen Empfehlungen gefolgt sind, oder eben nicht, Econ-Verlag, München 1999

„*Die Macht des Einfachen*" von Jack Trout und Steve Rivkin, ebenfalls sehr amüsant und informativ. Verlag Ueberreuter, Frankfurt, 3. Auflage 1980

Bücher, die mir außerdem gefallen haben (kein direkter Bezug zu meinem Thema, doch ich habe sie gerne gelesen und fand sie sowohl sehr lehrreich als auch sehr unterhaltsam):

„Geständnisse eines Werbemannes“ von David Ogilvy, Econ Verlag, München 2000

„Der Tipping Point“, von Malcolm Gladwell, Berlin Verlag, Berlin 2000

In den biographischen Anmerkungen am Ende der rororo-Ausgabe *„Vom Kriege“* von Carl von Clausewitz liest man wie folgt:

„Heute noch wird Carl von Clausewitz zu den Militärschriftstellern gerechnet, weil sein Hauptwerk ‚Vom Kriege‘ heißt, noch dazu von einem Berufsoffizier und preußischen Generalmajor konzipiert. Aber in Wirklichkeit schrieb hier ein politischer Philosoph, Psychologe und Soziologe, der zwar außerordentlich viel vom Militärischen verstand, dem aber … der Krieg nur ein Teil des politischen und gesellschaftlichen Verkehrs und eine Durchführung desselben mit … gewaltsamen Mitteln bedeutete.“

Carl von Clausewitz selbst über den Krieg: *„Krieg gehört zum Bereich des gesellschaftlichen Wettbewerbs, der auch einen Konflikt zwischen menschlichen Interessen und Tätigkeiten darstellt.“*

Altmeister Al Ries hat – zusammen mit Tochter Laura – die Zeichen der Zeit erkannt und deckt in diesem Buch die Unglaubwürdigkeit der Werbung auf. Er beschreibt auf anschauliche Weise, warum das Zeitalter der PR die Ära der Werbung ablösen wird. Interessant, amüsant und sehr wahr!
„PR ist die bessere Werbung!“:
Verlag moderne industrie, Landsberg/Lech 2003

Warum ich Ihnen Erfolg wünsche

Diese Gesellschaft ist auf die Übereinstimmung über die Kontinuität des Mittelmaßes aufgebaut. Fehlschläge und Misserfolge werden ebenso häufig diskriminiert wie Erfolge. Jede Abweichung von der „Norm“ erzeugt leicht das Misstrauen der Verfechter von „Ruhe und Ordnung“, ganz gleich, in welche Richtung abgewichen wird.

Politiker, Gewerkschaften und Medien neigen dazu, den Wert herausragender Leistungen fähiger Experten in den Schatten zu stellen und sich in zunehmendem Maße darum zu sorgen, dass Leute oder Unternehmen subventioniert werden, die sich im Zustand des „hilflosen Opfers“ befinden. Die Kunde von allerlei „kostenlosen Geldausgabe-Stellen“ lässt die Anzahl der Bewerber für die verschiedenen Subventionen naturgemäß ansteigen.

Es ist bestimmt übertrieben, das „Leistungsprinzip“ als einzige Leitlinie des Lebens zu sehen. Goodwill, Nachbarschaftshilfe und Wohltätigkeit sind menschliche Attribute, ohne die unser Leben unfreundlich und arm wäre. Aber eine völlige Abkehr von der Anerkennung geschaffener Werte schafft Arbeitsbedingungen, bei denen immer weniger „Leistende“ für immer mehr „Leistung-Empfangende“ arbeiten müssen. Und das ist nicht nur ungerecht – es lässt sich auch wirtschaftlich nicht beliebig lange fortführen.

Wenn Sie ein gutes Produkt wirklich liefern und ehrlich vermarkten wollen, haben Sie sich für den geradlinigen Weg nach dem Prinzip „Leistung-Gegenleistung“ entschieden. Für Sie ist es eine klare Sache, dass man sich im Denken und Handeln über das Mittelmaß erheben muss, um etwas Vernünftiges zustande zu bringen. Sie verdienen Ihren Erfolg.

Wenn Sie erfolgreich sind, werden sich andere an Ihnen ein Beispiel nehmen. Vielleicht werden jene dann aus ihrer Bequemlichkeit aufwachen und sich auch ihrerseits einen Weg überlegen, auf dem sie das eigene Leben vom Unterlassen zum Unternehmen führen können.

Und damit ist letztlich uns allen gedient.

Liebe Leserin, lieber Leser!

Vielen Dank für Ihre Aufmerksamkeit und Ihr Interesse. Ich habe viel Freude gehabt, dieses Buch für Sie zu schreiben und hoffe sehr, dass Ihnen die vermittelten Inhalte einige neue Perspektiven gegeben haben. Vor allem aber wünsche ich mir, dass die Anwendung dieser Informationen Ihnen zu guten, interessanten und mindestens ebenso vielen Verkaufsabschlüssen verhilft, wie mir selbst.

Wenn Sie Fragen haben, Anregungen geben oder einfach etwas mitteilen möchten, so lade ich Sie herzlich ein, mir zu schreiben – ich werde Ihnen in jedem Fall antworten und Ihnen auch weiterhelfen, wenn ich das kann.

Schreiben Sie mir unter:

Stephan Gebhardt-Seele
Leonrodstraße 68
80636 München

E-Mail stephan@gebhardt-seele.de

Der Autor

Zunächst selbständig als Komponist, Musikproduzent und Werbetexter entwickelt Stephan Gebhardt-Seele Erfolg versprechende Methoden zur Neukundengewinnung, die klassische Marketing-Instrumente außen vor lassen. Seit 1990 ist er gefragter Marketingberater und Referent für die Themen Neukundenakquise und Personen-Marketing. In zahlreichen Unternehmen werden seine Konzepte erfolgreich umgesetzt. Seit 1999 ist er Geschäftsführer einer eigenen PR-Agentur.
Er ist Autor des 2003 im Gabler Verlag erschienen Buches „Vergessen Sie alles über Verkaufen ... und Ihre Kunden kaufen (fast) von selbst".

Mein spezielles Angebot für den Leser des Buches *„Immer gute Auftragslage!"*:

Ihr Personen-Marketing ist besonders glaubwürdig, wenn Sie den Brief selbst texten. Sie können jedoch Ihren Textentwurf (gegen ein geringes Pauschalhonorar) gerne mit mir persönlich per Telefon und Fax besprechen. Dazu faxen Sie bitte Ihren Entwurf an meine Fax-Nr. 089-500315-15.

Nach einer telefonischen Besprechung erhalten Sie von mir schriftlich Korrekturhinweise, ggf. Textvorschläge für bestimmte Passagen. Auf Anfrage werde ich auch den gesamten Brief für Sie texten, wenn Sie zusammen mit mir Ihre Stoffsammlung zur persönlichen Biographie und Ihr Unternehmen erstellen. Für Firmen mit mehreren Mitarbeitern hat sich das schon oft als sinnvoll erwiesen.